中等职业学校规划教材

制 药 技 术

第二版

刘 斌 主编

化学工业出版社

·北京·

本书系统介绍了化学制药、生物制药、中药制药、制剂技术的基本内容和基本技术。主要内容包括：工艺路线的设计、选择和改造，化学制药基本技术、盐酸氯丙嗪的生产工艺、微生物基础知识、抗生素的生产技术、中药炮制技术、药物制剂技术等，共计八章，并附有习题和参考文献。

本书涉及面广，实用性强，适用于中高级职业技术学校制药专业及相关专业作教材，也可作为相关企业职工的培训教材或参考用书。

图书在版编目（CIP）数据

制药技术/刘斌主编. —2 版. —北京：化学工业出版社，2013.6（2024.3重印）
中等职业学校规划教材
ISBN 978-7-122-17067-5

Ⅰ.①制⋯　Ⅱ.①刘⋯　Ⅲ.①药物-生产工艺-中等专业学校-教材　Ⅳ.①TQ460.6

中国版本图书馆 CIP 数据核字（2013）第 077335 号

责任编辑：于　卉　　　　　　　　　文字编辑：赵爱萍
责任校对：宋　玮　　　　　　　　　装帧设计：杨　北

出版发行：化学工业出版社（北京市东城区青年湖南街 13 号　邮政编码 100011）
印　　装：北京科印技术咨询服务有限公司数码印刷分部
787mm×1092mm　1/16　印张 13　字数 323 千字　　2024 年 3 月北京第 2 版第 5 次印刷

购书咨询：010-64518888　　　　　　售后服务：010-64518899
网　　址：http://www.cip.com.cn
凡购买本书，如有缺损质量问题，本社销售中心负责调换。

定　　价：39.00 元

前　言

　　《制药技术》教材自 2006 年出版以来，多次重印，为了使教材的内容更好地适应中职教学的需要，特对该教材进行修订。

　　修订后的《制药技术》遵从于原版的体系、内容和特点。修订的主要内容是：①修改了每一章前的学习目标；②在书的每一章中间增加了练习题；③将书中各章部分内容改为拓展知识；④删除了内容较难且与制药相关性不大的"第六章生物化学基础知识"；⑤对"药材炮制技术"一章内容重新进行了编排。

　　本书既可作为中高级职业技术学校制药专业的教材，也可作为化工工艺（精细化工）专业的选修教材，还可作为相关企业职工的培训教材或参考书。

　　本教材由刘斌、王玲合作修订，刘斌统稿。由于编者水平有限，书中疏漏、不妥之处在所难免，敬请使用本书的教师和读者批评指正。

编　者
2013 年 3 月

第一版前言

随着科学技术的进步和我国经济持续不断的发展，社会对应用型、技能型、实用型、复合型人才的需求不断增加，为了适应新形势下市场对人才的要求，急需编写一些与之相适应的教材。本书就是在这种情况下编写的。本书主要作为中高级职业技术学校制药技术专业的教材及相关专业的选修教材，也可作为相关企业职工的培训教材或参考用书。

本书在编写中，注重基本知识的阐述和应用，注重理论联系实际，力求做到理论少而精，突出操作过程，增强实用性。

本书由四部分构成，第一部分为化学制药，主要讲述工艺路线的设计和选择，化学制药基本技术和盐酸氯丙嗪的生产工艺；第二部分为生物制药，主要介绍了生物化学和微生物基础知识以及抗生素的生产；第三部分为中药制药，主要介绍药材的炮制方法；第四部分为药物制剂技术，主要介绍常见制剂的生产工艺。

制药技术课程的主要任务是使学生学习并掌握原料药生产的基本原理和工艺过程以及制剂及其制备过程，了解制药过程的全貌。通过对典型产品的生产技术进行具体讨论，让学生熟悉药物生产的基本原理和基本过程，从而培养学生分析问题和解决问题的能力，为学生将来从事医药化学品生产打下良好的基础。

本书由刘斌主编。第一、第二、第三、第四章由刘斌编写，第五、第六、第七章由曹彬编写，第八、第九章由王玲编写。全书由郭养安主审。

本书在编写过程中，得到了编者所在单位的大力支持，从而保证了编写工作的顺利进行，在此表示衷心的感谢。

由于编者水平有限，书中疏漏之处在所难免，敬请广大读者给予批评指正，以使本教材不断得以完善。

编　者
2006 年 5 月

目 录

第一章　绪　论

【学习目标】

通过学习本章，学习者能够达到下列目标：

1. 区分"广义的制药技术"与"狭义的制药技术"。

2. 熟记原料药的生产阶段构成及每个阶段的作用。

3. 熟记制药分离技术的特点。

4. 解释化学制药、生物制药、抗生素、中药炮制及其制剂的含义。

5. 熟记化学制药的特点，生物制药的分类，抗生素的分类，中药炮制的方法，制剂的分类。

制药技术是应用化学合成或生化反应以及各种分离单元操作，实现药物工业化的工程技术，它包括化学制药、生物制药和中药制药。它是探索和研究制造药物的基本原理和制药新工艺、新设备，以及在药品生产全过程中如何按《药品生产质量管理规范》（GMP）要求进行研究、开发、设计、放大与优化。

制药技术与人类生命健康密切相关，它是一门交叉学科，它综合运用了有机化学、分析化学、物理化学、药物化学、药物合成反应、制药化工过程及设备等课程的专门知识。同时，它又与医学、药学、生物技术有密不可分的联系。

第一节　概　述

一、制药技术的含义

笼统地说，制药技术指工业生产上制造药物的全过程所应用的技术。制药全过程又分为原料药生产和制剂生产两个阶段。原料药属于制药工业的中间品，而药物制剂才是制药工业的终端产品，方可用于疾病的治疗。因此，从制药过程来看制药技术应有广义和狭义之分。从广义上看，利用原料进行批量生产，制造出可用于治疗疾病的药品的过程就是制药过程，其所应用的技术都可归入制药技术的范围。制药过程可更准确地概括为以下两步。

① 将各种原材料放入特制的设备中，在一定条件下，经过一系列复杂的过程，生产出原料药。

② 遵照 GMP 要求，在特定环境条件下，利用专门的设备将原料药加工成各种制剂，经过包装，成为医用品。

上述过程应用的技术及其实施过程就是"广义的制药技术"。

从上述制药过程来看，第一步是生产原料药，以过程为主，如氧化、磺化、发酵、提取、萃取、结晶等单元操作。第二步是生产制剂，以工序为主，如配料、混合、灌装、压片、包衣等。在这一过程中物质的结构和形态不变，称为制剂技术。狭义上的制药技术侧重于原料药的生产过程，即第一步原料药的生产。原料药生产和制剂生产的比较见表 1-1。

表 1-1　原料药生产和制剂生产的比较

比 较 项 目	原 料 药 生 产	制 剂 生 产
物质的结构和形态	变化	不变化
实现方法	各种反应及分离过程	不同的加工工序
采用设备	釜、罐、塔、泵	适当设备
产品计量	质量或体积(千克、吨、升等)	件数(片、支、粒等)

【练习1】

1. 制药过程首先是用原料生产出＿＿＿＿＿＿，然后遵照＿＿＿＿＿要求，将＿＿＿＿＿加工成＿＿＿＿＿，经过包装，成为医用品。

2. 原料药的生产主要是＿＿＿＿＿过程，制剂的生产主要是＿＿＿＿＿过程。

3. 通过互联网查找有关 GMP (《药品生产质量管理规范》) 的知识。除了互联网你还有哪些渠道可以查找有关 GMP (《药品生产质量管理规范》) 的知识？

二、制药技术的构成

原料药的生产分为两个阶段：第一阶段为药物成分的获得；第二阶段为药物成分的分离提纯，见图 1-1 所示。其第一阶段为药物成分的获得，是将基本的原材料通过化学合成 (化学制药)、微生物发酵或酶催化反应 (生物制药) 或提取 (中药制药) 而获得产物，其中含有目标药成分，也含有大量的杂质及未反应的原料，需要进行分离提纯。第二阶段为药物成分的分离纯化阶段，是将第一阶段的产物经过萃取、离子交换、色谱分析、结晶等一系列分离过程的处理，使药物成分的纯度提高，同时降低杂质含量，最终获得原料药产品，使其纯度和杂质含量符合制剂加工要求。

原料──▶药物成分的获得──▶药物成分的分离纯化──▶原料药

(反应、发酵、提取等)　(萃取、离子交换、结晶等)

图 1-1　原料药生产的阶段划分

原料药生产过程的第一阶段是生产的上游过程。它以制药工艺学为理论基础，针对所需合成的药物成分的分子结构、光学构象等要求，制订合理的化学合成工艺路线和步骤，确定出适当的反应条件，设计或选用适当的反应器，完成合成反应操作以获得含药物成分的反应产物。中药制药过程的这一阶段，则是根据中药提取工艺对中药材进行初步提取，获得含有药物成分的粗品。制药技术涵盖化学制药、生物制药以及中药制药中，获得药物成分的化学反应、微生物发酵、酶催化合成及中草药粗提取的工艺、方法和技术是原料药制造过程的开端和基础。

原料药生产过程的第二阶段是生产的下游过程。其目的是采用适当的分离技术，将反应产物或中草药粗品中的药物成分分离纯化，使其成为高纯度的、符合药品标准的原料药。药物成分的分离纯化技术是以传质分离工程学为理论基础，针对药物成分与杂质在物理和化学性质方面的差异，如溶解度、分子范德华力、化学亲和力等的差别，选择合适的分离方法 (如萃取、离子交换、色谱分析等)，制订合理的工艺流程和操作条件，设计或选用适当的设备，完成分离纯化操作，获得合格的原料药产品。制药分离技术涵盖了化学制药、生物制药以及中药制药中药物成分分离纯化技术的原理和方法，是获得合格原料药的重要保证。

就原料药生产的成本而言，分离纯化处理步骤多、要求严，其费用占产品生产总成本的比例一般在 50%～70%。化学合成药的分离纯化成本一般是合成反应成本费用的 1～2 倍，抗生素分离纯化的成本费用为发酵部分的 3～4 倍，有机酸或氨基酸生产则为 1.5～2 倍，特别是基因工程药物，其分离纯化费用可占生产总成本的 80%～90%。因此，研究和开发分离纯化技术，对提高药品质量和降低生产成本具有举足轻重的作用。

【练习 2】

1. 原料药的生产分为两个阶段：第一阶段为_____，第二阶段为_____。
2. 药物的分离纯化技术为什么成本高？

三、制药分离技术

原料药生产中的反应合成与化工生产，特别是精细化学品生产基本上没有差别。但就分离纯化而言，原料药生产与化工生产的差别却非常明显。因此，制药分离技术在制药技术中具有特殊的地位。

与普通有机化工生产过程中的分离纯化相比，制药分离纯化具有三方面的特殊性。第一，制药合成产物或中草药粗产品中的药物成分含量很低，例如抗生素质量百分含量为 $1\%\sim3\%$，酶为 $0.1\%\sim0.5\%$，胰岛素不超过 0.01%，维生素 B_{12} 为 $0.002\%\sim0.003\%$，而杂质的含量却很高，并且杂质往往与目的产物有相似的结构；第二，药物成分的稳定性通常较差，特别是生物活性物质对温度、酸碱度都十分敏感，遇热或某些化学试剂会失活或分解，使分离纯化方法的选择受到很大限制，例如蒸馏、升华等加热方法应用较少；第三，原料药的产品质量要求，特别是对产品所含杂质的种类及其含量要求比有机化工产品严格得多。

由于制药分离技术必须适应原料药生产中原料含量低、药物稳定性差和产品质量要求高的特点，因此，药物分离纯化技术往往需要对化工分离技术加以改进和发展，然后应用于制药生产。化学合成制药的分离技术与精细化工分离技术基本相同，生物制药和中草药的药物成分稳定性较差，其分离纯化技术相对特殊一些。制药技术中常用的分离技术见表 1-2。药物的分离纯化技术请参阅相关书籍，本书不做详细介绍。

表 1-2　制药技术中常用的分离技术

分 离 技 术 种 类	应 用 范 围
过滤、离心分离、萃取、吸附、超滤、精馏	药物（合成产物、发酵液、中药）的分离提取和初步纯化
色谱分析、离子交换、结晶、超滤	药品的精制和高度纯化

【练习 3】

制药分离技术的特点是_____、_____和_____。

第二节　制药技术的范围

从药物的生产过程和使用上看，制药技术包括化学制药、生物制药、中药制药和制剂技术。近些年来，随着生化药物在临床上越来越多地应用，化学合成药物的生物改造、抗生素药物的化学修饰、制药技术的涵盖内容也越来越丰富，各类药物之间关联越来越大。它们的制备技术可以自成体系，但相互又有无法分割的联系。

1. 化学制药的含义和生产特点

化学制药是研究化学合成药物的合成路线、工艺原理和工业生产过程，实现生产过程的最优化的一门科学。

化学制药的生产特点是：品种多，更新快，生产工艺复杂；需用原辅材料繁多，而产量一般不太大；产品质量要求严格；基本采用间歇生产方式；其原辅材料和中间体不少是易燃、易爆、有毒性的；"三废"（废渣、废气、废水）多，且成分复杂，严重危害环境。

2. 生物制药的含义及其分类

生物制药是指利用生物体或生物过程生产药物的技术。生物制药技术是介绍生物药物，尤其是生物工程相关药物的研制原理、生产工艺及分离纯化技术的应用学科。

生物药物的有效成分在生物材料中浓度很低，杂质的含量相对较高，如胰腺中脱氧核糖核酸酶的含量为 0.004%，胰岛素的含量为 0.002%。生物药物的相对分子质量较大，如酶类药物的相对分子质量介于 1 万～50 万。多糖类药物的相对分子质量小的上千，大的可上百万。这类生物药物功能的发挥需要保持其特定的生理活性结构，故它们对酸、碱、重金属、热等理化因素的变化比较敏感。因此，在生产和使用的各个环节中必须全面严格控制。

现代生物制药是由医学、生物化学、分子生物学、细胞生物学、有机化学和重组 DNA 技术、单克隆抗体技术综合而成的。近代随着对疾病机理的理解，发明了抗生素。抗生素的工业化生产是现代生物制药工业化的开端。特别是进入 20 世纪 50 年代，DNA 双螺旋结构的发现、分子生物学的诞生及重组 DNA 技术的应用，不仅改造了生物制药的旧领域，而且还开创了许多新领域，给生物制药带来了变革性的影响。生物制药按生物工程学科范围分为以下 4 类。

(1) 发酵工程制药　发酵工程制药是指利用微生物代谢过程生产药物的技术。此类药物有抗生素、维生素、氨基酸等。主要研究微生物菌种筛选和改良，发酵工艺的研究，产品的分离纯化等问题。

(2) 基因工程制药　基因工程制药是指利用重组 DNA 技术生产蛋白质或多肽类药物。这些药物有干扰素、胰岛素等。主要研究相应的基因鉴定、克隆、基因载体的构建与导入、目的产物的表达及分离纯化等问题。

(3) 细胞工程制药　细胞工程制药是利用动、植物细胞培养生产药物的技术，利用动物细胞培养可以生产人类生理活性因子；利用植物细胞培养可以大量生产经济价值较大的植物有效成分。

(4) 酶工程制药　酶工程制药是将酶或活细胞固定化后用于药品生产的技术。它不仅能合成药物分子，还能用于药物转化。它主要研究酶的来源、酶（或活细胞）固定化、酶反应器及其相应操作条件等。酶工程是发酵工程的替代品，应用前景广阔。

3. 抗生素的定义及其分类

抗生素是微生物、植物、动物在其生命过程中产生的一类天然有机化合物，具有能在低浓度下选择性地抑制或杀灭他种微生物或肿瘤细胞的能力。抗生素的生产主要用微生物发酵进行生物合成，也可用化学合成方法生产。按化学结构，习惯将抗生素分为 β-内酰胺类抗生素、氨基糖苷类抗生素、大环内酯类抗生素、四环素类抗生素和多肽类抗生素等种类，具体见本书第六章。

4. 中药炮制的含义及其方法

我国历来把具有能预防、治疗或诊断疾病所使用的物质统称为药物。19 世纪西医、西药传入中国后，人们为便于区别，才有中药、西药之分。把在传统中医理论指导下应用的药物，称为中药。一般把可供药用的植物、动物、矿物及其制成的各种药物称为中药材；采集后未经加工或初步加工的药物，称为原药材；将完整的原药材切制加工成片、段、块、丝等形状以及经水、火炮制或特殊加工后的中药材，称为饮片；根据中医用药理论，以中药材为原料加工配制而成，可供内服或外用的药物，称为中成药。现代所称的我国传统药一般指中药。

在中药的加工过程中，炮制是中药应用的第一道重要工序。中药炮制是根据中医中药理论，按照医疗、调剂、制剂的不同要求，以及药物自身性质，所采取的一项制药技术。炮制的任务是按照有关规范，应用科学的传统工艺以及现代先进工艺加工出形、色、气、味俱佳的中药饮片，确保用药安全、有效。中药材在切制、炮制或调配制剂前，先要净选与加工，选取规定的药用部位，除去非药用部分和杂质，使之符合用药要求。

饮片切制是重要的炮制工艺之一。它是将净选后的药物进行软化，切成一定规格的片、段、块、丝等的炮制工艺。药物经切制，则便于有效成分的煎出，也利于调配、炮制和制剂，此外，还利于组织鉴别。

经过净制与切制后的药物还需进一步炮制，以改变其性味和功效。常见的炮制方法有炒、烫、煅、制炭、蒸、煮、炖、焯、酒制、醋制、盐制、姜汁炙、蜜炙、制霜、水飞等。

5. 制剂的含义及其分类

药物在供临床使用之前，都必须制成适合于患者应用的最佳给药形式，即药物剂型，如口服液、片剂、胶囊剂、注射剂等。同一药物可以制成多种剂型，应用于多种给药途径。根据药典标准，将药物制成适合临床需要并符合一定质量标准的药剂称为制剂。制剂主要在药厂生产，也可在医院制剂室制备。常用的药物剂型有 40 余种，分为如下几类。

（1）按形态分类　分为液体剂型、固体剂型、半固体剂型、气体剂型。

（2）按分散系统分类　分为溶液型、胶体溶液型、乳剂型、混悬型、气体分散型、微粒分散型、固体分散型。

（3）按给药途径分类　分为经胃肠道给药剂型（即口服给药）、非经胃肠道给药剂型（除口服以外的全部给药途径，如注射给药、呼吸道给药、皮肤给药等）。

【练习4】

1. 生物制药按生物工程学科范围分为 ＿＿＿＿＿＿、＿＿＿＿＿＿、＿＿＿＿＿＿和 ＿＿＿＿＿＿四类。

2. 按化学结构，将抗生素分为 ＿＿＿＿＿＿、＿＿＿＿＿＿、＿＿＿＿＿＿、＿＿＿＿＿＿和 ＿＿＿＿＿＿等种类。

3. 中药材使用时，先要 ＿＿＿＿＿＿和 ＿＿＿＿＿＿，然后还需进一步 ＿＿＿＿＿＿。常见的炮制方法有 ＿＿＿＿＿＿、＿＿＿＿＿＿、＿＿＿＿＿＿、＿＿＿＿＿＿、＿＿＿＿＿＿、＿＿＿＿＿＿、＿＿＿＿＿＿等。

4. 举例说明化学制药的生产特点。

5. 用日常生活的药品说明它属于哪种制剂剂型。

第三节　制药工业的特点及地位

1. 制药工业的特点

制药工业是和人类生活休戚相关、长盛不衰、长期高速发展的工业。20 世纪 60 年代以后，随着化学工业和分析化学、药理学及医学，特别是临床药学的发展、诊断方法的进步，制药工业已发展到了一个新的阶段。因为制药工业生产的医药商品是直接保护人民健康和生命的特殊商品，所以药政部门对药品生产的要求也越来越高，故各工业发达国家和我国先后颁布了《药品生产质量管理规范》（GMP）、《药品非临床研究质量管理规范》（GLP）。GMP 是药品生产质量管理所应达到的最低标准；相应的 GLP 是研制新药的实验室试验所应达到的最低标准。近年来，又提出新药临床研究中的《药品临床试验质量管理规范》（GCP）和医药商品流通全过程中的《药品经营质量管理规范》（GSP）等。

制药工业是利润比较高，专利保护周密，竞争激烈的工业。它的巨额利润主要来自受专利保护的创新药物。欧美各国很早就实行了专利制度，只要是创新的都给予一定时期的专利保护，如对创新药物、新的药物生产工艺、新剂型、新配方等。此外，一些大宗药品由于采用最新合成技术和自动化技术，并发挥规模生产效益，有时还实现原料药与其他化工原料或中间体一体化联合生产方式，从而大幅度降低了生产成本，扩大了市场和应用领域，极大地增强了其在国际市场上的竞争实力。

2. 制药工业的地位

制药工业发展速度不仅高于整个工业或化学工业的速度，而且世界上制药工业产品销售额已占化学工业各类产品的第 2 位或第 3 位，并已成为许多经济发达国家的重要产业。在美国最有发展前途的 10 大产业中，制药工业名列第 3。在国际上，医药产品是国际交换量最大的 15 类产品之一，也是世界出口总值增长最快的 5 类产品之一。

〖拓展知识〗

制药工业的现状和发展

一、国外制药工业的发展趋势

世界制药工业今后的发展动向可以概括为：高技术、高要求、高速度、高集中，其中主要特征是高技术。

1. 新药研究开发竞争加剧

① 新药品种更新加快。如喹诺酮酸类抗菌药，近 30 年来已化学合成了 20000 多个化合物并进行了抗菌筛选。1962～1969 年间研究开发成功的有：萘啶酸、吡咯酸等。1970～1977 年间便被氟甲喹和吡哌酸所取代。1978 年以来出现氟喹诺酮酸类，成为第三代喹诺酮类抗菌药，如环丙沙星（环丙氟哌酸）、洛美沙星（洛美氟哌酸，Ny-198）和氧氟沙星（氟嗪酸）等。它们的抗菌谱广，活性更强，疗效可以与第三代或第四代头孢菌素相媲美。

② 新药创制的难度增大，管理部门对药品的疗效和安全性的要求提高，使研究开发的投资剧增。新药研究开发具有长期性、连续性和极大的风险性。要适应在高技术领域竞争，就需要耗费巨额资金。

③ 制药工业作为一个高技术行业，需要高知识含量，各国制药工业企业都在不断加强其研究队伍的实力。如美国制药企业中科研人员占从业人员的 15%，其中获得博士、硕士学位的占科研人员总数的 26.7%。

2. 大型企业增多

发达国家的制药企业不仅采取科研、生产（包括原料药与制剂）、销售三位一体的经营方式和规模生产，还通过兼并壮大其经济实力和开发研究能力，以占领市场，力求进入最佳规模。同时对于有希望成为大宗品种的药品，如萘普生哌嗪盐、雷尼替丁等，在其专利保护期将满之前，竞相寻找合作者，开发新技术路线和新生产工艺，发展生产、降低成本、扩大销售，以更有利于参加国际竞争。

目前，全世界大约有 20 个国家约 100 家制药企业具有较大规模的药品生产实力。占领先地位的制药大国是美国、日本和德国，他们的产值约占世界药品总产值的 59%，其次是法国、意大利、英国、西班牙、比利时、荷兰等国。

3. 重视科技信息，开展预测及新药评价工作

国外制药工业企业的发展更多地依靠发明创造和专利保护，这与科技信息密切相关，因此，信息成为制药工业企业的中心环节，无论是在创制新药还是在药品工业生产期间，都要重视医药信息、科技预测和远景规划。同时，还要不断地加强制药生产企业的技术管理和新药评价，使医药产品生产循着安全、有效和规范化的方向发展。

二、我国制药工业的现状和发展前景

我国的化学制药工业在 20 世纪 50 年代主要是通过仿制解决了一些常用的大宗药品的国产化问题。60

年代以后，化学制药工业的科研工作主要转向仿制国外近期出现的新药，同时也开展新药创制工作。我国先后试制和投产了1300种新化学原料药，基本上能够满足我国医疗保健事业发展的需要，而且生产技术和工艺水平也不断提高。如萘普生、对乙酰氨基酚、诺氟沙星等新工艺均已接近国际先进水平。

生物制药目前已形成规模，氨基酸、维生素、酶、脂类、多肽和蛋白质、核酸及其衍生物、多糖等生化药物国内都能进行工业生产，有些已达到国际领先水平。临床上应用的主要抗生素国内基本都能生产，如青霉素、头孢菌素类等。同时，生产抗生素的技术和质量不断提高，生产成本不断降低。

在药物创新方面，我国研究开发了维生素C二步发酵法、高纯度尿激酶、黄连素合成等有代表性的新工艺。创新的化学合成药和抗生素共有60余种，中药有效成分40余种。目前，我国已拥有一批以蒿甲醚、青蒿琥酯、异靛甲、利福喷丁、卡前列甲酯、榄香烯等为代表的自主创新品种。

我国制药工业虽有很大的发展，但还不能完全满足医疗卫生事业的需要，特别是有些产品的质量与经济发达国家相比还存在一定差距，表现为产品更新换代的周期长，药品制剂技术比较落后，生产规模小，经济效应未能充分发挥。

我国传统药品（习称中药）和现代药品（习称西药或以化学合成药为主）并存，互为竞争对手，各有优势，相辅相成。据近20年来的统计，现代药品（以化学合成药品及其制剂为主）在医药品消费中的比例从66.7%下降到60%左右，并有继续下降的趋势，而中成药（即传统药品）从33.3%上升到40%以上。表明我们需要进一步实行中西药结合，走有中国特色的发展制药工业的新路。

思　考　题

1. 制药技术的含义是什么？"广义"和"狭义"的制药技术有何区别？
2. 原料药的生产分两个阶段各有何作用？
3. 试分析制药分离纯化的特殊性产生的原因？
4. 试解释化学制药、生物制药、抗生素、中药炮制及其制剂的含义。

第二章 药物合成工艺路线的设计、选择与改造

【学习目标】

通过学习本章，学习者能够达到下列目标：

1. 解释工艺路线设计中常用的追溯求源法、类型反应法、分部合成法、模拟类推法。
2. 解释工艺路线的选择依据。
3. 举例说明工艺路线的改造内容。
4. 解释"一锅煮"技术、相转移催化技术、酶催化技术的概念。

化学药物合成通常分为全合成和半合成两种。全合成药物一般是由结构较简单的化工原料经过一系列化学合成和物理处理过程制得。半合成药物是由已具有一定基本结构的天然产物经过结构改造和物理处理过程制得。在多数情况下，一个合成药物往往有多种合成路线，在化学制药工艺上，通常将具有工业生产价值的合成途径称为该药物的工艺路线或技术路线。

药物的工艺路线是药物生产的技术基础和依据，其技术先进性和经济合理性是衡量生产技术水平高低的尺度。合成一种药物，由于采用的原材料不同，其合成途径与化学反应即不一样，要求的技术条件与操作方法亦随之不同，最后得到的产品质量以及产品的收率和成本也不相同，甚至差别很大。技术先进而又经济合理的化学药物工艺路线应该具备以下几点：

① 合成路线简短、总收率高、生产成本低、经济效益好；

② 原辅材料品种少、易得；

③ 反应易于控制，操作简单，设备要求低；

④ 中间体的分离纯化容易，易达质量标准；

⑤ 生产过程安全、无毒，产生的"三废"少且易于治理。

工艺路线的设计和选择是指在一个合成药物进行生产前，必须先对与其类似的化合物进行国内外文献资料的调查研究和论证，优选出一条或若干条技术先进、操作条件切实可行、设备容易解决、原辅材料易得的技术路线。

随着科学技术的进步和发展，大量的新材料、新反应、新技术以及新工艺不断地运用于药物生产，老产品的原辅材料、反应和设备也随之发生变化，所以必须对原有的工艺路线进行革新来提高劳动生产率，降低成本和消耗，这就是工艺路线的改造。

工艺路线的设计、选择与改造通常与新技术的采用是密不可分的。

【练习1】

为什么要进行工艺路线的设计、选择与改造？

第一节 工艺路线的设计

本书所指的化学药物工艺路线设计主要是针对药理和疗效已经过一系列实验研究以及临

床所肯定的药物的生产，而不是指新药的开发和寻找。其基本内容是研究如何应用化学合成的理论和方法，对已经确定化学结构的化学药物设计出适合其生产的工艺路线。在设计药物生产的工艺路线时，不仅要考虑化学合成的可能性，更重要的是还必须符合工业生产的要求。只有树立生产的观点和经济观点，综合考虑多种因素，才能设计出一条技术先进、经济合理的工艺路线。最后通过实验室研究加以肯定、修改和完善。工艺路线设计的好坏直接影响到产品的工业化生产的可能性及原料成本、劳动强度、产品质量、环境影响。

工艺路线设计的意义在于：对于生产条件改变或原辅材料发生变化以及要提高药品质量等，可通过工艺路线的设计对原有路线进行改进与革新；对于具有临床应用价值的药物，除及时申请专利外还需进行化学合成与工艺路线的设计研究，以便通过新药审批后，尽快投产；对于具有生物活性和医疗价值的天然药物，由于它们在动植物体内含量甚微，不能满足需求，因此可以通过工艺路线的设计找到生产方法。

药物工艺路线的设计一般采取有机合成设计的方法，即从剖析药物的化学结构入手，然后根据其特点，采取相应的设计方法。药物的结构剖析应首先分清主环与侧链、基本骨架与官能团，进而了解这些官能团以何种方式和位置同主环或骨架连接；其次是研究分子中各部位的结合情况，找出容易断键的部位，这些易断键的部位也就是设计合成路线时的连接点以及与杂原子或极性官能团的连接部位。在考虑主环形成的同时还要考虑官能团和侧链的形成方法，如果有两个以上的取代基或侧链就需要考虑引入的先后次序，对官能团的保护和消除也要考虑。若系手性药物还必须同时考虑其立体构型的要求与不对称合成的问题。在药物合成过程中上述问题不是单一存在而是相互联系的，所以针对药物化学结构的不同特点应将它们综合考虑，运用有机合成、化学反应以及立体化学知识，并考虑新材料、新技术、新反应的应用，设计出药物的工艺路线。

如果当药物的化学结构极为复杂，按一般结构剖析的方法设计不出或难以设计出较合理的合成路线时，可查阅相关的文献资料，参照与其结构类似的已知物质的合成方法或类似的有关化学反应，设计出所需要的合成路线，也可利用计算机合成法来设计合成路线。

化学药物工艺路线设计方法与有机合成设计方法相类似，常见的有追溯求源法、类型反应法、分部合成法、模拟类推法、光学异构药物的拆分法等。

一、追溯求源法

追溯求源法，又称倒推法，是从最终产品的化学结构出发，将合成过程一步一步地向前进行推导和演绎，即首先从药物化学结构的最后一个结合点考虑它的前一个中间体是什么，并经过什么反应得到最终产物的；接着再从这个中间体结构中的结合点考虑其前一个中间体是什么和用什么反应得到。如此继续追溯求源直到最初一步是易得的化工原料、中间体或其他的天然化合物为止。

在有机化合物分子中常具有碳-杂原子键（如 C—N、C—S、C—O 键等）结构，这一类化学键的形成与拆开均较 C—C 键容易，故可以从这些易拆键入手，选择连接的部位作为该分子的拆键部位，即合成时的结合点。对于化合物中有明显此类结合点的药物可采取追溯求源法。

分子结构以反合成方向进行变化叫做变换，用双线箭头（⟹）表示变换过程，用单箭头标明合成反应的方向。

例如，非甾体抗炎镇痛药双氯芬酸钠（Diclofenac Sodium，2-1）的分子中有 C—N 键，有①、②两种拆键方法，拆键部位如下所示：

2-1

按第一种拆键方式考虑，倒推为：

2-2

按第二种拆键方式考虑，倒推为：

2-3   2-4

两种方式比较，由于第一种路线的原料 1,2,3-三氯甲苯（2-2）上的三个氯原子都可参与反应，所以在反应过程中易生成大量副产物，故不可取。而第二种路线则由价廉易得的 2,6-二氯苯胺（2-3）与邻氯苯乙酸（2-4）反应，邻氯苯乙酸中乙酸基的存在有利于邻位的氯原子起反应，因此，常采用第二种方式拆键合成双氯芬酸。合成路线如下：

2,6-二氯苯胺（2-3）的合成，可由 3,5-二氯对氨基苯磺酰胺（2-5）水解制得。

2-5

二、类型反应法

类型反应法是利用常见的典型有机化学反应与合成方法进行的合成设计。这里包括各类有机化合物的通用合成方法、官能团的形成与转化的单元反应、人名反应等。对于有明显类型结构特点以及官能团特点的化合物或它的关键中间体，可采用此种方法进行设计。例如，抗真菌药物克霉唑（Clotrimazole，2-6）分子中有一个易拆 C—N 键，通过易拆键部位的分析，可以把克霉唑看做是由邻氯苯基二苯基氯甲烷（2-7）与咪唑（2-8）的亚氨基通过脱氯化氢缩合制得。

2-6   2-7   2-8

化合物（2-7）由邻氯苯甲酸乙酯与溴苯进行格氏（Grignard）反应得叔醇（2-9），然后再用二氯亚砜进行氯化得到。此法优点是克霉唑的质量好，缺点是邻氯苯甲酸乙酯对人体有时产生不良的副反应，同时进行格氏反应时要求绝对无水操作和使用易燃易爆的乙醚，限制了生产规模。

鉴于上述情况，参考四氯化碳与苯通过 Friedel-Crafts 反应（以下简称傅-克反应）生成三苯基氯甲烷（2-10）的类型反应法，设计了由邻氯苯基三氯甲烷（2-11）为原料，通过傅-克反应生成化合物（2-7）的合成路线。

$$CCl_4 + 3C_6H_6 \xrightarrow{AlCl_3} (C_6H_5)_3CCl$$
$$2\text{-}10$$

此法合成路线简捷，原料来源方便，收率较好，并为生产所采用。但这条路线仍有缺点：邻氯代甲苯氯化时，反应温度高（180℃左右）、时间长，尾气中含有大量未反应的氯气，致使氯气的消耗量大大超过理论量，为了避免造成环境污染和设备腐蚀，需要采取安全措施处理尾气，从而增加了生产成本。于是又应用类型反应法设计了以邻氯苯甲酸为起始原料，经过二次氯化和二次傅-克反应合成中间体（2-7）的下述工艺路线：

这条合成路线步骤虽然较长，但反应条件较为温和，原料易得，且无上述氯化反应的缺点，总收率较高，成本较低。

克霉唑的这三条工艺路线各有特点，生产上可根据实际情况，因地制宜地加以选用。

应用类型反应法进行药物或其中间体的工艺设计时，若官能团的形成与转化的单元反应排列方法出现两种或两种以上不同安排时，不仅需要从理论上考虑更为合理的排列顺序，而且更要从实践上着眼于原辅材料、反应条件等进行实验研究，经过试验，反复比较来选定。因为两者的化学单元反应虽相同，但进行顺序不同或所用原辅材料不同，将导致反应的难易程度和反应条件等随之变化，产生不同的结果，使药物质量、收率等方面存在较大差异。

三、分部合成法

分部合成法是将药物分子从易拆键处拆开分为两个（或两个以上）部分，先分别合成出这两个部分（即中间体），然后将它们连接起来。分部合成法不仅适用于具有碳骨架的化合物，而且可用于具有碳-杂键药物的工艺路线设计。对于具有对称性或近似于对称性分子结构的药物，通常也都采用分部合成法，只要先合成一半，就可合成出整个分子。

例如，己烷雌酚（Hexestrol，2-12）的合成即是一例。己烷雌酚是由两分子的对硝基苯丙烷（2-13）在氢氧化钾存在下，用水合肼进行还原、缩合反应，生成3,4-双对氨基苯基己烷（2-14），再经重氮化水解得到己烷雌酚（2-12）。

$$O_2N-\underset{C_2H_5}{\overset{CH_2}{\underset{|}{\underset{|}{\bigcirc}}}} \xrightarrow[\text{KOH}]{\text{NH}_2\text{NH}_2\cdot\text{H}_2\text{O}} H_2N-\bigcirc-\underset{C_2H_5}{\overset{CH}{\underset{|}{|}}}-\underset{C_2H_5}{\overset{CH}{\underset{|}{|}}}-\bigcirc-NH_2$$

2-13 → 2-14

$$\xrightarrow[\text{②H}_2\text{O}]{\text{①NaNO}_2,\ \text{H}_2\text{O}} HO-\bigcirc-\underset{C_2H_5}{\overset{CH}{\underset{|}{|}}}-\underset{C_2H_5}{\overset{HC}{\underset{|}{|}}}-\bigcirc-OH$$

2-12

又如双烯雌酚（2-15）是由两分子的 1-对甲氧苯基-1-溴-1-丙烯（2-16），在氯化亚铜和镁的存在下，缩合生成 3,4-双对甲氧苯基-2,4-已二烯（2-17），然后两端的甲氧基脱去甲基得到（2-15）。

$$2CH_3O-\bigcirc-\underset{CHCH_3}{\overset{C-Br}{\underset{|}{|}}} \xrightarrow[\text{CuCl}]{\text{Mg}} CH_3O-\bigcirc-\underset{CHCH_3}{\overset{\overset{CHCH_3}{|}}{\underset{|}{C}}}-\underset{}{C}-\bigcirc-OCH_3 \xrightarrow{\text{H}^+} HO-\bigcirc-\underset{CHCH_3}{\overset{\overset{CHCH_3}{|}}{\underset{|}{C}}}-\underset{}{C}-\bigcirc-OH$$

2-16   2-17   2-15

四、模拟类推法

模拟类推法是模拟类似化合物的合成方法。在设计已知结构化合物的合成路线时，通过查阅化学文献，找到可供模拟的方法。查阅文献时，除了对需合成的化合物本身进行合成方法的查阅外，还应对其各个中间体和相关化合物的制备方法进行查阅，经过试验进行比较，选择一条实用路线。模拟类推法具有减少试制工作量等独特的优点，从而引起了广泛重视，并在实践中不断改进和完善，逐渐成为一般合成方法。许多药物都是通过模拟类推法而合成出来的。

例如，咪唑（Imidazole，2-18）的文献报道的标准合成路线如下：

$$CH_3CHO \xrightarrow{Br_2,\ CH_2OH\ CH_2OH} BrCH_2-CH\underset{O-CH_2}{\overset{O-CH_2}{\underset{|}{|}}} \xrightarrow{NH_3} NH_2CH_2-CH\underset{O-CH_2}{\overset{O-CH_2}{\underset{|}{|}}}$$

$$\xrightarrow{H^+,\ H_2O} \underset{NH_2}{\overset{CHO}{\underset{|}{CH_2}}} \xrightarrow[-2H_2O]{NH_2-CHO} \underset{H}{\boxed{\text{imidazole}}}$$

2-18

治疗甲状腺亢进的药物 1-甲基-2-巯基咪唑（又名他巴唑，Tapazole，2-19）与咪唑的分子结构类似，它就是在合成咪唑的方法上加以改进而设计出合成路线的。合成路线如下：

$$BrCH_2CH(OC_2H_5)_2 \xrightarrow[\text{90~100℃}]{CH_3NH_2,\ C_6H_6,\ Cu_2Cl_2} CH_3NHCH_2CH(OC_2H_5)_2 \xrightarrow[\text{pH1~4,50~60℃}]{NaSCN,\ HCl} \underset{CH_3}{\boxed{}}-SH$$

2-19

其中：

$$CH_3COOCH=CH_2 \xrightarrow{Br_2,\ C_2H_5OH} BrCH_2CH(OC_2H_5)_2$$

结构类似的化合物的合成方法并不都相似。如诺氟沙星（氟哌酸，Norfloxacin，2-20）和环丙沙星（Ciprofloxacin，2-21）的结构非常相似，区别仅在于诺氟沙星的 1 位是乙基，而环丙沙星的 1 位是环丙基，但它们的合成工艺却有较大区别。诺氟沙星的合成路线是以 3,4-二氯硝基苯为起始原料，经氟化、还原生成 3-氯-4-氟苯胺，然后与乙氧基亚甲基丙二酸二乙酯缩合，再经环合、乙基化引入哌嗪基。

2-20

　　环丙沙星的合成路线是以 2,4-二氯甲苯开始，经硝化、还原、氟化和将甲基氯化、水解、酰氯引入哌嗪基。

2-21

　　所以在应用模拟类推法设计药物工艺路线时，必须要考虑两种药物之间的类似化学结构、化学活性的差异。

　　在合成结构复杂的化合物时，不要满足于单纯模仿，应通过实践不断地创新，对结果进行认真分析和判断，有时会成功地发现新反应、新试剂，并有效地用于复杂化合物的合成。

【练习2】

　　工艺路线设计常用的方法有_____、_____、_____、_____。

{拓展知识}

光学异构的拆分

分子中具有手性中心的药物，其立体构型往往是专一性的，若构型不同，其生物活性就不相同。表现为如下三种情况：①最常见的是其中一个异构体有效，另一异构体无效，如左旋的氯霉素（Chloramphenicol）才有效；②一个异构体有效，而另一个异构体可致不良反应，例如左旋多巴（Levodopa）的 d-异构体就与粒细胞减少症有关，左旋咪唑（Levamisole Hydrochloride）的 d-异构体与呕吐有关；③异构体各有不同的生物活性，如镇痛药右丙氧芬（Propoxyphene, Darvon），其对映体左丙氧芬（Levopropoxyphene, Novrad）则为镇咳药，这种情况较为少见。因此，在设计这类药物的工艺路线时，必须要考虑立体化学控制问题，尽量减少和防止生成许多不需要的立体异构体，提高所需异构体的生成率，达到工艺简便、经济合理的目的。近年发展起来的立体定向合成几乎可使产物全部为所需的构型，而不生成其他的异构体。

在化学药物的合成中，若在完全没有手性因素存在的分子中进行引入手性中心的反应，则得到的产物或中间体是由等量的左旋体与右旋体组成的外消旋体。为了得到所需立体构型的旋光体（左旋体或右旋体），就需要对外消旋体进行光学拆分。拆分是将一个外消旋体的两个对映体彼此分开，得到纯净的左旋体或右旋体的过程。外消旋体的拆分在制药工业中必不可少，若手性分子为药物，通过光学拆分后可除去无效的旋光体，这样能提高药物的治疗功效，降低药物的毒、副作用；若手性分子为药物合成的中间体，通过光学拆分后，能够得到所需构型的旋光体作原料，进行下一步的合成反应，不仅可以提高所需产品的收率，降低原料的消耗，而且还可将拆分出来的不需要的旋光体制成其他有用物质或将其消旋化后加以反复利用。

一对对映体除了偏振光显示有左右之分外，其他的物理化学性质几乎完全相同，而外消旋体的构成与性质却是不尽相同的。外消旋体一般分为混合物、化合物和固溶体三类。拆分外消旋体的方法很多，其中最常用的是形成非对映异构体结晶拆分法和诱导结晶拆分法。在外消旋体中外消旋化合物和外消旋固溶体是完全相同的一种晶体，对这两类外消旋体可采用形成非对映异构体结晶拆分法进行光学拆分；对于外消旋体中的外消旋混合物，因为它们是两种旋光体，各有独立存在的对应晶体，故可利用诱导结晶拆分法来进行光学拆分。

1. 形成非对映异构体结晶拆分法

本法能有效地对外消旋混合物、外消旋化合物及外消旋固溶体溶液进行光学拆分。它是利用外消旋体的化学性质使其与某一光学活性试剂（即光学拆分剂）作用以生成两种非对映的异构体，然后利用这两种物质的非对映性所产生的某些理化性质（如溶解度、熔点和旋光度等）的差异，通常是利用两者溶解度的差异，将它们分离，然后再脱去拆分剂，便可分别得到左旋体（一）或右旋体（＋）。这种形成非对映异构体的光学拆分法是一个经典方法，发展最早、使用最久且应用广泛。有时也用此法制备旋光异构体的光学纯品。

适用于这种光学拆分方法的外消旋体有酸、碱、酚、醛、酮、酯、酰胺以及氨基酸等。无论被拆分的是外消旋混合物，还是外消旋化合物，或是外消旋固体溶液，适宜的拆分剂都能分别与其中的（＋）-对映体或（一）-对映体反应，形成非对映立体异构体。如用光学活性拆分剂（＋）-A 酸拆分对映体（＋）-B 碱和（一）-B 碱，反应以后所生成的盐分别是（＋）-A(＋)-B 和（＋）-A(一)-B，此时所成盐的两种分子彼此已不再互为对映体，而是非对映立体异构体的关系。

形成非对映异构结晶拆分法实质上也是形成和分离非对映立体异构体的拆分法。

例如，（±）-萘普生（2-22）可以（＋）-去氢枞胺（2-23）为拆分剂，使全部的（一）-(2-22) 和少量的（＋）-(2-22) 与（＋）-去氢枞胺（2-23）成盐，因游离的（＋）-(2-22) 不溶于甲苯，而（一）-(2-22) 与（＋）-去氢枞胺（2-23）成的盐溶于甲苯，因此用盐析法可分离出（＋）-(2-22)。

2-22   2-23

采用形成非对映异构结晶拆分法的关键是寻找或选择一个适宜的拆分剂，它是制药工艺路线研究的重要内容。可选用的光学活性拆分剂的种类很多，但由于外消旋体的种类和化学性质不同，所用的光学活性拆分剂亦不相同。一般用于拆分外消旋碱的酸类光学活性拆分剂有樟脑-10-磺酸、酒石酸及其二乙酰、苹果酸、扁桃酸、吡咯酮-5-羧酸、对甲苯磺酰谷氨酸等。用于拆分外消旋酸的碱类光学活性拆分剂有麻黄碱、假麻黄碱、番木鳖、马钱子碱、奎宁、辛可尼定、去氨枞胺等旋光性生物碱以及合成的 α-苯基乙胺、1-苯基-2-氨基丙烷、薄荷胺、l-(＋)-α-氨基-1-对硝基-1,3-丙二醇以及苯基烷胺类等。

选择拆分剂时要考虑如下几个方面。

① 拆分剂必须容易与被拆分的外消旋体形成非对映体，且又易于被分解成原来的组分。

② 拆分剂与外消旋体所形成的两种非对映异构体之间的溶解度有较大的差别，而其中一种非对映异构体必须要很快形成难溶性的结晶。

③ 尽可能用高纯度的光学拆分剂。因为拆分所得的旋光体的光学纯度不可能高于所用拆分剂的光学纯度。如果拆分剂的光学纯度低，则拆分所得旋光体的光学纯度也随之降低。

④ 拆分剂必须是来源方便或容易制备，价格低廉，在拆分后又能定量回收套用。

形成非对映异构结晶拆分法所用的溶剂有水及低级的醇、酮、醚和酯等，有时采用混合溶剂效果更好。

采用此种方法进行拆分时，除考虑选择合适的拆分剂和溶剂外，还需注意拆分溶液的浓度、温度、结晶速度、非对映异构体的分解方法和条件，以及拆分剂的回收再利用等项目因素，因为它们都与光学异构体的纯度和收率有关。

2. 诱导结晶拆分法

诱导结晶拆分法是机械分离法的改良和发展，又称播种晶体法。它仅适用于外消旋混合物的拆分。此法系在外消旋混合物过饱和溶液中加入其中一种（左旋或右旋）纯的对映体结晶作为晶种，则晶体成长并先析出同种对映体的结晶，迅速过滤，再往滤液中加入一定量的外消旋混合物，则溶液中另一种对映体（右旋或左旋）达到过饱和，一经冷却，该单一对映体便结晶析出。如此反复操作，便可连续拆分交叉获得左旋对映体或右旋对映体即单旋体。此法已成功地用于氯霉素的中间体——氨基醇和 α-氨苄基青霉素的拆分。

诱导结晶拆分法的优点是不需要拆分剂，故原料消耗少，成本低；操作简便，所需设备少，生产周期短；母液可套用多次，因此损失较少，收率较高。它能应用于几克到几吨外消旋混合物的拆分。缺点是拆分条件的控制较麻烦，拆分所得光学异构体纯度不够高。它的应用虽然有限制，但在使用得当时，却是工业生产上比较理想的方法，这主要是因为其生产工艺简便和低廉，并且效果较好。

本法所用的溶剂有水、水-盐酸、水-甲酸铵、甲醇-水、异丙醇-水等。

采用诱导结晶拆分法时，首先应研究外消旋体的构成与性质，只有确定外消旋体为外消旋混合物时才能用此法；其次必须注意选用合适的溶剂和溶剂的配比，操作时的投料量和温度等都应做细致考察和严格控制。对外消旋混合物与单旋体的配比、过饱和程度、结晶析出速度等，都应做工艺研究，才能获得较好的效果。如萘普生乙酯的拆分还受制于酯化、拆分、重结晶、水解4步操作，总收率较低。

第二节 工艺路线的选择

一般来说，一个药物或中间体通过工艺路线的设计可以找到多条合成路线，这些合成路线各有自己的优缺点，但并不是每条路线都可用于工业化生产。至于哪条路线更适合工业化生产，仅仅对它们进行一般的评价是不够的，还必须根据各种因素（如原辅料的采购、生成的成本、操作等），进行深入细致地综合比较、论证，选择最为合理的合成方法，并制订具体的实验室工艺研究方案。下面仅就工艺路线选择时应考虑的主要问题加以讨论。

一、原辅料的供应

原辅料是药物生产的物质基础，没有稳定的原辅料供应就不能组织正常的生产。选择工艺路线时要从国内外各种化工原料及试剂手册中寻找合适的原料和试剂，尽量采用本国的化工原料品种，特别是本地区的化工原料来进行工艺路线的设计。如果工艺路线中原料需进口，且价格高，这样的工艺路线就行不通；如有些原料供应困难，可由本地化工企业生产，也可考虑自行生产。找到原辅料后，还需要对原料和试剂做全面了解，包括性质、类似反应的收率、操作难易程度及市场来源和价格等。

选择工艺路线时，从原辅料角度讲应注意以下几点：

① 合成路线中各种原料来源和供应情况；

② 各种原辅料价格以及运输等问题；

③ 在生产中对原材料的利用率要高，所谓利用率，即骨架和官能团的利用程度，这又取决于原料和试剂的结构、性质以及所进行的反应；

④ 熟悉各种原辅料的物理化学性质，如是否有毒、易燃、易爆等。

二、化学反应类型的选择

化学合成同一种药物化合物时往往有很多种合成路线。每条合成路线由许多化学单元反应组成。在这些反应中有些是属于"平顶型"的，有些是属于"尖顶型"的，见图2-1和图2-2。所谓"平顶型"反应是指反应条件易于实现，工艺操作条件弹性较大且易于控制，副反应少，工人劳动强度低的反应。所谓"尖顶型"反应是指具有反应条件苛刻，工艺操作条件弹性小且难控制以及副反应多等特点的反应。如需要超低温苛刻条件的反应。

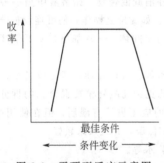

图2-1 平顶型反应示意图

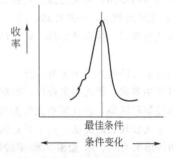

图2-2 尖顶型反应示意图

根据这两种类型反应的特点，在确定合成路线以及制订工艺实验研究方案时，必须考察工艺路线到底是由"平顶型"还是"尖顶型"反应组成，为工业化生产寻找必要的生产条件及数据，因为不同的反应类型，反应的条件及收率、"三废"排放、安全因素都不同。又因为化学制药工业通常以间歇生产为主，所以在工艺路线设计时应尽量采用"平顶型"反应。但随着科技的进步、计算机的使用和自动化控制程度的提高，使得"尖顶型"反应开始应用于工业化生产。如在氯霉素的生产中，对硝基乙苯在催化剂下氧化为对硝基苯乙酮时的反应为"尖顶型"反应，现已实现工业化生产。

三、单元反应的次序安排

在同一条合成线路中，还需研究单元反应的次序如何安排最为有利，因为有时其中的一些单元反应的先后次序可以颠倒，而最后都能得到相同的产物。单元反应的先后次序安排不同，所得的中间体就不同，反应的条件和要求以及收率也不同。从收率的角度来看应把收率高的单元反应放在后面，而把收率低的单元反应放在前面，这样有利于降低成本，符合经济的原则。最佳的安排要通过实验和生产实践的验证。

四、合成步骤、收率及操作方法

所选择的工艺路线应当具有合成步骤少、操作简单、设备要求低、"三废"少且处理简单、总收率高等特点。总收率是各步收率的连乘积，总收率与各步的收率和反应步骤有关。如果各步的收率越高，反应步骤越少，则总收率就越高，同时原辅料的消耗就越小，生产成本就越低。所以对合成路线中反应步骤和反应总收率的计算是衡量各条合成路线优劣的最直接的方法。药物及有机中间体的合成方式有两种，即直线方式合成和汇聚方式合成。

例如，某一合成药物 G 有两条合成线路，一条是由六步反应组成的直线方式的合成工艺路线。从原料 A 开始至最终产品 G。其总收率是六步反应的收率之积。

假如每步收率为 80%：

$$A \xrightarrow{80\%} B \xrightarrow{80\%} C \xrightarrow{80\%} D \xrightarrow{80\%} E \xrightarrow{80\%} F \xrightarrow{80\%} G$$

则直线方式总收率为 26.2%。

另一条是由五步反应组成的汇聚方式的合成工艺路线。是先从原料 A 起始 A→B→C 组成一个单元，再从原料 D 起始 D→E→F 组成另一个单元，假如每单元中的各步反应收率为 80%，则两单元组合反应合成 G。

$$
\begin{array}{l}
A \xrightarrow{80\%} B \xrightarrow{80\%} C \\
\phantom{A \xrightarrow{80\%} B} \left.\begin{array}{c}\\[1em]\end{array}\right\} \xrightarrow{80\%} G \\
D \xrightarrow{80\%} E \xrightarrow{80\%} F
\end{array}
$$

汇聚方式总收率为 32.8%。

根据两种方式的比较，直线方式的反应步骤较多，汇聚方式的反应步骤较少，要提高总收率应尽量采用汇聚方式，减少直线方式的反应。而且汇聚方式中汇聚前，某一单元如果失误，也不会影响到其他单元。在路线长的合成中应尽量采用汇聚方式，也就是通常所说的侧链和母体的合成方式。

在各步反应中还要考虑到操作的工序问题。有的反应从反应式看步骤很少，但是操作工序多，操作控制要求严格；有的反应从反应式看步骤很多，但是操作工序不多。操作工序的繁简牵涉到设备的投资、厂房建筑方面的问题以及工人的劳动强度。在选择工艺路线时应把它与其他因素加以综合考虑。

五、技术条件与设备要求

药物的种类繁多，生产的条件千差万别，反应条件与设备要求之间是相互联系、相互影响的，不同的生产条件对设备及其材质的要求不同，所以在选择工艺路线时必须考虑设备的来源、材质及加工。如合成路线中一些化学反应需要在高温、超高压、低温、高真空或严重腐蚀的条件下进行，在生产上就需要用特殊的材质、特殊的设备来满足其苛刻的条件，先进的生产设备是产品质量的重要保证。因此，只有使反应条件与设备因素有机地统一起来，才能有效地进行药物的工业生产。例如，在多相反应中搅拌设备的好坏是至关重要的，当应用固体金属催化剂进行催化时，若搅拌效果不佳，密度大的金属催化剂沉在釜底,就起不到催化作用。再如苯胺重氮化还原制备苯肼时,为了能在常温下生产并提高收率,将重氮化反应改在管道化连续反应器中进行,使生成的重氮盐迅速转入下一步还原反应,避免了重氮盐的分解。如用间歇反应锅进行重氮化反应,反应温度要控制在 $0\sim5℃$,若温度过高,生成的重氮盐就会分解,导致副产物的生成。

以往我国因受经济条件和设备条件的限制,在选择工艺路线时往往避开一些技术条件和设备要求高的反应。长此以往,形成了我国医药工业设备落后、工艺陈旧、发展速度缓慢的局面。但随着我国经济实力的增强,科学技术的进步,提供技术条件要求高的设备的能力越来越强,所以,在选择药物合成工艺路线时,对能显著提高收率,能实现机械化、连续化、自动化生产,有利于劳动防护和环境保护的反应,即使设备要求高、技术条件复杂,也应尽可能根据条件予以考虑。

另一方面,对于文献资料报道的一些需要高温、高压的反应,可通过技术改进,采取适当措施,使之也能在较低温度或较低压强的条件下进行,且反应结果相同。这样可以避免使用耐高温、高压的设备和材质,降低设备的投入成本,使生产更加安全。例如,在避孕药 18-甲基炔诺酮的合成中,由 β-萘甲醚氢化制备四氢萘甲醚时,据文献报道需在 $8MPa$ 的条件下进行,但经实验改进,降至 $0.5\ MPa$ 也取得了同样的效果。

六、安全生产和环境保护

在化学合成药物的生产过程中,经常要遇到易燃、易爆、有毒有害的原料、溶剂和中间体;也经常要产生大量的"三废"污染环境和危害生物。为了确保安全生产和操作人员的身体健康,在比较和选择各条工艺路线时,除考虑技术上是否先进、经济上是否合理外,还要考虑到安全生产和"三废"的防治问题。

安全是企业生产的生命线,没有了安全保障也就谈不上生产。在工艺路线选择设计中要尽量避免使用沸点低、易燃、易爆、有毒有害的原料,如乙醚以及剧毒品。如果工艺中避免不了,应严格采取安全保护措施,注意排气通风,配备劳动保护用品,严格按照工艺规程办事。对于劳动强度大、危险的岗位,应采用自动化控制。

在选择工艺路线时,对各种反应中产生的副产品和"三废"要有初步的了解,应把绿色制药放在首位,选择的工艺路线产生的"三废"要尽量少,对于产生的"三废"要考虑综合利用的问题,不能利用的"三废"也要考虑处理办法。对于处理后的废水要尽量想办法回收,节约用水。

总之,上述工艺路线的设计和选择都是理论上的东西,能否应用于生产,还必须通过小试加以初步确定和改进,然后再经中试放大才能最后得到肯定。

【练习3】

工艺路线选择的依据有＿＿＿＿＿＿、＿＿＿＿＿＿＿、＿＿＿＿＿＿、＿＿＿＿＿、＿＿＿＿＿＿、＿＿＿＿＿＿、＿＿＿＿＿。

第三节　工艺路线的改造

在化学制药工业生产中,采用新反应、新技术和新材料,设计新工艺,改革不合理的旧工艺,提高产品质量以及防治"三废"和改善劳动生产条件等都属于工艺路线的改造。企业应该有良好的工艺改造环境及激励科技进步的体制和制度,应该随着技术进步不断地进行工艺路线改造,这样才能在市场经济中有立足之地。工艺路线的改造具体有三方面内容:①选用更好的原料和催化剂,选用更好的工艺条件;②修改合成路线,缩短反应步骤；③采用新技术。

一、更换原料和催化剂使工艺更趋完善

【例 2-1】　在抗病毒药泛昔洛韦（Famciclovir）侧链中甲基三羧酸乙酯（2-24）的合成文献采用乙醚作格氏反应的溶剂，由于乙醚具有易燃、易爆、沸点低，常温下易挥发的性质，不利于工业化生产，后改用沸点高、安全性好的甲苯为溶剂，完全克服了乙醚的缺点。

$$C_2H_5OH + Mg + CH_2(COOC_2H_5)_2 \xrightarrow{\text{甲苯}} C_2H_5OMgCH(COOC_2H_5)_2$$

$$\xrightarrow[\text{②}H^+]{\text{①}ClCOOC_2H_5} CH(COOC_2H_5)_3$$

$$2\text{-}24$$

【例 2-2】　在镇痛药萘福潘（Nefopam，2-25）的合成中，N-2-羟乙基-N-甲基邻苯甲酰苯酰胺（2-26）的还原是用价格昂贵的氢化铝锂作还原剂，来制取 2-[N-(2-羟乙基)-N-甲基氨甲基]-双苯甲醇（2-27）。但在反应过程中加入乙酸氢硼化钠［$NaBH_3COAc$］或三氯化铝等路易斯酸作催化剂，（2-26）酰氨基中的羰基就能被还原能力较弱的氢硼化钠或氢硼化钾还原，收率可达 80％以上。硼氢化钠还有不易吸湿，在空气中较稳定和价格较低廉等优点。（2-27）再经用氢溴酸和二氯乙烷环合便得（2-25）。

$$2\text{-}26 \qquad \xrightarrow{NaBH_4} \qquad 2\text{-}27$$

$$\xrightarrow[NaOH]{\text{①}HBr, ClCH_2CH_2Cl} \qquad \cdot HCl$$

$$\text{②丙酮，}HCl$$

$$2\text{-}25$$

【例 2-3】　如文献报道抗生素类药物 4-乙酰氨基哌啶醋酸盐的中间体 4-氨基吡啶由 4-硝基氧化吡啶在醋酸介质中经铁粉还原制得，此法需消耗大量溶剂，后处理过程繁琐，并产生大量废水、废渣，不适合工业化生产。而目前 4-氨基吡啶采用与环境友好的骨架镍为催化剂，在室温常压下进行氢化还原制得。该法后处理方便，"三废"少。

二、修改合成路线，缩短反应步骤

【例 2-4】　维生素 B_6（又称盐酸吡哆辛，2-28）的生产，以前是采用氯乙酸为起始原料的工艺路线。它的工艺路线长，工艺复杂，原料品种繁多，总收率低，只有 15％左右。另外，还存在硝化反应操作不安全、高温酸性水解对设备的腐蚀严重以及反应时的"三废"防治等一系列问题，迫切需要进行工艺路线的改革。旧工艺路线如下：

$$ClCH_2COOH \xrightarrow{CH_3OH} ClCH_2COOCH_3 \xrightarrow{CH_3ONa} CH_3OCH_2COOCH_3 \xrightarrow[CH_3ONa]{(CH_3)_2CO}$$

$$CH_3OCH_2COCH_2COCH_3 \xrightarrow[NH_4OH]{NCCH_2COOC_2H_5} \qquad \xrightarrow[Ac_2O]{HNO_3}$$

2-28

随着化学工业的发展，一些新的原料中间体能够得到供应，一条以 *dl*-α-丙氨酸为原料，经酯化、甲酰化、环合、双烯合成、酸化得产品的新路线已试制成功。新工艺路线如下：

2-28

其中：

二氧七环

在丙氨酸的酯化反应中，反应液中分离出来的氯化铵固体不再中和，可用 8%～10% 的氯化氢-乙醇液提出未反应的丙氨酸及其衍生物，并入下批酯化反应物中进行再酯化，从而提高了收率，充分利用了丙氨酸，改善了劳动环境。

与旧工艺相比，新工艺将原来的直线型反应改成汇聚型反应，缩短了反应步骤，提高了收率，降低了成本，避免了剧毒原料氰化物的使用，操作安全，"三废"防治问题较易解决。

【例 2-5】 萘普生（Naproxen，2-29）是一种副作用小、效果较好的消炎镇痛药，以前所采用的合成路线存在着路线长、收率低、成本高的缺点，效果不理想。现在采用的是 α-卤代酰基萘缩酮重排法。其工艺路线如下：

2-29 *dl*-型

该工艺路线的缺点是：缩酮化反应的时间长，在工业生产上，缩酮化和重排反应时间长达40h；缩酮化反应是可逆反应，即使反应50h以上，也很难达到较完全的程度；使用了较紧缺的试剂原甲酸三乙酯。为了改进此工艺中的缺点，对相关反应步骤进行调整，具体如下：

改进后的工艺路线是先用乙二醇缩酮化，然后再进行溴化，避免了在缩酮化反应中使用原甲酸三乙酯，同时还使缩酮化和重排两步反应时间分别缩短为8h和2h，比原工艺缩短了30h，总收率也有所提高。

从上面的例子可以看出，通过修改合成路线，缩短反应步骤，可以提高收率，简化操作，降低成本，减少"三废"的产生，同时也减轻了环境治理的压力。

三、采用新技术

1. "一锅煮"技术

"一锅煮"技术生产上习称为"一勺烩"或"一锅炒"，它是针对有些药物的工艺路线较长，工序繁杂，占用设备较多，为了化繁为简，将多步串联反应合并在一个反应釜内连续进行，中间体无需分离纯化而合成复杂分子的技术。采用此种技术不仅简化了每步的后处理，还可以明显提高收率，节约设备和劳动力，减少"三废"的产生。

【例2-6】 抗癌药5-氟尿嘧啶（Fluorouracil，2-30）的合成，以前采用金属钠、乙醇在低温下滴加甲酸乙酯和氟乙酸乙酯进行缩合，再环合水解得到。后来把缩合和环合两步反应合并为"一锅煮"，并用甲醇钠代替金属钠。这样不仅在反应中革除了乙醇，简化了工艺，降低了劳动强度，而且收率提高了40%。在环合时，用硫酸二甲酯与尿素代替了硫脲，避免了反应时很臭的甲硫醇对环境的污染，有利于环境保护。

其中：

【例2-7】 扑热息痛（Paracetamol，2-31）的制备可应用"一锅煮"工艺。对硝基苯酚在乙酸和乙酸酐混合液中，用5%钯/活性炭催化氢化还原，同时乙酰化即得，收率可达79%。此工艺的特点是：氢化反应和乙酰化反应同时进行；使用过的钯/活性炭催化剂可以用乙酸加热回流处理，过滤后连续套用；所得产品几乎不含游离的对氨基苯酚，扑热息痛含量达99%以上。

2-31

【例 2-8】 N-苯基-2,6-二氯苯胺（2-32）是合成非甾体抗炎镇痛药双氯芬酸钠（Diclofenac Sodium）的重要中间体，以前的合成路线虽然很多，但这些路线"三废"污染严重，后处理麻烦，收率低。后采用从苯胺与氯乙酸在三氯化磷存在下反应得到氯乙酰胺，再与2,6-二氯苯酚烷基化反应，经重排得到 N-苯基-2,6-二氯苯胺的合成路线。该路线具有"一锅煮"的特点，减少了污染、提高了收率（总收率 88％以上）和产品质量，为工业化生产提供了一条可靠途径。反应式如下：

2-32

2. 相转移催化技术

在有机合成反应中经常会遇到非均相反应。由于两种反应物互不相溶，导致反应物之间不容易接触，所以反应的速度很慢，效果很差，甚至不发生反应。20 世纪 70 年代以来，发展了一种新的有机试剂，在非均相反应中能使反应物之一由原来所在的一相，穿过两相之间的界面，转移到另一相中，使两种反应物在均相中反应，让反应较易进行，同时也加快了反应速度。这种试剂称为相转移催化剂（Phase-transfer catalysis，PTC）。这种不同相之间由相转移催化剂催化的反应称相转移催化反应。例如，溴辛烷与氰化钠水溶液的反应，溴辛烷不溶于水，溶于氯仿形成有机相；氰化钠不溶于氯仿，而溶于水形成水相。当把这两种溶液混合，由于两种反应物分别在互不相溶的两相中，因此两种反应物分子极少有碰撞的机会，即使加热两周也不会发生反应。若加入少量的季铵盐或季膦盐作催化剂，无需加热，搅拌不到 2h，反应产率达 99％。

$$C_8H_{17}Br + NaCN \xrightarrow{\text{季铵盐/氯仿/水}} C_8H_{17}CN + NaBr$$

此反应中的季铵盐称相转移催化剂。

催化剂的作用原理是：季铵盐在水中电离成的阳离子（用 Q^+ 表示）与反应物中的阴离子（CN^-）因静电吸引形成离子对 $[Q^+ CN^-]$（用方括号表示），由于它在两相中均可溶解，而使 CN^- 穿过两相之间的界面，由水相转移到有机相中，然后与溴辛烷在有机相反应生成产物。

$$[Q^+X^-] + C_8H_{17}CN \longleftarrow [Q^+CN^-] + C_8H_{17}X \quad \text{有机相}$$

离子对   离子对

- 界面

$$Q^+X^- + NaCN \rightleftharpoons Q^+CN^- + NaX \quad \text{水相}$$

自由离子   自由离子

（季铵盐）

相转移催化反应的优点是：反应条件温和，反应速度较快，产率较高；在其他条件下不易或不能进行的反应，有时通过相转移催化反应可以进行；操作简便，反应选择性高，副反应少等。它应用范围广，可用于烷基化、氧化、还原等。许多相转移催化剂价廉物美，易于工业化生产，同时，给化学医药等工业带来巨大的经济效益，对保护环境非常有利。

(1) 相转移催化剂　相转移催化剂通常分为离子型和非离子型。

① 离子型催化剂。离子型催化剂有季铵盐、季𬭼盐、季胂盐、季锑盐、季铋盐和叔锍盐，最常用的是季铵盐。季铵盐的通式为 $R_4N^+X^-$，其中 R＝烃基；X＝Cl，Br，I，HSO_4。常用的季铵盐有：三乙基苄基氯化铵（TEBA）、四丁基溴化铵、四丁基氯化铵（TBA）等。季铵盐一般均是表面活性剂，品种较多，可根据需要选用。

② 非离子型催化剂。非离子型催化剂有冠醚、穴醚和开链聚醚。聚乙烯醚类具有下列通式：

$$(Y-CH_2-CH_2)_n \qquad Y=O，S 或 N$$

分为环状聚醚（即冠醚）和开链聚醚两种。

无论是冠醚还是开链聚醚，它们能与水溶液中的无机阳离子如 K^+、Na^+、NH_4^+ 等形成稳定的复合有机阳离子，然后再与水溶液中的阴离子形成离子对，这种离子对在非质子有机溶剂中具有一定的溶解度，这样就能将水溶液中的无机盐转移"溶解"到有机相中。当然，并不是所有的无机盐均能被冠醚或开链聚醚转移到有机相中去，而是对阳离子的大小有所选择。冠醚的价格昂贵，并且有剧毒，必须谨慎使用。近几年来，我国的化学工作者对开链聚醚中的聚氧乙烷做了研究，取得了较好的结果，并有广阔的应用前景。

现在发现可作为相转移催化剂的冠醚越来越多，已不下几十种。常用的冠醚有以下几种：

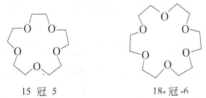

15-冠-5　　　　　　　　18-冠-6

③ 固相催化剂。为了避免经济上受到损失，相转移催化剂通常要进行回收处理，尤其像冠醚等昂贵又具有毒性的催化剂。但相转移催化剂回收时较麻烦，为了克服这一缺点，现在已发展出一种固体聚合物催化剂，是将相转移催化剂通过一定的方法连接到聚合物载体上，这样的相转移催化剂便具有了保存、分离、回收等方面的优越性。这种催化剂常被称为相转移催化树脂、三相催化剂、聚合物催化剂及固相催化剂等。常用的载体有苯乙烯-二乙烯基苯的凝胶树脂（交联度为 1%～4%）、大孔网状树脂以及硅胶。例如，季铵型阴离子交换树脂就是一种固相催化剂，其官能团改变后，便可成为各种固相催化剂。

固相催化剂具有活性高、价廉、稳定性高的优点，现已广泛应用于有机合成和化学制药，在简单的卤素交换反应和有机卤化物的亲核取代中的应用尤为成功。

(2) 相转移催化剂的选择和用量　催化剂的选择是相转移催化反应成败的关键，要根据反应条件和机理而定。在强碱性条件下的相转移催化反应，通常以三乙基苄基氯化铵（TEBA）较为理想。在中性或酸性条件下的相转移催化反应，通常用四丁基铵盐，如四丁基氯化铵（TBA），尤其是硫酸氢盐，如四丁基硫酸氢铵。液-液两相（水-有机溶剂）的催化反应通常选用季铵盐作相转移催化剂，因为季铵盐中所含碳原子总数较多，它是油溶性的，所以它形成的离子对较易溶于有机相。固-液相催化反应的相转移催化剂通常选用冠醚。

有些对碱性水溶液不稳定的化合物，可在稀碱液中加入等摩尔量的季铵盐，用极性较大的溶剂（如氯仿、三氯甲烷等）将离子对萃取到有机相中，分去水层，再加入另一反应物进行反应。这种分步操作，只适用于酸性较强的化合物（活性氢化合物），它在碱性水溶液易于解离，且易与离子型催化剂的阳离子形成离子对而萃取入有机相中。对于弱酸性化合物，则仍应采用二相系统，仔细选择催化剂及其用量。

催化剂的浓度与反应速度有关，所以催化剂的用量对相转移催化反应有很大的影响。催化剂的用量，通常按反应物的摩尔百分数计。对不同的反应，催化剂的用量可从 1％～100％不等。如果是高放热反应，或所用的催化剂昂贵，催化剂则应尽量少用。在大多数情况下，催化剂的用量应为反应物的 1％～5％。在某些特殊条件下，催化剂的用量还可达到反应物的 100％。

（3）溶剂　在相转移催化反应中溶剂的选择十分重要。如果反应物本身就是液体，就可不用溶剂，但如果反应激烈，则仍需使用溶剂。在选择溶剂时，既要考虑到能形成两相（如与水不混溶），还要考虑到能有效地萃取离子对，同时还要对离子对中阴离子的溶剂化作用小。根据这些原则，常用的溶剂均是非质子非极性或极性较小的有机溶剂，如氯仿、二氯甲烷、苯、甲苯、乙腈、四氢呋喃等。

不同的反应条件应使用不同的溶剂。例如，乙腈与水能互溶，不分层，一般不在液-液两相催化反应中用，而只用在液-固两相催化；氯仿和二氯甲烷是比较好的溶剂，但在强碱性试剂反应时，容易发生脱氯化氢作用，所以要慎用；阳离子的大小，直接关系到溶剂的萃取能力，如四乙基溴化铵，苯/水体系是不合适的，甚至二氯甲烷/水也不适宜，对这些溶剂体系，可选用四丁基铵盐、四戊基铵盐。

有时，相同的反应条件也应选用不同的溶剂来控制生成的产物。因为由于溶剂的极性不同，会导致反应的历程不同，以至于最后生成的产物也不一样。

（4）相转移催化反应应用实例

【例 2-9】　苯乙腈和氯乙烷反应产生 2-乙基苯乙腈（2-33），在无催化剂条件下几乎不发生反应或者反应进行得非常慢，当有季铵盐催化剂存在下收率高达 90％以上。

$$\text{⬡}-CH_2CN + C_2H_5Cl \xrightarrow{\text{TEBA}} \text{⬡}-\underset{\underset{\text{2-33}}{C_2H_5}}{CH}CN + HCl$$

【例 2-10】　医药麝香酮中间体甲基丙二酸二乙酯（2-34）的合成，若采用丙二酸二乙酯在乙醇钠存在下与硫酸二甲酯反应收率仅为 62％，若采用相转移催化剂，在反应中用氢氧化钠来代替乙醇钠，产品收率可提高到 80％。

$$CH_2(COOC_2H_5)_2 \xrightarrow{NaOC_2H_5,(CH_3)_2SO_4} \underset{\text{2-34 \quad 62\%}}{CH_3CH(COOC_2H_5)_2}$$

$$CH_2(COOC_2H_5)_2 \xrightarrow[NaOH,(CH_3)_2SO_4]{TEBA} \underset{80\%}{CH_3CH(COOC_2H_5)_2}$$

【例 2-11】　苄氯与氰化钾作用生成苯乙氰（2-35）的反应，若采用冠醚 18-冠-6 作相转移催化剂，不仅时间大大缩短，而且产品收率可提高到 100％。

$$\text{⬡}-CH_2Cl + KCN \xrightarrow[72h]{CH_3CN,\ 25℃} \underset{\text{2-35 \quad 20\%}}{\text{⬡}-CH_2CN}$$

$$\text{⬡}-CH_2Cl + KCN \xrightarrow[25℃,\ 0.4h]{CH_3CN,\ 18\text{-冠-}6} \underset{100\%}{\text{⬡}-CH_2CN}$$

3. 酶催化反应

酶是一类由活细胞产生的具有催化能力的蛋白质，是生物（动物、植物和微生物）体内催化反应中催化剂的总称。酶是由氨基酸按一定顺序聚合起来的分子量很大的高分子化合物，有些酶还结合了一些金属。例如，固氮酶中含有铁、钼、钒等金属离子。酶分子的大小为 3～100nm，因此就催化剂的大小而言，酶催化反应介于均相催化和多相催化之间。由于它具有特殊的催化功能，故又称为"生物催化剂"。催化剂可以降低化学反应的活化能，使化学反应容易进行。同样，酶在其所催化的化学反应中，也起降低化学反应的活化能的作用。生物体内不断地进行的许多化学反应，如氧化、还原、水解、脱水、脱氢、酯化、缩合等生化反应，几乎都是在酶的催化作用下完成的。这些反应能在常温甚至在一个很复杂的混合体系中专一地、顺利地进行。对脂肪、蛋白质等一类物质的水解或氧化反应，在化学实验室里，通常是在高温下，利用强酸、强碱、强氧化剂才能进行；而在生物的细胞内，依靠酶的作用，就可以在中性溶液中，在体温下，迅速地进行这些反应。例如，若用酸分解蔗糖，其所需浓度要比用蔗糖酶时多 100 万倍才能在同样温度与时间内得到同样的效果。目前所知的具有各种不同功能的酶已达千种以上，工业上应用的酶主要都是从微生物发酵得到的，如淀粉酶就是枯草杆菌发酵的产物。在实际生产中不必将酶分离提纯，而是直接将反应物加于微生物的发酵醪中，在发酵产生酶的同时进行催化反应。

（1）酶催化反应的特点　酶除具有一般催化剂的共性外，它的催化反应还具有独特的优越性，表现在三个方面。

① 酶具有较高的催化活性。它与相应的非生物催化剂比较，常常要高几个数量级。对同一反应来说，纯酶的催化能力比一般无机或有机催化剂高 10^8～10^{12} 倍。如过氧化氢酶催化 H_2O_2 水解的能力是 Fe^{3+} 的 10^6 倍；尿素酶催化尿素水解的能力大约是 H^+ 的 10^{14} 倍。

② 酶催化作用具有高度的专一性，酶对被作用物（底物）有严格的选择性，一种酶只能催化特定的一类或一种物质。例如，淀粉酶只能催化淀粉的水解反应；蛋白酶只能催化蛋白质的水解反应，二者不会混淆。

酶的这种专一性广泛地应用在制药上。

几乎所有的酶对被作用物的立体异构体都具有高度的选择性，当被作用物含有一对不对称碳原子时，酶仅能作用于旋光异构体的一种，而对其对映体则无作用。例如，l-氨基酸氧化酶只作用于 l-氨基酸，对 d-氨基酸毫无作用。反之，d-氨基酸氧化酶只作用于 d-氨基酸。

在生物体内的代谢过程中，常常很方便地在甾体化合物某一特定的部位上引入双键和氧原子，而在实验室中，却要费很大的周折才能做到。过去在甾体化合物药物的生产过程中，通常用化学方法进行结构改造，引进某些官能团。这种方法往往步骤长，收率低，价格昂贵。由于采用了酶催化反应，可使甾体药物的合成大为简化，为工业生产创造了有利的条件。

③ 酶催化反应时的条件温和。酶催化反应通常在常温、常压、接近中性酸碱度的条件下进行，而一般的无机催化剂往往要在较高的温度与压力下使用，并且对设备的要求也较高。例如，用酸水解淀粉生产葡萄糖时，反应的压力为 0.3 MPa，温度为 118℃，并且需要耐酸设备。如果采用酶催化，在室温和常压的条件下就可进行，反应条件十分温和。

综上所述，酶具有能在温和条件下进行高效催化反应的特点。同时由于酶本身无毒，反应过程也不产生有毒物质，所以操作过程安全，对环境的影响小。

（2）酶催化反应的影响因素

① 温度的影响。酶对温度的高度敏感性是它的重要特性之一。酶催化反应与其他化学

反应一样，反应速度随温度的变化而变化。温度比较低时，酶催化反应的速度随温度的升高而逐渐加快，但当温度升高到某一温度时，再升高温度，由于酶的活力开始减退，反应速度反而减慢。对多数酶来说，最适宜的反应温度为 $40\sim60℃$，不同的酶，反应要求的温度不一样。

② pH 值的影响。酶是极性物质，对反应环境的 pH 值很敏感。通常，酶会在某个 pH 值范围内出现最大活性，过高或过低的 pH 值都会使酶的活性下降。不同的酶，反应要求的 pH 值范围不一样。如蛋白酶大体上可分为偏酸性、中性和偏碱性三种。

③ 抑制剂和激活剂的影响。能抑制、减弱或破坏酶的催化能力的物质叫酶抑制剂，而把能加强酶的作用和提高酶的活性的物质称为酶激活剂。常见的抑制剂有重金属离子（如 Ag^+、Hg^{2+}）、硫化物及生物碱等。常见的激活剂有 K^+、Na^+、Mg^{2+}、Fe^{2+}、Ca^{2+}、Cl^-、NO_3^-、SO_4^{2-} 等各种离子。

④ 其他因素的影响。由于酶是蛋白质，所以凡是能引起蛋白质变性或破坏其空间构型的条件如热处理、X 射线和紫外线的照射、超声波和强振荡以及强酸强碱的作用等，都能使蛋白质变性，从而抑制酶的活性或导致酶活性的丧失。

（3）固相酶催化剂　虽然酶催化反应有很多优点，但在生产应用中也存在如下一些问题：酶一般对酸、碱、热、有机溶剂等都不稳定，在水溶液中，甚至在最适宜的条件下也会很快失去活性；酶只能和被作用物作用一次，不能反复使用，生产成本偏高；工业酶制剂大多不纯，在反应中会带进不少杂质，使产物分离提纯困难，导致收率低下；体积大，给后处理造成困难。由于这些原因，酶催化剂在药品生产中的应用受到了限制。为了克服酶催化反应的缺点，近年来，研究成功了固相酶催化剂，使催化反应进入了一个新阶段。

固相酶是将水溶性的酶或含酶细胞固定在某种载体上，成为不溶于水但仍具有酶活性的酶衍生物，故又称为水不溶性酶。固相酶具有酶的高度专一性及在温和条件下高效催化的特点，同时还具有离子交换树脂的优点，即有一定的机械强度；可用搅拌或装柱形式作用于被作用物的溶液，使生产连续化、自动化；在生产过程中不带入杂质，使产物分离提纯容易，收率高；固相酶可以反复使用，也可贮藏较长时间，较为经济。

常用的载体有活性炭、氧化铝、酸性白土、硅胶、离子交换树脂、纤维素、合成高聚物（如甲基丙烯酸共聚物）、戊二醛、聚丙烯酰胺凝胶等。

大部分的固相酶被做成柱状，为了方便有时也做成膜状、管状或纤维状。

【练习4】
工艺路线的改造有哪三方面的内容？

【练习5】
离子型的相转移催化剂有_____、_____、_____、_____和_____，最常用的是_____。

【练习6】
非离子型相转移催化剂有_____、_____和_____。

【练习7】
你能区分离子型的相转移催化剂和非离子型相转移催化剂吗？请举例说明。

【练习8】
酶是什么？它有何作用？

思　考　题

1. 什么是药物的工艺路线？它有什么作用？理想的药物工艺路线应该具备哪些条件？

2. 解释追溯求源法、类型反应法、分部合成法、模拟类推法，试举例说明？

3. 工艺路线的选择应从哪些方面来进行考虑？为什么？

4. 工艺路线的改造有哪几种方式？试举例说明？

5. 什么是"一锅煮"技术？它有何特点？

6. 什么是相转移催化技术？它有何特点？如何克服相转移催化剂在回收时的缺点？

7. 酶催化反应有何特点？

8. 影响酶催化反应的因素有哪些？

9. 酶催化反应有何缺点？如何克服？

第三章　化学制药基本技术

【学习目标】

通过学习本章，学习者能够达到下列目标：

1. 说明各主要反应条件及影响因素变化对合成反应的影响。

2. 解释中试放大的含义，熟记中试放大目的和常用方法。

3. 区分生产工艺规程和岗位操作法，熟记它们的作用。

药物在设计和选择了较为合理的合成工艺路线后，需要在实验室中对各个化学单元反应进行工艺路线试验，以确定最佳的生产工艺条件。药物的生产工艺路线是许多化学单元反应与化工单元操作的有机组合和综合应用，每步反应的优劣直接影响工艺路线的可行性、产品的质量和收率。在工艺研究中，人们的任务是要找到每一步化学单元反应的影响规律并不断地对各种条件进行优化整理，最终得到最佳的生产工艺条件。工艺研究的目的是使合成药物的工艺路线具有步骤少、收率高、成本低、操作简便、污染少、污染物易处理等特点。

药物生产工艺的研究可分为实验室工艺研究和中试放大研究两个前后相互联系的阶段，并延续到生产过程中。实验室工艺研究即小试，其目的是通过研究要求初步了解各步化学反应（生理生化）规律并不断对所获得的数据进行分析、优化、整理，最后写出实验室工艺研究总结，为中试放大研究做好技术准备。实验室工艺研究的研究任务包括考察工艺技术条件，设备与材质的要求，劳动保护，安全生产技术，"三废"防治，综合利用以及对原辅材料消耗和成本等的初步估算。

实验室工艺条件的最终确定应达到如下要求：

① 小试工艺收率稳定，质量可靠；

② 操作条件的确定；

③ 产品、中间体、原料分析方法的确定；

④ 工业原料代替小试用试剂不影响产品收率、质量；

⑤ 进行物料衡算及计算所需原料成本；

⑥ "三废"量的计算；

⑦ 工艺中的注意事项，安全问题提出，并有防范措施。

在小试研究结束后，对反应的可行性进行评估，如果可行，则进行中试放大。中试放大能得到小试中无法获得的数据，解决小试中不能解决和未发现的问题，为药物实现工业化生产打下坚实基础。此外，在考察工艺条件的研究阶段中，还必须注意和解决一些其他问题。如原辅材料规格的过渡实验，设备材质和腐蚀试验，反应条件限度试验，原辅料、中间体及新产品质量的分析方法研究，反应后处理方法的研究等。生产过程的工艺研究主要是探索在现有合成基础上对工艺条件进行的改进，找到更经济合理的生产工艺条件和更好的操作方法，不断地提高产品的生产工艺水平。

在完成上述工作后，还必须制订好相应的工艺规程及岗位操作法，这样药物才能进行生产，生产时应严格按照 GMP 生产管理规范进行。

第一节　反应条件与影响因素

影响合成反应的因素有许多，如反应物的配料比、浓度、压力、温度、催化剂、溶剂、设备、pH 值等，以上这些都是工艺研究的主要内容。在药物的化学合成中，大部分为有机反应，它们的反应速率都比较慢，因此，反应速率问题常常成为合成药物研究的重要内容。在研究化学反应的条件时，还要注意它们之间的相互制约和相互影响，科学地安排实验和处理实验数据，才能得出最佳的工艺条件。

一、浓度和配料比对反应的影响

在化学反应过程中，反应物的浓度及各反应物的配料比将影响产物的产率、反应速率及化学平衡移动。

反应物分子经碰撞直接一步生成产物分子的反应叫基元反应。反应物分子要经过几步，即几个基元反应才能转化为生成物的反应，称为非基元反应。按照化学反应进行过程的机理不同，可把反应分为简单反应和复杂反应两大类。由一个基元反应组成的化学反应称为简单反应，而两个或两个以上基元反应构成的化学反应则称为复杂反应。

1. 简单反应

基元反应属于简单反应，它是机理最简单的反应，其反应速率在一定温度下与反应物浓度的乘积成正比，而各反应物浓度项次等于反应式中的化学计量数，例如，对基元反应

$$bB + dD \longrightarrow gG + hH$$

化学反应速率（v）方程式为

$$v = -\frac{d[B]}{dt} = k[B]^b[D]^d$$

式中，k 为反应速率常数。

单分子反应和双分子反应属于简单反应。

（1）单分子反应　在基元反应过程中，只有一个分子参与的反应称单分子反应。多数的一级反应为单分子反应。在化学动力学中，单分子反应的反应速率与反应物的浓度的一次方成正比。例如，对反应

$$B \longrightarrow gG + hH$$

其化学反应速率方程为

$$v = -\frac{d[B]}{dt} = k_1[B]$$

式中，k_1 为反应速率常数。

热分解反应（如烷烃的裂解）、异构化反应（如顺反异构化）、重排反应以及酮式和烯醇式互变异构等都属于这一类的反应。

（2）双分子反应　当两个分子（不论是同类分子或不同类分子）碰撞时发生相互作用的反应称为双分子反应，即二级反应。在化学动力学中，双分子反应的反应速率与反应物浓度的乘积（或二次方）成正比。

对相同分子间的二级反应

$$2B \longrightarrow gG + hH$$

其化学反应速率方程式为

$$v = -\frac{d[B]}{dt} = k_2[B]^2$$

式中，k_2 为反应速率常数。

对不同分子间的二级反应

$$B + D \longrightarrow gG + hH$$

其化学反应速率方程式为

$$v = -\frac{d[B]}{dt} = k_3[B][D]$$

式中，k_3 为反应速率常数。

许多有机反应属于二级反应，如在溶液中进行的加成反应（如乙烯、丙烯和异丁烯的二聚）、取代反应（如芳环上的取代）和消除反应（如卤代烷的碱性水解）等。

2. 复杂反应

常见的复杂反应有可逆反应、平行反应和连串反应。

（1）可逆反应 可逆反应是复杂反应中常见的一种，它为两个方向相反（即正反应和逆反应）的反应同时进行。质量作用定律完全适用于正反应和逆反应。例如醋酸和乙醇的酯化反应是可逆反应：

$$CH_3COOH + C_2H_5OH \underset{k_2}{\overset{k_1}{\rightleftharpoons}} CH_3COOC_2H_5 + H_2O$$

若醋酸和乙醇起始浓度分别为 c_A 和 c_B，经过时间 t_1 后，生成物醋酸乙酯和水的浓度为 x。根据反应式

$$CH_3COOH + C_2H_5OH \underset{k_2}{\overset{k_1}{\rightleftharpoons}} CH_3COOC_2H_5 + H_2O$$

时间 $t = 0$ c_A c_B

时间 $t = t_1$ $c_A - x$ $c_B - x$ x x

正反应速率 $= k_1(c_A - x)(c_B - x)$

逆反应速率 $= k_2 x^2$

则   总反应速率 = 正反应速率 - 逆反应速率 $= k_1(c_A - x)(c_B - x) - k_2 x^2$

从上述反应可以看出，在酯化反应开始时，醋酸、乙醇浓度大，醋酸乙酯、水的浓度小，所以正反应速率大，逆反应速率小；随着反应的进行，醋酸、乙醇浓度逐渐变小而醋酸乙酯、水的浓度逐渐增大，导致正反应速率逐渐减小，逆反应速率逐渐增大。

可逆反应的特点是正反应速率随时间逐渐减小，逆反应速率随时间逐渐增加，当正逆反应速率相等时，此反应就达到平衡，这时反应物、产物的浓度不再随时间而变化。对于这类反应，为了达到提高收率的目的，在其他条件不变的情况下，可以通过增加反应物的浓度或减少生成物的浓度，来使化学平衡向正反应方向移动，即应用改变浓度来控制反应速率。例如，对于上述的酯化反应，可以通过边反应边蒸馏的办法，不断地蒸出酯化过程中生成的水（水与乙醇和醋酸乙酯形成三元共沸物而蒸出），从而移动化学平衡，让化学平衡向酯化物的方向进行，以提高产品的收率。

（2）平行反应 平行反应又称为竞争性反应，是指反应物能同时进行两个或两个以上不同的化学反应。在平行反应中生成主产物的同时还有其他副产物生成。如氯苯的硝化：

$$\text{Cl-C}_6\text{H}_5 + HNO_3 \longrightarrow \text{o-Cl-C}_6\text{H}_4\text{-NO}_2 + H_2O(35\%)$$

$$\longrightarrow \text{p-Cl-C}_6\text{H}_4\text{-NO}_2 + H_2O(65\%)$$

在上述硝化反应中，无论在什么时间，邻位产物和对位产物的比例始终为 $35:65 \approx 1.0:1.8$。对于这类反应，不能用改变反应物的浓度或反应时间的方法来改变各生成物的比例，但可以通过改变温度、溶剂、催化剂等反应条件来调节各生成物的比例。

（3）连串反应　连串反应又称为连续反应，是指反应要经过几个连续的基元反应步骤方能生成最终产物，而前一基元反应的产物为后一基元反应的反应物。

例如，乙酸氯化生成三氯乙酸的反应就是一个连串反应。

$$Cl_2 + CH_3COOH \xrightarrow{-HCl} ClCH_2COOH \xrightarrow[-HCl]{Cl_2} Cl_2CHCOOH \xrightarrow[-HCl]{Cl_2} Cl_3CCOOH$$

可以通过调节氯气与乙酸的配料比来控制生成的产物。如把氯气与乙酸的摩尔比控制在小于 1 的范围时，则主产物主要为氯乙酸。如果需要主产物是三氯乙酸，则氯气:乙酸≥3:1（摩尔比）。

为了防止连串反应（副反应）的发生，有些反应物的物料配比宜小于理论量，使反应停留在主反应上。

例如乙苯的合成：

$$\text{苯} \xrightarrow[AlCl_3]{CH_2=CH_2} \text{乙苯}(C_2H_5) \xrightarrow[AlCl_3]{CH_2=CH_2} \text{二乙苯}(C_2H_5, C_2H_5)$$

在三氯化铝催化下，将乙烯通入苯中制得乙苯。由于乙苯上的乙基是活化苯环的邻对位定位基，极易在苯环上引入第二个乙基。如不控制乙烯的通入量，则会产生过多的二乙苯或多乙苯等副产物。所以为了减少副产物的生成，生产上一般控制乙烯与苯的摩尔比为 0.4:1.0 左右，这样乙苯收率较高，纯度高，而且过量的苯可以回收循环套用。

当产物的生成量取决于反应液中某一反应物的浓度时，则应增加其配比，使其达到最佳配比的投料范围。所谓最佳配比是可获较高收率，同时又能节约原料（如降低单耗）的配比。

例如在磺胺合成中，乙酰苯胺（退热冰）的氯磺化反应物对乙酰氨基苯磺酰氯（简称 ASC）的收率取决于反应液中氯磺酸的量：

$$\text{C}_6\text{H}_5\text{-NHCOCH}_3 \xrightarrow{HOSO_2Cl} ClO_2S\text{-C}_6\text{H}_4\text{-NHCOCH}_3 \quad (ASC)$$

$$\Updownarrow$$

$$\text{C}_6\text{H}_5\text{-NHCOCH}_3 \xrightarrow{HOSO_2Cl} HO_3S\text{-C}_6\text{H}_4\text{-NHCOCH}_3$$

反应中生成的乙酰氨基苯磺酸在过量的氯磺酸作用下，进一步转变成 ASC。

生产中氯磺酸的用量越多，对 ASC 的生成越有利。如乙酰苯胺与氯磺酸投料的摩尔比按理论量 1:2 进行反应时，ASC 的收率只有 7%，当摩尔比增加到 1.0:3.5 时，ASC 的收率为 60%，当摩尔比再增加到 1.0:7.0 时，则收率可达 87%。在生产上考虑到氯磺酸的有效利用率以及经济核算，采用了较为经济合理的配比，即 1.0:(4.5~5.0)。

综上所述，在一般情况下，增加反应物的浓度，有助于加快反应速率，提高设备的生产能力。但是，很多有机反应存在着副反应，增加反应物的浓度有时也加速了副反应的进行，所以应根据具体情况来选择适宜的浓度。

【练习1】

区分简单反应和复杂反应？请举例说明。

【练习2】

增加反应物的浓度是否都能加快反应速率？

【练习3】

什么是最佳配比？它起什么作用？

二、温度对反应的影响

1. 温度对反应速率的影响

实践经验表明，温度是影响化学反应速率的一个重要因素。分子运动学说指出，一小部分分子具有的能量超过了分子的平均能量，从而具有化学反应的活性，称为活化分子。这种超过分子平均能量额外数值的能量称为活化能。当温度升高时，分子间的碰撞次数显著增加，而活化的分子数增加得更多。因此升高温度，反应速率加快。温度对反应速率的影响，主要体现在对反应速率常数的影响上，由实验总结出的一条近似规则可知，反应温度每升高10℃，反应速率常数大约要增加至原来的2～4倍，这种温度对反应速率常数的粗略估计，称为范特霍夫规则。

较为准确地表示出温度与反应速率常数之间关系的是阿伦尼乌斯经验方程式 $k = Ae^{-Ea/(RT)}$ [k 为速率常数；A 为频率因子；Ea 为活化能；R 为摩尔气体常数；T 为热力学温度。$e^{-Ea/(RT)}$ 为活化分子百分数]。从方程式可以看出反应速率常数 k 与温度呈指数关系。活化能 E 的大小对反应速率常数影响很大。活化能大，则反应速率常数小，为了提高反应速率必须要在较高的温度下进行反应，因为活化能越大，速率常数 k 对温度 T 越敏感。活化能小，则反应速率常数大，反应可在较低温度下进行。一般化学反应的活化能为80～100kJ/mol。活化能小于80kJ/mol的化学反应，由于反应速率很快，一般的实验方法难于测定；而活化能大于100kJ/mol的化学反应，由于反应速率太慢也难于研究。

由于化学反应种类繁多，各不相同，因此温度对化学反应速率的影响也是很复杂的，反应速率随温度的升高而加快只是一般规律，而且有一定范围，并不是所有的反应都符合这一规律。图 3-1 表示了五种反应类型的反应速率常数随温度改变而变化的情况。

第Ⅰ种类型的反应速率常数随温度的升高而逐渐增大，它们之间呈指数关系，这类反应最常见，符合阿伦尼乌斯公式。第Ⅱ种类型是属于有爆炸极限的化学反应。这类反应开始时温度对反应速率常数的影响很小，但当温度升高到某一温度时，反应速率常数迅速增大，发生爆炸。第Ⅲ种类型是在温度比较低的情况下，反应速率常数随温度升高而增大，但当温度升高到一定数值时，再升高温度，反应速率常数却反而减小，反应速率常数有一个极大值。酶的催化反应就属于这一类型，因为温度太高和太低都不利于生物酶的活化。某些受吸附控制的多相催化反应也有类似情况。第Ⅳ种类型是碳的氧化反应。在温度比较低时，反应速率常数随温度的升高而增大，符合一般规律。当温度升高到一定值时，反应速率常数随温度升高而减小，但若温度继续升高到一定程度，反应速率常数却又会随温度的升高而迅速增大，以燃烧速率进行。第Ⅴ种类型是反常的情况，即反应速率常数随温度升高而逐渐下降，如在硝酸生产过程中遇到的一氧化氮的氧化反应（$2NO + O_2 \rightarrow 2NO_2$）即属于这一类型。

2. 温度对化学平衡的影响

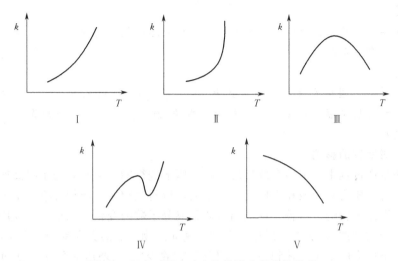

图 3-1 温度对反应速率常数影响的几种类型

温度对化学平衡的关系式为：

$$\lg K = -\frac{\Delta H}{2.303RT} + C$$

式中，R 为气体常数；T 为绝对温度；ΔH 为热效应；C 为常数；K 为平衡常数。

① ΔH 为负值（放热反应）时，温度升高，平衡常数 K 值减小。对于这类反应，一般来说降低温度有利于反应的进行。对放热反应来说，开始反应时也需要一定的活化能，即需要先加热到一定温度后才能开始反应。

② ΔH 为正值（吸热反应）时，温度升高，平衡常数 K 值增大，因此温度升高有利于产物的生成，并且提高了转化率，因此此类反应温度升高有利于反应。

从上面可以看出，温度对反应的影响很大，特别在有机合成中有时适当地提高温度有利于反应进行，但同时也会引起副反应的产生。因此最适宜的反应温度的确定，应该结合化学反应的热效应、反应速率常数和实验数据等因素加以综合考虑。

例如，3,4,5-三甲氧基苯甲酰肼用铁氰化钾氧化可生成甲氧苄氨嘧啶的重要中间体 3,4,5-三甲氧基苯甲醛。氧化反应的较适宜温度为 20～25℃。温度低，反应不完全；温度高，副产物腙的生成量增加。如反应温度由 17℃提高到 60℃时，腙的生成量由 10% 上升到 36%。

主反应：

$$\underset{O}{\overset{\parallel}{R-C}}-NHNH_2 + 2K_3Fe(CN)_6 + 2NH_4OH \xrightarrow[25℃]{[O]} \underset{O}{\overset{\parallel}{R-C}}-H + 2K_3NH_4Fe(CN)_6 + 2H_2O + N_2\uparrow$$

副反应：

$$2R-\overset{O}{\overset{\parallel}{C}}-NHNH_2 \longrightarrow RCH=NNHCOR + H_2O + N_2$$

$$R-\overset{O}{\overset{\parallel}{C}}-H + R-\overset{O}{\overset{\parallel}{C}}-NHNH_2$$

$$R = CH_3O \underset{OCH_3}{\overset{OCH_3}{\underset{}{\bigcirc}}}$$

【练习 4】

温度对化学反应速率的影响也是很复杂的，反应速率随温度的_____而_____只是一般规律，而且有一定范围。

【练习 5】

对于放热反应，温度升高，平衡常数 K 值_____，一般来说_____温度有利于反应的进行。对于吸热反应，温度升高，平衡常数 K 值_____，一般来说_____温度有利于反应的进行。

三、压力对反应的影响

在药物的生产过程中，很多合成反应是在常压下进行的，但有时为了提高产率，要使反应在加压下进行。压力对于液相反应的影响不大，但对气相或气液相反应的平衡影响比较显著。压力对于平衡的影响，依赖于反应前后体积或分子数的变化，如果一个反应的结果使体积增加（即分子数增加），那么，减压使化学平衡向产物生成的方向移动，利于产物的生成；反之，如果一个反应的结果使体积缩小（即分子数减少），则增压使化学平衡向产物生成的方向移动，减压不利于产物的生成。如果反应前后体积或分子数无变化，则压力对化学平衡移动无影响。

压力对反应速率的影响是通过压力改变反应物浓度而形成的，一般情况下，增大反应压力，也就相应地提高了反应物的分压（即浓度增大）。除零级反应外，反应速率均随反应物浓度的增加而加快。所以在一定条件下，增大压力，间接地加快了反应速率。

除了对化学平衡和反应速率的影响以外，压力对其他因素的影响也应考虑。如催化加氢反应中加压能增加氢气在溶液中的溶解度和催化剂表面上氢的浓度，从而促进反应的进行。又如，需要在较高温度下进行的液相反应，所需反应的温度已超过反应物或溶剂的沸点，也可以在加压的条件下进行，以提高反应温度，缩短反应时间。例如，在 N,N-二甲基甲酰胺（DMF）路线合成磺胺嘧啶时，缩合反应是在甲醇中进行的。它在常压下进行反应，需要 12h 才能完成；现在 0.3MPa 的压力下进行 2h，即可反应完全。

【练习 6】

压力只影响气相或气液相反应的化学平衡，但不会影响此类反应的反应速度。此种说法对吗？请给出理由。

四、催化剂对反应的影响

催化剂能改变反应速率，同时也能提高反应的选择性，降低副反应的速率，减少副产物的生成，但它不能改变化学平衡。在化学反应中添加催化剂是加快反应速率最有效的方法。目前，在药物的合成中大约有 80% 以上的化学反应需要用催化剂来提高反应的选择性和反应速率，如在氢化、脱氢、氧化、脱水、缩合等反应中几乎都要使用催化剂。随着新技术、新工艺的不断发展，各种新型催化剂也不断地应用于制药工业中，例如酶催化剂已广泛地应用于化学合成中。制药工业的发展反过来也促进了催化剂技术的发展。

1. 催化剂的特性

某一物质在化学反应系统中，能够改变化学反应速率而本身的化学性质在反应前后均不发生变化的物质叫做催化剂（工业上也称为触媒）。有催化剂参加的反应叫催化反应。使反应速率加快的催化剂，称为正催化剂，在反应中起正催化作用。减慢反应速率的催化剂，称为负催化剂，在反应中起负催化作用。一般所说的催化剂，是指正催化剂。负催化作用的应用比较少，如有一些易分解的或易氧化的中间体或药物，在后处理或贮藏过程中为防止变质失效，可以加入负催化剂以增加药物的稳定性。

　　催化反应按反应物系和催化剂的物相进行分类，可以分为均相催化反应和非均相（多相）催化反应。对反应物和催化剂处于同一相中的反应，称其为均相催化反应，许多在溶液中进行的催化反应为均相催化反应。如乙醇与乙酸在浓硫酸催化剂作用下酯化生成乙酸乙酯的反应。若反应物和催化剂不是同一相，而是两相或多于两相，这时反应在相界面上进行，称其为非均相（多相）催化反应。工业上许多反应都是非均相催化反应，其中最常见的是气-固相催化反应，即反应物为气体，催化剂为固体。下面将重点讨论气-固多相催化反应。

　　研究表明，浓度或温度对反应速率产生影响时一般不改变反应机理，而催化剂对反应速率的影响却是通过改变反应机理实现的。它的特性可以归纳为以下几点。

　　（1）催化剂能使反应的活化能降低　　根据阿伦尼乌斯经验方程式 $k = Ae^{-E/(RT)}$，如活化能降低，则反应速率常数增大，因而加快了反应速率。例如，对于氢化反应，没有催化剂时的活化能远大于用催化剂时的活化能，所以，烯烃中双键的加氢反应，在没有催化剂时很难进行，而有催化剂时，反应进行得很快而且顺利，甚至在室温时就能发生反应。催化和非催化反应的活化能可以通过实验来测得。例如，H_2O_2 在 310K 的分解反应，没有催化剂时，活化能为 71kJ/mol，其反应速率常数用 k_1 表示；如在同样温度下，以过氧化氢作催化剂，其活化能降为 8.4kJ/mol，其反应速率常数用 k_2 表示。根据阿伦尼乌斯经验方程式 $k = Ae^{-E/(RT)}$，假设催化和非催化反应时的 A 值相等，则有无催化剂时的反应速率常数之比为

$$\frac{k_2}{k_1} = \frac{e^{-8400/(RT)}}{e^{-71000/(RT)}} = 3.5 \times 10^{10}$$

　　上式中 $R = 8.314J/(mol \cdot K)$，$T = 310K$。

　　计算表明，使用过氧化氢作催化剂后，H_2O_2 分解反应速率提高了 3.5×10^{10} 倍。

　　（2）催化剂不能改变化学平衡　　催化剂只能缩短反应达到平衡的时间，但不能改变平衡常数的数值，不能使化学平衡移动。催化剂不能改变化学平衡，即是说催化剂对正向反应和逆向反应的速率常数发生同样的影响，因此，在一定反应条件下，对正反应优良的催化剂对逆反应同样也是好的催化剂。

　　（3）催化剂具有特殊的选择性　　催化剂具有特殊的选择性主要表现在两个方面：一是指不同类型的化学反应，需要选择不同的催化剂；二是指对于同样的反应物，当选择不同的催化剂时，可以获得不同的产物。例如用乙醇为原料，使用不同的催化剂，在不同温度条件下，可以得到下面几种完全不同的产物：

$$C_2H_5OH \xrightarrow[473\sim573K]{Cu} CH_3CHO + H_2$$

$$C_2H_5OH \xrightarrow[623\sim633K]{Al_2O_3} C_2H_4 + H_2O$$

$$C_2H_5OH \xrightarrow[673\sim723K]{ZnO \cdot Cr_2O_3} CH_2{=}CH{-}CH{=}CH_2 + H_2$$

　　催化剂的选择性是指催化剂促使化学反应向所要求的方向进行，而得到目的产物的能力。通常用目的产物的产率来表示。

$$催化剂的选择性 = 目的产物的产率 = \frac{目的产物的实际产量}{按参加反应的反应物计的目的产物理论产量} \times 100\%$$

　　在生产中，应选用选择性高的催化剂来加速需要的主反应，抑制副反应。

　　2. 催化剂的活性

　　催化剂的活性是指催化剂改变化学反应的能力，它是评价催化剂好坏的重要指标。催化剂的活性的大小取决于催化剂的物理性质和化学性质。在工业生产中，常用转化率和空时产

量来表示催化剂的活性。

(1) 转化率 在一定接触时间内，一定反应温度和反应物配比的条件下，转化率高，说明反应物中参加反应的物料多，催化剂活性好。

(2) 空时产量 空时产量是指在一定反应条件（温度、压力、进料组成等均一定）下，单位时间内在单位体积的催化剂上，生成目的产物的数量，常以 $kg/(L \cdot h)$ 表示。

$$空时产量 = \frac{目的产物的实际产量}{催化剂体积 \times 反应时间}$$

3. 氢化催化剂

催化剂的种类很多，在这里重点介绍在化学制药中常用到的氢化催化剂。氢化还原属于典型的气-固多相催化反应，用于氢化还原的催化剂种类繁多，大约有百余种，最常用的为金属镍、钯、铂。

(1) 镍催化剂 按制备方法和活性分为多种类型，主要有骨架镍、载体镍、还原镍和硼化镍等。最常用的氢化催化剂是骨架镍。骨架镍又称为雷尼镍，具有较高的活性，其制取方法是先将铝和镍制成合金，再用一定浓度的氢氧化钠溶液进行处理，待反应完后，滤去合金中铝形成的铝酸钠，就得到比表面积很大的多孔状物质骨架镍。

$$Ni\text{-}Al + 6NaOH \longrightarrow Ni + 2Na_3AlO_3 + 3H_2 \uparrow$$

骨架镍在酸性条件下活性较低，对苯环及羧酸基的催化活性甚弱，对酰胺几乎没有催化作用。当反应环境的 pH<3 时，骨架镍的催化活性消失。在中性和弱碱性条件下，骨架镍活性较高，可用于炔键、烯键、硝基、氰基、羰基、芳杂环和芳稠环的氢化，以及碳-卤键、碳-硫键的氢解。

制备好的灰黑色骨架镍在干燥状态下会在空气中自燃并失去活性，保存时宜浸于乙醇或蒸馏水中。镍系催化剂对硫化物敏感，可造成永久中毒而无法再生。

(2) 钯和铂催化剂 金属钯和金属铂催化剂的共同特点是反应条件较温和，一般可在较低的温度和压力下使用，适用于中性或酸性的反应条件。它们的催化活性强，应用广泛，除骨架镍所能应用的范围外，还可用于酯基和酰氨基的还原和苄位结构的氢解。

金属铂和金属钯催化剂的制备方法是先将铂或钯的水溶性盐类还原（如将氯铂酸钠或氯化钯的盐酸水溶液用氢气、甲醛或硼氢化钾还原），得到极细的金属粉末（因粉末呈黑色，故称铂黑和钯黑），然后再把铂黑或钯黑吸附在载体上而得到。

$$Na_2PtCl_6 + 2HCHO + 6NaOH \longrightarrow Pt\downarrow + 2HCOONa + 6NaCl + 4H_2O$$

$$PdCl_2 + H_2 \longrightarrow Pd\downarrow + HCl$$

$$PdCl_2 + HCHO + 3NaOH \longrightarrow Pd\downarrow + 2HCOONa + 2NaCl + 2H_2O$$

这种吸附在载体上的催化剂又称为载体铂或载体钯。如选用的载体为活性炭，常称为铂炭（Pt/C）或钯炭（Pd/C），其中钯或铂的含量通常为 5%~10%。如选用硫酸钡为载体，由于硫酸钡具有抑制催化氢化反应活性的作用，因此它具有较好的选择性还原能力。

二氧化铂是一种较好的氢化催化剂，适用于羰基、苯、烯烃、炔烃、腈、$ArNO_2$ 的氢化，也可使杂环氢化。其制取方法是将氯铂酸铵与硝酸钠混合均匀后灼热熔融、氧化，经洗涤等处理后得到。使用时，应先通入氢气使 PtO_2 还原为铂黑，然后再投入反应物加氢还原。

$$(NH_4)_2PtCl_6 + 4NaNO_3 \xrightarrow{773\sim1273K} PtO_2 + 4NaCl + 2NH_4Cl + 4NO_2\uparrow + O_2\uparrow$$

铂催化剂较易中毒，故不宜用于有机硫化物和有机胺类的还原，但对苯环及共轭双键的还原能力较钯强。钯较不易中毒，如选取时在催化剂中加入适当的催化活性抑制剂，可得到良好的选择性催化剂，多用于复杂分子的选择性还原。

（3）其他催化剂 除了镍催化剂、钯和铂催化剂外，常用的氢化催化剂还有铑催化剂、钌催化剂和铜铬催化剂。铑催化剂一般用 RhO_4 或 Rh/C、$Rh/$铝土。钌催化剂常用 Ru/C，它能使羧酸还原成醇，芳烃加氢为环己烷。常见的铜铬催化剂有 $CuO \cdot Cr_2O_3$、$CuO \cdot BaO \cdot Cr_2O_3$ 等，它们都是活性优良的催化剂，能使醛、酮、酯、内酯、酰胺等催化加氢与氢解为醇。

（4）影响催化氢化反应的因素 催化剂种类的选用和反应条件的选择对催化氢化的影响很大，主要体现在催化氢化的反应速率和选择性上。催化剂的选用主要考虑催化剂的种类、类型、用量、载体、助催化剂以及毒剂或抑制剂等；反应条件的选择主要考虑反应温度、氢压、溶剂极性和酸碱度以及搅拌效果等。

在催化氢化反应中，催化剂的用量直接影响到催化剂性能的好坏。表 3-1 列举了一些常用加氢催化剂的用量范围。

表 3-1 常用加氢催化剂的用量

催 化 剂	用 量/%	催 化 剂	用 量/%
载在载体上的 5%钯、铂、铑	10	载在载体上的钌	10～25
氧化铂	1～2	骨架钴	1～2
骨架镍	10～20	铜铬氧化物	10～20
二氧化钌	1～2		

表 3-1 中的用量是以被加氢化合物质量为基准计算的百分用量。通常情况下，增加催化剂用量会提高反应速率，但增加的程度与用量之间不是线性关系。例如，增加催化剂用量 1 倍，加氢速率可增加 5～10 倍。催化剂的用量还与反应的条件有关。如果在低压下进行实验室规模的加氢，催化剂的用量一般较大；如果工业生产上采用的是间歇操作，催化剂的用量要尽可能低一些，以免由于放热等问题发生反应失控；如果工业生产上采用的是连续操作，则催化剂的用量与物料在催化器床层中的停留时间有关。此外，有时通过控制催化剂的用量，也可抑制副反应。例如，在下列反应中，用量为 5%的钯/炭（吸附量 5%）可防止苯环上溴的脱落：

催化剂在使用过程中，由于随反应物带进的某些物质的影响，导致催化剂的活性大大降低或完全丧失，并难以恢复到原有活性，这种现象称催化剂中毒。使催化剂中毒的物质称毒剂，对氢化常用催化剂来说，主要是指硫、磷、砷、铋、碘等离子以及某些有机硫化合物和有机胺类。如果随反应物带进的某些物质只能使催化剂活性在某一方面受到抑制，但经过处理可以再生，这种现象称为阻化。使催化剂阻化的物质称抑制剂，它使催化剂部分中毒，从而降低了催化活性。毒剂和抑制剂之间并无严格的界限。添加抑制剂使反应速率变慢，不利于氢化反应，但在一定条件下却可利用抑制剂来提高氢化反应的选择性。

在催化氢化反应中，如果升高反应温度，通常可以加快催化氢化的反应速率，但若催化剂的活性足够高，反应在较低的温度下就可顺利进行，升高温度反而有利于副反应的进行，导致反应的选择性下降。在催化氢化反应中，如果增大反应压力，则氢气浓度增大，不仅利于反应速率的提高，而且有利于平衡向加氢反应的正方向移动，有利于加氢反应进行得完全。但随着氢气压力的增大，往往会导致氢化还原反应的选择性下降，同时压力的升高也给工业生产增加了困难，所以在生产中应尽可能选择常压或适宜的压力。因此，在选择催化氢化的反应温度与压力时，应充分考虑催化剂和被氢化的反应物对反应的影响，具体实例见表3-2。

表 3-2　氢化催化的温度和压力与催化剂及反应物的关系

催化剂	反应条件(温度和压力)	反应物被还原的基团
骨架镍	约 200℃，加压(工业方法)	烯键、羰基、氰基
Pt-C	0～40℃，常压，反应时间短	烯键、羰基
PtO_2	25～90℃，常压(实验室方法)	烯键、羰基、氰基
$CuO \cdot Cr_2O_3$	高温，高压(工业方法)	酯(氢解)，羰基
$Co_2(CO)_3$	高温，高压(工业方法)	烯类化合物的羰基合成

在催化氢化反应中，由于反应的需要，常常要在反应中加入各种不同的溶剂。溶剂的极性、酸碱度、沸点、对反应物和产物的溶解度等因素，都影响催化氢化反应。常用的溶剂有水、甲醇、乙醇、乙酸、乙酸乙酯、四氢呋喃、环己烷和 N,N-二甲基甲酰胺等。选用的溶剂，其沸点应高于反应温度，并对产物有较大的溶解度，以利于产物从催化剂表面解吸，使活性中心再发挥催化作用。对于有机胺或含氮芳杂环的氢化，通常选用醋酸为溶剂；对于极性键的氢解，通常以选用极性较高的溶剂为佳。

在催化氢化反应中，正确使用催化剂对反应来说非常重要。例如，骨架镍通常保存在乙醇中，使用时应特别注意它在空气中易自燃。若在加料过程中少量的骨架镍催化剂溅在设备周围，一旦溶剂挥发，它吸附的活性氢会产生自燃，引起火灾。

从加料操作来说，一些密度大的催化剂如骨架镍、氧化铂等，它们很快沉入反应溶剂中，不会与空气直接接触，因此催化剂被空气氧化的可能性小，但在反应时，应注意充分搅拌，否则催化剂沉在反应釜底，起不到催化作用。对一些密度小的载体型催化剂，特别是用活性炭作载体，不易沉入溶剂内部，往往会浮在溶剂的表面上。若反应中采用易燃性低沸点溶剂，浮在表面上的催化剂就易被空气氧化而引起燃烧。故在低压催化加氢时，催化剂可先加在乙醇或醋酸中，调匀后再加到反应器中，可避免着火危险。若需要的催化剂用量大，必须先采用溶剂浸润，然后再分批加料。如果采用的是高沸点溶剂，如乙二醇单甲醚、二乙二醇单甲醚，则几乎没有着火的危险。

4. 酸碱催化剂

均相催化反应中常见的是液相均相催化反应，该类反应多用酸和碱（广义的酸碱）作催化剂，利用 H^+ 或 OH^- 的作用对液相反应物起到加快反应速率的作用。如工业上用 H_2SO_4、HF、H_3PO_4 等质子酸作为芳烃转化的催化剂；$AlCl_3$、$AlBr_3$、BF_3 等路易斯酸作为芳烃烷基化和异构化等反应的催化剂，反应可在较低温度的液相中进行。但因无机酸和酸性卤化物具有强的腐蚀性，HF 还有较大的毒性，工业上已较少使用，被其他形式的催化剂如分子筛所取代。碱性催化剂的种类很多，常用的有：金属的氢氧化物如氢氧化钠、氢氧化钙，醇钠如甲醇钠、乙醇钠，弱酸的强碱盐如碳酸钠、醋酸钠，有机碱如吡啶、三乙胺，有机金属化合物如苯基锂等。

此外，在酸碱催化剂中，为了便于使产品从反应物系中分离出来，可采用强酸型离子交换树脂或强碱型离子交换树脂来代替酸或碱，反应完成以后，很易于将离子交换树脂分离出去，液体经处理得反应产物，整个过程操作方便，并且易于实现连续化和自动化。

【练习7】

催化剂能降低反应的_____，具有特殊的_____，但不能改变_____。

【练习8】

催化剂的活性就是指催化剂_____的能力，它是评价催化剂好坏的重要指标。在工业生产中，常用_____和_____来表示催化剂的活性。

【练习9】

最常用的氢化催化剂为金属_____、_____、_____。

【练习10】

常见的酸碱催化剂有哪些？

五、溶剂对反应的影响

在药物的合成中，涉及的有机反应绝大部分都是在溶剂中进行的。加入溶剂一方面是为了帮助反应散热或传热，并使反应物分子能够均匀分布在溶剂中，以增加分子的碰撞和接触机会，从而加速反应的进程；另一方面溶剂也可直接影响反应速率、反应方向、反应深度和产物构型等。因此，溶剂的使用和选择在药物化学合成中是很关键的。

1. 溶剂的定义

由两种或两种以上不同物质所组成的均匀物系称为溶液，在溶液中量少的成分叫溶质，过量的成分叫溶剂。广义的溶剂是指在均匀的混合物中含有的一种过量存在的组分。狭义的溶剂是指在化学组成上不发生任何变化并能溶解其他物质（一般指固体）的液体，或者能与固体发生化学反应并将固体溶解的液体。工业上所说的溶剂一般是指能够溶解固体化合物（这一类物质多数在水中不溶解）而形成均匀溶液的单一化合物或者两种以上组成的混合物。通常把除水之外的溶剂称为非水溶剂或有机溶剂，而把水、液氨、液态金属、无机气体等称为无机溶剂。

2. 溶剂的分类

（1）按沸点高低分类

① 低沸点溶剂。低沸点溶剂是沸点在100℃以下的溶剂。这类溶剂的特点是蒸发速率快，易干燥，黏度低，大多具有芳香气味。属于这类溶剂的一般是活性溶剂或稀释剂，如二氯甲烷、氯仿、丙酮、乙酸乙酯、环己烷、乙醇。

② 中沸点溶剂。中沸点溶剂是指沸点范围在100～150℃的溶剂。这类溶剂的特点是蒸发速度中等，常用的如2-己酮、戊醇、乙酸丁酯、甲苯、二甲苯。

③ 高沸点溶剂。高沸点溶剂是指沸点范围在150～200℃的溶剂。这类溶剂的特点是蒸发速度慢，溶解能力强，常用的如环己醇、丁酸丁酯、二甲基亚砜（DMSO）等。

（2）按溶剂极性分类

① 极性溶剂。极性溶剂是指含有羟基或羰基等极性基团的溶剂。此类溶剂极性强，介电常数大，一般在15以上，如乙醇、丙酮等。

② 非极性溶剂。非极性溶剂又称为惰性溶剂，一般是指脂肪烃类化合物。

此类溶剂的介电常数一般在15以下，如正己烷、苯、二硫化碳。

（3）按是否含有易取代的氢原子分类

① 质子性溶剂。质子性溶剂是指含有易取代氢原子的溶剂，如水、醇类、醋酸、硫酸等。它可与含阴离子的反应物发生氢键结合，产生溶剂化作用；也可与阳离子的孤对电子进行配价，或与中性分子中的氧原子或氮原子形成氢键，或由于偶极矩的相互作用而产生溶剂化作用。

② 非质子性溶剂。非质子性溶剂是指不含有易取代氢原子的溶剂，如乙醚、四氢呋喃、四氯化碳、丙酮等。非质子性溶剂主要靠偶极矩或范德华力的相互作用而产生溶剂化作用。偶极矩小的溶剂，其溶剂化作用小。

常见溶剂的分类及其物性常数见表 3-3。

表 3-3　溶剂的分类及其物性常数

种类	质 子 溶 剂			非 质 子 溶 剂		
	名　称	介电常数(ε)(25℃)	偶极矩(μ)/(C·m)	名　称	介电常数(ε)(25℃)	偶极矩(μ)/(C·m)
极性	水	78.39	1.84	乙腈	37.50	3.47
	甲酸	58.50	1.82	二甲基甲酰胺	37.00	3.90
	甲醇	32.70	1.72	丙酮	20.70	2.89
	乙醇	24.55	1.75	硝基苯	34.82	4.07
	异丙醇	19.92	1.68	六甲基磷酰胺	29.60	5.60
	正丁醇	17.51	1.77	二甲基亚砜	48.90	3.90
				环丁砜	44.00	4.80
非极性	异戊醇	14.70	1.84	乙二醇二甲醚	7.20	1.73
	叔丁醇	12.47	1.68	乙酸乙酯	6.02	1.90
	苯甲醇	13.10	1.68	乙醚	4.34	1.34
	仲戊醇	13.82	1.68	苯	2.28	0
				环己烷	2.02	0
				正己烷	1.88	0.085

3. 溶剂对化学反应速率的影响

溶剂对自由基型的反应无显著的影响，但对离子型反应的影响很大，溶剂的改变会显著地改变离子型化学反应的速率和级数，在某些极端情况下，仅仅改变溶剂甚至可使反应速率加快约 10^9 倍之多。这是由于离子或极性分子处于极性溶剂中时，在溶质与溶剂之间能通过静电引力而发生溶剂化作用。在溶剂化的过程中，物质放出热量而降低位能。溶剂化效应的典型例子是三乙胺与碘乙烷在 23 种溶剂中发生季铵化反应，反应速率在乙醚中比在乙烷中快 4 倍，比在苯中快 36 倍，比在甲醇中快 280 倍，比在苄醇中快 742 倍。这充分说明溶剂的选择对反应速率有显著的影响。因此，如何来合理选择溶剂，无论是在实验室中还是在工业生产中都很重要。

4. 溶剂对反应方向的影响

有时同种反应物由于溶剂的不同而产物不同，例如，苯酚与乙酰氯进行的傅-克反应，若在硝基苯溶剂中进行，产物主要是对位取代物；若在二硫化碳中反应，产物主要是邻位取代物。

5. 溶剂对原料和产物构型的影响

溶剂极性的不同也影响酮型-烯醇型互变异构体系中两种构型的含量。如乙酰乙酸乙酯的纯液体中烯醇式构型占 7.5%，酮式构型占 92.5%。极性溶剂有利于酮式构型的形成，非极性溶剂有利于烯醇式构型的形成。以烯醇式构型来看，乙酰乙酸乙酯在水作溶剂时烯醇式构型占0.4％，乙醇作溶剂时烯醇式构型占10.52％，苯作溶剂时烯醇式构型占16.2％，环己烷作溶剂时烯醇式构型占46.4％。随着溶剂极性的降低，烯醇式构型的含量越来越高。

由于溶剂极性的不同，有的反应产物中顺、反异构体的比例也不同。如维蒂希（Wittig）反应：

$$Ph_3 = CHPh + C_2H_5CHO \longrightarrow C_2H_5CH = CHPh + Ph_3P = O$$

此反应在乙醇钠（C_2H_5ONa）存在下进行，顺式体的含量随溶剂的极性增大而增加。按溶剂的极性次序（乙醚＜四氢呋喃＜乙醇＜二甲基甲酰胺）顺式体的含量由31％增加到65％。

6. 重结晶用溶剂

重结晶就是将晶体用合适的溶剂溶解后再次进行结晶，以提高纯度。因为一次结晶得到的产品总含有一些杂质，因此需要重结晶来进一步提高产品的纯度。重结晶的关键是选择合适的溶剂。

（1）重结晶溶剂的选择依据

① 使用溶剂的原则，沸点应比进行重结晶物质的熔点低，但熔点在40～50℃的物质也可以用己烷、乙醇进行重结晶。

② 根据相似者相溶的原则，极性强的物质能溶于极性大的溶剂；极性低的物质易溶于非极性溶剂。但是在进行重结晶时则要求所选择的溶剂最好和进行重结晶的化合物在结构上不完全相似。

③ 最好选用单一的溶剂进行结晶（也可使用混合溶剂）。

④ 对于几乎在所有的溶剂中都能溶解的物质，最好选用含水的有机溶剂或用水作溶剂进行重结晶。

⑤ 进行重结晶时最好选用普通溶剂，对一些在普通有机溶剂中难溶解的物质可用乙酸、吡啶和硝基苯等进行重结晶。结晶后用适当的溶剂洗涤、干燥。

⑥ 对用己烷、环己烷等脂肪烃和甲醇、乙醇等醇类都可以重结晶的化合物，选用醇类溶剂所得制品的纯度高。

（2）重结晶选择溶剂时的注意事项

① 注意重结晶物质和溶剂之间有可能发生化学反应。例如羧酸类化合物不能用醇类溶剂进行重结晶，防止部分酯化。在使用碱性溶剂时（如吡啶），有的物质会发生双键移动和立体构型的反转。

② 重结晶用的溶剂要求纯度高。例如在氯仿中含有1％的乙醇作稳定剂，对于一些能够与含活泼氢化合物发生反应的物质（如酸酐等）则不适宜用氯仿进行重结晶。就是纯度很高的氯仿，在普通的实验室条件下，注意在2～3h内也有可能生成氯气和光气，使用酯类溶剂时，注意其中是否含有微量的醇和酸。

③ 使用石油醚、轻汽油等进行重结晶时，注意这类溶剂中由于低沸点成分的蒸发，高沸点成分不断增多，结果引起溶解度的变化。

④ 吸湿性物质进行重结晶时，最好不使用乙醚、二氯甲烷等沸点较低的溶剂。因为这类溶剂的蒸发速度快，在结晶过滤时水分有可能在晶体表面上被冷凝下来。

⑤ 经过重结晶的化合物，常常含有重结晶用溶剂。某些结晶物质因含有结晶溶剂而呈美丽的晶体，在减压下干燥时，由于结晶溶剂的离去而变成无定形。

（3）重结晶用的溶剂种类及特征　表 3-4 为常使用的重结晶用溶剂。

表 3-4　常使用的重结晶用溶剂

溶剂名称	熔点/℃	沸点/℃	水溶性	溶剂名称	熔点/℃	沸点/℃	水溶性
石油醚	—	30～70	—	乙醚	−116.3	34.6	—
轻汽油	—	50～90	—	异丙醚	−85.98	68.47	—
溶剂汽油	—	75～120	—	氯仿	−63.55	61.15	—
己烷	−95.3	68.7	—	乙酸乙酯	−83.8	77.11	—
环己烷	6.54	80.72	—	丙酮	−94.7	56.12	+
苯	5.53	80.10	—	乙醇	−114.5	78.32	+
四氯化碳	−22.95	76.75	—	甲醇	−97.49	64.15	+

【练习 11】

加入溶剂一方面是为了帮助反应_____或_____，并使_____能够_____溶剂中，以增加分子的碰撞和接触机会，从而_____的进程；另一方面溶剂也可直接影响_____、_____、_____和_____等。

六、原料、中间体的质量对反应的影响

原料、中间体的质量，对下一步反应和产品的质量影响很大，若不加以控制规定杂质含量的最高限度，不仅影响反应的正常进行和降低收率，更严重的是影响药品质量和治疗效果，甚至危害病人的健康和生命。一般药物生产中常遇到下列几种情况。

① 由于原料或中间体含量降低，若按原料配比投料，就会造成某些原料的配比与实际不符，从而影响收率。

② 由于原料或中间体所含水分超过限量，致使无水反应无法进行或降低收率。又如在催化反应中，若原料中带入少量催化剂毒物，会使催化剂中毒而失去活性。

③ 在药物的有机合成中，由于副反应的发生，生成的副产物混在主产物中，致使产品质量不合格。为了提纯产品，需要反复的精制，致使收率下降。

例如，在盐酸氯丙嗪的生产中，用硫黄环合时，在生成主产物 2-氯吩噻嗪的同时还生成少量的副产物 4-氯吩噻嗪，它们都可以与侧链 N,N-二甲基-3-氯丙烷缩合，生成氯丙嗪和 4-取代的氯丙嗪衍生物。所以得到的产品必须反复精制才能合格，致使收率下降。因此，在缩合反应以前就应把副产物 4-氯吩噻嗪除尽，以保证主产物 2-氯吩噻嗪的质量，最后成品的质量才能得到保证。

七、反应终点的控制对反应的影响

许多化学反应在规定的条件下完成后必须停止，并使反应生成物立即从反应系统中分离出去，否则，可能产生其他复杂变化。若继续反应，可能使生成的产物分解或受到破坏，导致副产物增多，使产物的收率降低，产品质量下降。另一方面，若过早地停止反应，反应还未到终点也会导致不良后果。因此，对于每一反应都必须掌握好它的进程，控制好反应终点。必须注意的是，反应时间还与生产周期和劳动生产率有关系。

反应终点的控制，主要是测定反应系统中是否还有未反应的原料或试剂的存在，或其残存量是否达到一定的限度。一般用简易快速的化学或物理方法来测定，如测定显色、沉淀、酸碱度等，也可采用广泛应用的气相色谱来测定。例如，由水杨酸制造阿司匹林的乙酰化反应，是利用快速的化学测定法来确定反应终点，通过测定反应系统中原料水杨酸的含量达到 0.02% 以下，就可以停止反应。又如重氮化反应，是利用淀粉碘化钾试纸（或试液）来检查反应中是否有过剩的亚硝酸来控制终点。

反应终点也可根据反应现象，反应变化的情况以及反应生成物的物理性质（如相对密

度、溶解度、结晶形态等）来判定。例如催化氢化反应，一般是以吸氢量控制反应终点的，当氢气吸收到理论量时，氢气压力不再下降或下降速率很慢时，即表示反应已达到终点。通入氯气的氯化反应，常常以反应液的相对密度变化来控制终点。在氯霉素的合成中，成盐反应的终点是根据对硝基-α-溴代苯乙酮与成盐物在不同溶剂中的溶解度来判定的。在缩合反应中，有时由于反应原料和缩合的结晶形态不同，可通过观察反应液中结晶的形态来确定反应终点。

【练习12】

举例说明反应终点的判断及终点控制对反应的影响？

八、设备对反应的影响

化学反应过程一般总会伴随有传热和传质过程，而传热、传质以及化学反应过程都要受流动的形式和状况的影响。因此，设备条件是化工生产中的重要因素。不同的化学反应对设备的要求不同，同时化学反应条件与设备条件之间是相互联系又相互影响的。必须使反应条件与设备因素有机地结合或统一起来，才能最有效地进行化工生产。

在制药工业中反应器是反应合成过程的核心设备，它为原料提供适宜的环境以完成一定的反应。反应器的结构、操作方式和操作条件对原料的转化率、产品的质量和生产成本等有很大的影响。同时一些参数的检测与控制对反应过程的顺利进行也是至关重要的。

反应器主要包括搅拌釜式反应器和固定床反应器，本书主要介绍搅拌釜式反应器。

搅拌釜式反应器由搅拌器与釜体组成。搅拌器包括传动装置、搅拌轴（含轴封装置）、叶轮（搅拌桨），而釜体则包括筒体、夹套和内构件。内构件包括挡板、盘管、导流筒等。常见的搅拌釜式反应器的结构见图3-2。工业上应用的搅拌釜式反应器有很多种，按反应物料的存在状态可以分为均相反应器和非均相反应器两大类，见表3-5所示。

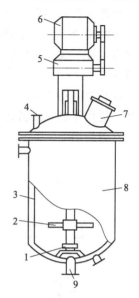

图 3-2　常见搅拌釜式反应器的结构

1—轴承；2—搅拌器；3—夹套；
4—加料口；5—传动装置；
6—电动机；7—入孔；
8—釜体；9—出料口

表 3-5　搅拌釜式反应器

反　应　器		实　　例
均相反应器	低黏度物系	中和反应器
	高黏度物系	液液法合成橡胶反应器 聚酯预聚反应器
非均相反应器	固液反应器	磷酸反应器
	液液反应器	悬浮聚合反应器 乳液聚合反应器
	气液反应器或气液固三相反应器	发酵反应器 淤浆法低压聚乙烯反应器 液相加氢反应器 聚酯后聚反应器（高黏流体中脱除少量气体）

搅拌釜式反应器广泛应用于化学制药工业，而在几乎所有的反应设备上都装有搅拌装置。因此，搅拌操作在药物的合成过程中是非常重要的。搅拌还能使反应介质充分混合，特别是液-液非均相体系，更能扩大反应物间的接触面积，从而加速反应的进行；搅拌还能提

高热量的传递速率，消除局部过热和局部反应，防止大量副产物的生成；搅拌在吸附、结晶过程中，能增加表面吸附作用及析出均匀的结晶。

搅拌器在不同条件下的要求是：①液-液互溶系统的搅拌，要求缓和搅拌；②液-液不互溶系统的搅拌，要求强烈搅拌；③固-液系统的搅拌，要求当固体量少且不易沉淀时，可采用缓和搅拌，反之当固体量较多且易沉降时应采用强烈搅拌；④气-液系统的搅拌，要求强烈搅拌。

在化学制药工业中常用的搅拌器主要分为适用于低黏度流体的和适用于高黏度流体的两大类。适用于低黏度流体的有桨式、涡轮式等；适用于高黏度流体的有门式、锚式、螺带式等，具体见图 3-3 所示。

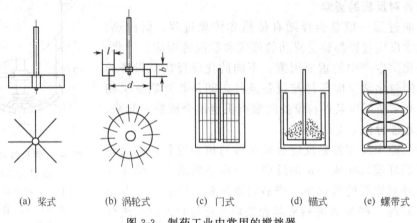

| (a) 桨式 | (b) 涡轮式 | (c) 门式 | (d) 锚式 | (e) 螺带式 |

图 3-3　制药工业中常用的搅拌器

1. 桨式搅拌器

桨式搅拌器是搅拌器中最简单的一种，制造方便，它对黏性小或固体悬浮含量在 5% 以下的液体，以及仅需缓和混合的场合最适用。为使液体在容器中上下翻动，可以使桨叶与水平方向形成一定的倾角（45°～60°）。它还适用于流动性液体的混合，纤维状或结晶状的固体物质溶解，固体的熔化等。

2. 门式和锚式搅拌器

这两种搅拌器主要用在搅拌不必强烈而必须搅动液体，及用于搅拌含有相当多固体的悬浮物，且固体和液体密度相差不大。转速一般为 60r/min，大型的则为 30r/min。锚式搅拌器运动缓慢，表面积大，外形与锅壁贴近，可防止物料黏在锅壁上，从而防止局部过热等。

3. 螺带式搅拌器

螺带式搅拌器的桨叶是弯曲的，呈螺旋推进器形状，转速快。它能从一面吸进液体，另一面推出液体。它适合于高黏度液体。

4. 涡轮式搅拌器

涡轮式搅拌器能最剧烈地搅拌液体，因而它主要用于混合黏度相差较大的两种液体、气体扩散过程、混合含有较高浓度固体微粒的悬浮液。

另外，可以通过调节搅拌转速来控制结晶颗粒的大小。例如对于抗生素的生产，在需要获得微粒晶体时采用高转速，即 1000～3000r/min，一般结晶过程的转速为 50～100r/min。

【练习 13】

搅拌釜式反应器由 _____ 与 _____ 组成。搅拌器包括 _____、_____、_____，而釜体则包括 _____、_____ 和 _____。

工艺研究中的几个问题

在考察工艺条件的研究阶段中，还必须注意和解决如下一些问题。

1. 原辅材料规格的过渡实验

在进行实验研究时，开始时常使用试剂规格的原辅材料（原料、试剂、溶剂等），这是为了排除原辅材料中所含杂质的不良影响，从而保证实验结果的准确性。但是，当工艺路线确定之后，在进一步考察工艺条件时，就应尽量改用以后生产上能得到供应的原辅料。因此，应考察某些工业规格的原辅料所含杂质对反应收率和产品质量的影响。同时还要制订原辅材料的规格标准，规定各种杂质的允许限度。

2. 设备材质和腐蚀实验

实验室研究阶段，大部分的实验是在玻璃仪器中进行的，但在工业生产中，反应物料要接触到各种设备材质，有时某种材质对某一化学反应有影响，从而影响生产。因此必要时可在玻璃容器中加入某种材料以考察其对反应的影响。

3. 反应条件限度实验

找到的最适宜的工艺条件（如温度、压力等）往往不是单一的点，而是一个许可的范围。有些反应对工艺条件要求很严，超过某一限度以后，就要造成重大损失，甚至发生安全事故。所以，应该进行工艺条件的限度实验，有意识地安排一些破坏性实验，以便能全面地掌握该反应的规律，为确保生产正常和安全提供数据。

4. 原辅材料、中间体及新产品质量的分析方法研究

在药物的工艺研究中，有许多原辅材料，特别是中间体和新产品均无现成的分析方法。因此，必须开展这方面的研究，以便制订出准确可靠而又简便易行的检验方法。

5. 反应后处理方法的研究

反应的后处理一般是指在化学反应结束后一直到取得本步反应产物的整个过程。这里不仅要从反应混合物中分离得到目的产物，而且也包括母液的处理等。反应后处理的化学过程少（如中和等），且多数为化工单元操作过程，如分离、蒸馏、结晶、过滤、干燥等。在合成药物生产中，有的药物合成步骤与化学反应不多，然而后处理的步骤和工序却很多，而且较为麻烦。因此，搞好反应的后处理对于提高产物收率、保证药品质量、减轻劳动强度和提高劳动生产率都有非常重要的意义。

另外，还必须指出，在整个工艺条件的实验研究中，应注意培养熟练的操作技术和严谨细致的工作作风，操作误差不能超过一定范围（一般控制在 $\pm 1.5\%$），以保证实验数据和结果的准确性。

第二节　中试放大

一、中试放大含义及其目的

中试放大又称为中试放大研究或中试，它是在实验室完成小型试验后，为了进一步考察实验室工艺的成熟性、可行性和科学性，对小型试验放大 50～100 倍所做的研究，即把实验室研究中所确定的工艺路线和工艺条件，进行工业化生产的考察、优化，为生产车间的设计、施工安装、"三废"处理、中间体监控、制订各步产物的质量要求和工艺操作规程等提供数据和资料，为将来规模生产打下坚实的基础。

中试放大是确定药物生产技术的最后一个环节，其目的是进一步研究在中试装置设备中各步化学反应条件变化的规律，解决小试所不能解决或未发现的问题。如设备问题、反应控制问题、转化率、选择性变化与单耗指标等问题。除了这些技术上的问题外，还有时间问题和资金问题。虽然化学反应的本质不会因小试、中试放大和工业生产的不同而改变，但各步化学反应的最佳工艺条件，则会随实验规模和设备等外部条件的不同而有可能改变。如果把实验室玻璃仪器条件下所获得的最佳工艺条件用到工业生产上，可能会影响产品的收率和质量，可能会发生溢料或爆炸等不良后果，严重时甚至得不到产品。因此，搞好中试放大是十分重要的。

一般来说，化学制药过程主要由单元反应组成，以间歇操作为主，设备通用性强，但原料价格相对高，因此中试应以少投入而达到中试效果为原则。

二、中试放大的方法

中试放大有两种代表性的方法，即逐级经验放大法和数学模型法。

1. 逐级经验放大法

逐级经验放大法主要是凭借经验通过逐级放大（实验装置、中间装置、中型装置和大型装置）来摸索反应的规律和反应器的特征。逐级经验放大法，首先在各种小型反应器上试验，以反应结果好坏为标准，评选出最佳形式再逐级放大观察反应结果。在逐级放大过程中，每级放大倍数不大，一般为 10～30 倍。

逐级经验放大法是中试放大主要采用的方法。但也有缺点，如耗资、费时，并不十分可靠。

2. 数学模型方法

数学模型方法就是在掌握对象规律的基础上，通过合理简化，对其进行数学描述，在计算机上综合，以等效为标准建立设计模型。用试验结果考核数学模型，并加以修正，最终形成设计软件。

数学模型方法是把生产上反应器内进行的过程分解为化学反应过程与传递过程，在此基础上分别研究化学反应规律和传递规律。化学反应规律不因设备尺寸变化而变化，可以在小试中研究完成。而传递规律与流体密切有关，受设备尺寸影响，因而需在大型装置上研究完成。把研究得到的实验数据，在计算机上综合，得到模拟结果。如果模拟结果与试验结果或实际生产过程情况一致，说明建立的该数学模型正确，可以用作放大设计，可以用来预测放大的反应器性能和寻找最优的工艺条件。但由于化学反应过程复杂，设计出的数学模型往往和实际不符，还需反复的修正才能最终形成设计软件。

数学模型法仍以实验为主导，依赖于试验。数学模型法节省人力、物力和时间，代表了产品开发方法的发展方向。

三、中试放大的装置

中试放大采用的装置，可以根据反应要求、操作条件等进行选择或设计，并按工艺流程安装。中试放大也可以在适应性很强的多性能车间中进行。这种车间，一般拥有各种规格的中小型反应罐和后处理设备。各个反应罐除了装有搅拌器外，还有各种配管可以通蒸汽、冷却水或冷冻盐水等，罐上还附有蒸馏装置可以进行回流（部分回流）反应或边反应边分馏以及减压分馏等，因此，能够适应一般化学反应的各种不同操作条件。有的反应罐配有中小型离心机等。液体过滤一般采用小型移动式压滤器。此外，高压反应、加氢反应、硝化反应、格氏反应等以及有机溶剂的回收和分馏精制也都有通用性设备。这种多性能车间可以适应多种产品的中试放大或多品种的小批量生产。在这种多性能车间中进行的中试或生产，不需要强调按生产流程来布置生产设备，而是根据反应的需要来选用反应设备。

【练习14】

比较小试与中试放大的异同？

拓展知识

中试放大的研究任务

为了进一步考察工艺本身的优劣和设备的选择，积累试验数据，为工业化生产铺平道路，中试放大阶段要完成的研究任务如下。研究任务可根据不同情况，分清主次，有计划、有组织地进行。

1. 工艺路线和单元反应操作方法的最后确定

一般情况下，工艺路线和各步单元反应操作方法在实验室阶段就应基本确定下来。在中试放大阶段主要确定具体适应工业生产的工艺操作和条件。如果在小试中确定的工艺路线，在中试放大阶段暴露出一时难以克服的重大问题时，如反应设备难以满足生产需要，那就需要重新选择其他路线，再按新的工艺路线进行中试放大。

2. 设备材质与形式的选择

开始中试放大时应考虑所需各种设备的材质与形式，并考察是否合适。化学制药大部分是间歇式操作，设备及材质的选择应由各步反应的特性决定。例如，含水 1% 以下的二甲基亚砜（DMSO）对钢板的腐蚀作用极其微弱，但含水 5% 时则对钢板有强烈的腐蚀作用。后来，发现它对铝的作用极微，故含水 5% 以上的二甲基亚砜溶液，其容器可以用铝制。对于接触腐蚀性物料的设备材质的选择问题尤应注意，一般通过防腐专业工具书（如《腐蚀数据手册》）来选择适合不同介质的材质。例如，反应是在酸性介质中进行，则应采用防酸材料的反应釜，如搪玻璃反应釜。对于碱性介质的反应，则应选择不锈钢反应釜。贮存浓盐酸应采用玻璃钢贮槽，贮存浓硫酸应选择铁质贮槽，贮存浓硝酸应采用铝质贮槽。

3. 搅拌形式与搅拌速率的考察

药物合成中的反应有很多是非均相反应，且反应热效应较大。在小型实验时，由于物料体积小，搅拌效果好，传热、传质的问题表现不明显。但在中试放大时，由于搅拌效率的影响，传热、传质的问题就会突出地暴露出来。因此在中试放大中必须根据物料性质和反应特点，注意研究搅拌器的形式和考察搅拌速率对反应的影响规律，以便选择合乎要求的搅拌器和确定适宜的搅拌转速。有时搅拌转速过快也不一定合适。例如，由儿茶酚与二氯甲烷在固体氢氧化钠和含有少量水分的二甲基亚砜存在下制备黄连素中间体胡椒环的中试放大时，初时采用 180r/min 的搅拌速率，因搅拌速率过快，反应过于激烈而发生溢料。后来经过考察，将搅拌速率降至 56r/min，并控制反应温度在 90～100℃（小试温度为 105℃），结果收率超过了小试水平，达到 90% 以上。又如，在采用骨架镍进行加氢反应时，应采用推进式搅拌器，转速为 130r/min。在生产中如搅拌速率过慢，易使密度大的骨架镍沉于反应器底部，这样就起不到催化作用，从而降低了反应速率，延长了生产周期，不利于生产。

4. 反应条件的进一步研究

实验室阶段获得的最佳反应条件不一定能完全符合中试放大的要求，为此，应就其中主要的影响因素，如放热反应中的加料速度、搅拌效率、反应釜的传热面积与传热系数以及制冷剂等因素，进行深入的研究，以便掌握其在中间装置中的变化规律，得到更适合的工艺。

5. 工艺流程与操作方法的确定

在中试阶段由于需要处理的物料量增加了，因而有必要考虑如何使反应与后处理的操作方法适应工业生产的要求，特别要注意缩短工序，简化操作，研究采用新技术、新工艺，以提高劳动生产率，在加料方法和物料输送方面应考虑减轻劳动强度，尽可能采用自动加料和管道输送。通过中试放大，最终确定生产工艺流程和操作方法。

如用硫酸二甲酯使邻位香兰醛甲基化制备甲基香兰醛的反应：

$$\text{（结构式）} + (CH_3)_2SO_4 \xrightarrow{NaOH} \text{（结构式）} + CH_3OSO_3Na$$

开始中试放大时采用小试时的操作方法，将邻位香兰醛和水加入反应釜中，升温至回流，然后交替加入 18% 的氢氧化钠溶液及硫酸二甲酯。反应完毕，降温冷却然后冷冻，使其充分结晶，过滤、水洗，将滤饼自然干燥，然后将其加入蒸馏釜内，减压蒸出邻位甲基香兰醛。这种操作方法非常复杂，而且在蒸馏时还需防止蒸出物凝固堵塞管道而引起爆炸。曾一度改用提取的后处理方法，但因易发生乳化，损失很大，小试收率83%，中试收率只有78%。后来采用新技术即相转移催化技术，其操作方法是在反应釜内一次全部加入邻位香兰醛、水、硫酸二甲酯，然后加入苯使反应物分为两相，再加入相转移催化剂。在搅拌下升温至65～70℃，逐渐滴入40%的氢氧化钠溶液，滴入时温度控制在65～70℃。在反应过程中，碱首先与邻位香兰醛生成钠盐，钠盐再与硫酸二甲酯反应，反应生成的产物转入油层（苯层），而甲基硫酸钠则留在水层，反应完毕后分出苯层，蒸去苯后即得甲基香兰醛。此种方法简化了工艺，提高了收率，收率稳定在95%以上。

6. 物料衡算

当中试放大各步反应条件和操作方法确定之后，应对一些收率低、副产物多和"三废"较多的反应进行物料衡算，以便摸清生成的气体、液体和固体反应产物中物料的种类、组成和含量。反应后生成的目的产物和其他副产物的质量之和等于反应前各种原料的质量之和，这是物料衡算应达到的精确程度。通过物料衡算，掌握各反应原料消耗和收率，找出影响收率的关键点，以便解决薄弱环节，挖掘潜力，提高效率，利于副产物的回收与综合利用，并为"三废"的防治提供数据。此项研究主要是气体、液体和固体混合物中各种化学成分的定性、定量分析工作，对无分析方法的还需进行分析方法的研究。

7. 安全生产与"三废"防治措施的研究

小试时由于物料少，对安全与"三废"问题只能提出些设想，但是到了中试放大阶段，由于处理的物料量增加，安全与"三废"问题明显地表现出来。因此，在这个阶段应就使用易燃、易爆和有毒物质的安全生产和劳动保护等问题进行研究，提出妥善的安全技术措施。例如，要充分掌握原辅料的物理性质和化学性质，树立安全防范意识，特别在接触剧毒物品时，应有相应的保护措施，如穿戴好防护用品；对生产过程中出现的意外情况应有应急措施；对易燃易爆的低沸点溶剂应做到对其性质充分掌握，如乙醚易燃易爆沸点低，长期贮存会产生过氧化物，在生产中应掌握过氧化物的鉴别和除去，以及蒸馏时不要蒸干，以防爆炸。另外，除了安全生产和劳动保护，还要研究各种"三废"的来源（特别是废水来源），减少"三废"的方法和"三废"的处理方法。

8. 原辅材料、中间体的物理性质和化学常数的测定

为了解决生产工艺和安全措施中的问题需测定某些物料的性质和化学常数如比热容、黏度、爆炸极限等。

9. 原辅材料、中间体质量标准的制订

小试中未制订或制订的质量标准不完善时，应根据中试放大阶段的实践经验进行修改或制订原料和中间体的质量标准。

10. 消耗定额、原料成本、操作工时与生产周期等的计算

消耗定额是指生产1kg成品所消耗的各种原材料的千克数；原料成本一般是指生产1kg成品所消耗各种物料价值的总和；操作工时是指每一操作工序从开始至终了所需的实际作业时间（以小时计）；生产周期是指从合成的第一步反应开始到最后一步获得成品为止，生产一个批号成品所需时间的总和（以工作天数计）。

第三节　生产工艺规程和岗位操作法

中试放大阶段的研究任务完成以后，在中试研究总结报告的基础上，便可根据国家下达的该药品的生产任务书进行基建设计，制订定型设备的选购计划，进行非定型设备的设计、制造，然后按照施工图进行生产车间的厂房建筑和设备安装。在全部生产设备和辅助设备安装完成后，如果试车合格和短期试生产达到稳定之后，即可制订生产工艺规程，交付生产。

生产工艺规程是产品设计、质量标准和生产、技术、质量管理的汇总，它是技术管理工作的基础，是企业内部各有关部门遵循的技术准则，是组织生产的主要依据。为了加强以质量为中心的技术管理，必须认真编制各个产品的工艺规程，做到岗位统一操作，原辅料统一规格，检验统一方法，计量统一标准，计算统一基础。只有这样才能建立正常的生产秩序，达到优质、高产、低耗、安全，并不断提高技术管理水平。制订生产工艺规程的目的，是为药品生产的各个部门提供必须共同遵守的技术准则，以保证生产的批与批之间，尽可能地与原设计吻合，保证每一药品在整个有效期内保持预定的质量。在生产车间，还应编写与工艺规程相应的岗位操作规则，作为生产工人操作的直接依据。

岗位操作规则包括岗位操作法和岗位标准操作规程（SOP）两个部分。

岗位操作法是对各具体生产操作岗位的生产操作、技术、质量管理等方面所作的进一步详细要求。

岗位标准操作规程，是对某项具体操作所作的书面指示情况说明并经批准的文件，它是组成岗位操作法的基础单元。

生产工艺规程和岗位操作规则之间有着广度和深度的关系，前者体现了标准化，后者反映的则是具体化。

【练习15】

举例说明生产工艺规程和岗位操作规则在生产中的作用？

拓展知识

原料药生产工艺规程和岗位操作法的内容

一、原料药生产工艺规程的内容

根据 GMP 和工业标准化管理的要求，生产工艺规程的内容可分为三个部分。

1. 封面与首页

封面上应明确本工艺是某一产品的生产工艺规程。首页内容相当于企业通知各下属部门执行的文件，包括批准人签章及批准执行日期等。

2. 目次

工艺规程内容可划分为若干个单元，目次中注明标题及所在页码。

3. 原料药生产工艺规程正文

（1）产品概述

① 产品名称

a. 药品通用名称。如对乙酰氨基酚。

b. 化学名称。如对乙酰氨基酚的化学名称为 4-乙酰氨基苯酚。

c. 其他名称。如商品名、别名等。如对乙酰氨基酚的商品名为泰诺，别名为扑热息痛。

② 产品化学结构式。以药典标准来书写，并且要标明 CAS（美国化学文摘）登记号、相对分子质量。以对乙酰氨基酚为例，其

化学结构式：$HO-\!\!\!\!\bigcirc\!\!\!\!-NHCOCH_3$

分子式：$C_8H_9NO_2$

相对分子质量：151.16

CAS 登记号为：103-90-2

③ 产品的物理化学性质及药理和用途的简单介绍。

④ 产品的包装与贮存。

⑤ 产品的质量标准。

a. 卫生部批准的标准（法定标准）。质量标准版本（如新药试行本）依据何药典？为什么？质量标准的批准文号，标准中的检测方法、贮藏运输等。

b. 厂定标准（企业内部标准）。内部标准是在药典标准基础之上而制订的，高于药典标准的标准，并

且根据内标可把产品分为优等品和合格品。

c. 出口标准。依据国外客商要求制订的标准。

（2）化学反应过程（包括副反应）及工艺流程图

① 化学反应过程。本产品是用什么原料经过哪些化学反应制得。

a. 化学反应式。

b. 主反应式。

c. 副反应式和辅助反应式。

d. 在反应式下标出原料和产品的名称，产物注明相对分子质量（以最新国际原子量表为准）。

② 工艺流程图——以符号表示。

用"□"符号表示物料名称，如 乙醇 ；用"○"表示过程名称，如 中和 ；用"→"表示走向连接，如 活性炭 → 脱色 。

（3）原辅料及中间体的质量标准

① 原辅料的质量标准

a. 原辅料质量标准和要求。根据工艺要求制订出原辅料质量标准，在标准中要列出控制项目指标、检测方法。对重点项目应提示注意。对特殊要求的个别原辅料应注明产地。因原料产地的不同可能会给成品带来意想不到的杂质。

b. 包装材料质量标准。根据质量标准制订办法在标准中应注明包装材料是木质或是铝质，规格为多少、内衬材料、说明书、装箱单。

② 中间体的质量标准。依据工艺要求制订出中间体质量标准，确定控制项目，并且写出每项的详细检测方法。

（4）工艺过程

① 原料的规格、用量及配比（摩尔比和质量比）。

② 工艺过程

a. 写出所有工序的工艺过程。

b. 写出涉及的主要工艺条件和工艺参数终点控制。

c. 写出反应条件的波动范围（允许比岗位操作法规定大些）。

d. 各步的原料和产品要定量（必须要标出数字）。

e. 要涉及所有物料（包括副产物、回收品）的走向。

f. 有中间体及成品的返工方法。

g. 产品的后处理方法。

h. 注意事项。

③ 重点工艺控制点

a. 要用表格叙述。

b. 指出工艺过程中的关键的控制点。

c. 处理方法：需标明名称、具体方法，见岗位操作法。

（5）设备一览表　包括主要设备（必要时包括动力、冷冻和供气等设备）生产能力计算表（包括仪表的规格、型号）及生产设备流程图。

① 设备一览表的内容。列举生产本产品所需用的全部设备（包括名称、数量、材质、容积、性能、所附电机的功率以及使用的岗位）。举例如下：

设备编号	设备名称	材　质	规　格	型　号	台　数	备　注

② 主要设备生产能力表。记述各台主要设备的单位时间负荷及按使用时间算得的单个设备批号产量与

各台主要设备的利用率。要把主要设备生产的中间体折算到成品的生产能力中。

$$日生产能力＝投料量×收率×每批操作时间(h)/24(h)$$

$$年生产能力＝日生产能力×(365-停产日)$$

岗 位	设备名称	容 量	充满系数	单批作业时间	批产量中间体成品	年 产 量

③ 反应锅的体积计算

a. 高度。以夹套高度为准。

b. 体积。液体与液体的体积可以相加，固体加入液体要实测。

c. 装料。不得超过设备的负荷。

④ 生产设备流程图。用设备示意图的形式表示在生产过程中各设备的衔接关系。

a. 设备相互之间的相对比例应接近实际。

b. 设备相互之间的垂直位置应接近实际。

c. 走向用"→"以实线表示。

d. 个别设备需表示内部结构的可在轮廓图上做部分剖视。

e. 并列的设备只画一个即可。

(6) 操作工时与生产周期　操作工时记述了各步反应中各工序的操作时间（包括生产时间与辅助操作时间），并由此计算各步反应的生产周期与生产总周期。

① 操作工时。指完成各步单元操作所需的时间，包括工艺时间和辅助时间。

② 生产周期。指从本产品第一个岗位备料开始到入库的各单元操作工时的总和。

③ 要求列表表示

a. 操作工时表（各步反应的操作时间）

操 作 名 称	设 备 名 称	操 作 单 元	操 作 时 间		
			工 艺 时 间	辅 助 时 间	全 部 时 间

b. 生产周期（整个成品的生产时间）

工 段	操 作 时 间	干 燥 时 间	化 验 时 间	生 产 周 期

(7) 综合利用（包括副产品、回收品的处理）与"三废"治理（包括"三废"排放标准）

① 列表说明副产物及废物的名称、岗位、排放量主要成分、主要有害物含量、处理方法、处理后的排放量及其中有害物质的含量、副产品的回收量、回收率、岗位排放标准等。

② 凡有综合利用及回收、处理装置的车间或岗位，必须另编写回收处理操作规程。其回收率要与物料平衡相一致。

(8) 技术安全与防火措施　包括与安全有关的所有物料的性质、毒性、使用注意事项、安全防护措施和车间的安全防火规定以及劳动保护、环境卫生。

① 防中毒

a. 毒物的毒性介绍。

b. 防护措施。

c. 中毒及化学灼伤的现场救护。

d. 了解毒物的最高允许浓度，辐射波的最高允许强度及中毒症状等。

e. 有毒物料泄漏的现场处理法。

f. 其他必须说明的防中毒、防化学灼伤、防化学刺激及防辐射危害的事项。

② 防火、防爆

a. 了解易燃、易爆物品的级别、分类、沸点、自燃点、闪点、爆炸极限。

b. 易燃、易爆物料所要求的防火、防爆措施及制度，包括安全防火距离等。

c. 各种物料、电器设备及静电着火的灭火方法和必备的灭火器材。

d. 容器、设备要专用，以防混装后发生意外。

e. 其他必须说明的防火、防爆事项。

（9）生产技术经济指标　包括生产能力；各部分收率及总收率，收率计算方法；劳动生产率（每人每月生产本产品的数量）；原料及中间体的消耗定额；成本（原辅料成本、车间成本及工厂成本）。

① 原材料能源消耗定额的确定原则。根据工艺过程中的收率、回收率，按企业前期的生产水平，参考企业历史平均先进水平计算消耗定额。

② 技术经济指标的确定原则。根据分步收率、总收率和原料成本的计算，制订出技术经济指标的上下限。

③ 计算公式

a. 收率 $=\dfrac{实际产量}{理论产量}\times100\%$

b. 总收率计算

i. 由起始原料直接算到成品（不考虑分步收率）。

ii. 各分步收率连乘。

（10）劳动组织与岗位定员

① 劳动组织。包括岗位班次、车间组织和辅助班组（试验、化验和检修）。

② 岗位定员。指直接生产人员、备员、辅助人员（化验、试验、检修）及该产品的直接管理人员数。

③ 要列表说明

车间人员	工艺员	操 作 人 员				化验员	检 修	其 他	合 计
		工 段	人/班	班 次	人 数				

（11）物料平衡（包括原料利用率的计算）

① 按单元工艺进行物料平衡计算

a. 反应或工段名称。

b. 反应方程式。标出投入物及生成物的相对分子质量、投料量、理论产量、实际产量、理论收率、实际收率。

c. 副反应方程式。

d. 母液回收平衡。

② 原料利用率（折纯计算）

$$原料利用率=\dfrac{产品产量+回收品量+副产品量}{原料投入量}\times100\%$$

（12）附录　有关理化常数、曲线、图表、计算公式、换算表等。

（13）附页　供修改时登记批准日期、文号和内容等。

二、原料药岗位操作法的内容

1. 封面与首页

以工序名称定名，由车间主任、车间工艺员签字生效。

2. 目次

岗位操作法可分为几个单元，并注明标题和页码。

3. 正文

（1）原材料标准、规格、性能　用表格形式表示。内容包括原料名称、理化常数、工业用途、安全事项、防毒、防火、急救措施办法。

原料名称	规 格	外 观	理化常数	工业用途	安全事项	防毒防火	急救办法

（2）生产操作方法与要点（包括停、开车注意事项）

① 写出反应方程式及副反应式。

② 写出原料投料配比。

③ 操作过程

a. 投料过程。

b. 反应条件控制及终点控制。

c. 后处理操作。

d. 设备正确使用方法。

e. 收率计算法

$$实际收率 = \frac{实际所得生成物 \times 含量}{理论产量} \times 100\%$$

④ 操作要点与注意事项的书写要求

a. 写出本反应的操作关键地方。

b. 加料程序方面应注意的问题。

c. 观察反应情况的方法和要点。

d. 影响反应好坏的各种因素。

e. 操作过程中的条件控制要点及突发事故的处理规定与方法。

（3）重点操作与复核制度 重点操作包括计算、称量、投料、安全控制、测 pH 值等各步骤，均必须明确规定复核制度、检查方法和程序，并要求双方签字，以明确责任。

（4）安全防火和劳动保护 参照工艺规程写出所涉及岗位的安全防火和劳动保护内容。

① 有毒物及易燃、易爆原料的正确使用及防护措施。

② 正确使用设备及安全操作的要点。

③ 劳防用品的正确使用及配套。

④ 事故的急救方法及紧急措施等。

（5）异常现象处理 应写出下列有关异常现象的处理方法及如何防止。

① 在突然停电、停水、停气等情况下采取的措施。

② 在设备突然损坏的情况下采取的处理措施。

③ 对投错料或配比称错的处理措施。

④ 对反应不正常、冲料等异常情况的处理措施。

（6）中间体质量标准 要制订中间体质量标准；同时对主要设备维护使用与清洗，以及设备定期保养制度、容器清洗方法均要制订应达到的质量要求。

（7）度量衡器的检查与校正 要求写出岗位所涉及的衡器名称、型号、规格、检查方法、调试的步骤及各种衡器仪表的允许误差范围。

（8）综合利用与"三废"治理 参照工艺规程详细具体地写出本岗位"三废"排放标准、治理办法以及综合利用方法。

（9）工艺卫生和环境卫生 要求根据岗位要求写出下列内容。

① 设备清洗方法及卫生标准。

② 生产区、控制区、清洁区的卫生要求及如何实施。

③ 环境绿化、废物堆放规定及个人卫生。

（10）附录 有关理化数据、换算表等。

（11）附录 供修改时登记批准日期、文号和内容等。

三、制订与修改

生产工艺规程和岗位操作法的制订和修改应履行起草、审查、批准程序，不经批准，不得擅自修改。编写生产工艺规程，首先要做好工艺文件的标准化工作，即按照上级有关部门规定和本单位实际情况，做好工艺文件种类、格式、内容填写方法，工艺文件中常用名词、术语、符号的统一和简化等方面的工作，做到以最少的文件格式、统一的工程语言正确地传递有关信息。

1. 生产工艺规程的编制程序

（1）准备阶段　由技术部门组织有关人员学习上级颁发的技术管理办法等有关内容，拟订编写大纲，统一格式与要求。

（2）组织编写　由车间主任组织产品工艺员、设备员、质量员、技术员等编写。

（3）讨论初审　由车间技术主任召集有关人员充分讨论，广泛征求班组意见，然后拟初稿，参加编写人员签字，技术主任初审签署意见后报技术科。

（4）专业审查　由企业技术部门组织质量、设备、车间等专业部门，对各类数据、参数、工艺、标准、安全措施、综合平衡等方面进行全面审核。

（5）修改定稿　由技术科复核结果、修改内容、精简文字、统一写法。

（6）审定批准　修改定稿的材料报企业总工程师或厂技术负责人审定批准，车间技术主任、技术科长、总工程师三级签章生效，打印成册，颁发各有关部门执行。批准生效的生产工艺规程，应建立编号，确定保密级别、打印数量及发放部门，并填写生产工艺规程发放登记表。初稿及正式件交技术档案室存档。

2. 岗位操作法的编制程序

（1）岗位操作法的编制程序　岗位操作法由车间技术员组织编写，经车间技术主任审定批准，而后报企业技术部门备案。岗位操作法应有车间技术员、技术主任二级签章和批准执行日期。

（2）岗位 SOP 的编制程序　岗位 SOP 的编制程序可参照岗位操作法执行。

3. 编制工艺规程和岗位操作规则应注意的问题

① 药品名称应使用《中国药典》或药品监督管理部门批准的法定名称，而不能用商品名、代号等。无法定名称的，一律采用通用的化学名称，可附注商品名。

② 各种工艺技术参数和技术经济定额中所用的计量单位均使用国家规定的计量单位。

③ 生产工艺规程和岗位操作规则所用专业术语等要一致，以避免使用中造成误解。

4. 生产工艺规程的修改

制订好的生产工艺规程是现阶段药物生产技术水平和生产实践经验的总结。按规定执行能保证安全生产并得到规定的技术经济指标和合乎质量标准的原料药。但是随着时间的推移，现行的生产工艺的弊端逐渐地显现出来，同时，由于科学技术水平的不断进步，可以采用其他的新技术和新工艺来改进生产，克服生产中的各种缺点。为了保证生产能正常进行，新技术和新工艺的采用也必须像新产品投产一样，经过一系列的试验，试验成熟后编写新的生产工艺规程来替代旧的生产工艺规程。因此，在生产过程中，应定期修订生产工艺规程。

思 考 题

1. 浓度对不同类型的反应有何影响？

2. 温度对反应有何影响？如何选择温度？

3. 压力对反应有何影响？

4. 什么是催化剂？它有何特点？请举例说明。

5. 常用的氢化催化剂有哪些？试比较它们的用途和优缺点。

6. 影响催化氢化反应的因素有哪些？

7. 什么是溶剂？在药物合成中加入溶剂的目的是什么？溶剂对反应有哪些影响？

8. 如何选择重结晶溶剂？

9. 原料、中间体的质量不合格对反应有何影响？

10. 终点的控制对反应有何影响？通常用哪些方法来判断反应的终点？
11. 搅拌在药物的合成过程中有何作用？
12. 中试放大通常有哪两种方法？它的研究任务有哪些？
13. 什么是生产工艺规程？它有何作用？
14. 原料药的生产工艺规程和岗位操作法有什么区别？

第四章　盐酸氯丙嗪的生产工艺

【学习目标】

通过学习本章，学习者能够达到下列目标：

1. 熟记盐酸氯丙嗪的结构式、性质及其用途。熟记盐酸氯丙嗪生产过程中各个步骤的合成原料的性质。

2. 熟记盐酸氯丙嗪生产过程中各个步骤的合成原理，说明各个影响因素变化对生产中各个合成反应的影响。

3. 叙述（绘制）盐酸氯丙嗪生产过程中各个步骤的合成工艺流程图，说明工艺流程中各个步骤的作用，说明工艺流程中主要设备上的重要工艺指标变化对生产的影响。

4. 判断和处理盐酸氯丙嗪生产过程中出现的异常现象。

盐酸氯丙嗪（Chlorpromazine Hydrochloride, 4-1）是一种强安定药物，又称氯普吗嗪或冬眠灵，化学名为 2-氯-10-(3-二甲氨基丙基)-吩噻嗪盐酸盐[2-chloro-10-(3-dimethyl-aminopropyl)-phenothiaxine hydrochloride]。结构式如下：

$[C_{17}H_{19}N_2ClS \cdot HCl = 355.34]$

CAS 登记号为：[69-09-0]

本品为白色或微乳白色的结晶性粉末，有微臭，味极苦，有吸湿性。本品易氧化，在空气或日光中放置，渐变为红棕色，水溶液中更甚，变色后毒性也随之增加，故应避光保存。极易溶于水，水溶液显酸性（5%水溶液的 pH 值为 4~5）。易溶于乙醇、氯仿，不溶于乙醚和苯。熔点为 194~198℃。

盐酸氯丙嗪是吩噻嗪类药物中的代表性药物，它是中枢神经抑制药，具有镇静和镇吐等作用，也有阻断交感神经及降压作用。临床上应用于精神分裂症、狂躁症、焦虑症及更年期精神病，能减少幻想幻觉，抑制激动和兴奋。它对镇痛药、麻醉药有协同作用，并能使体温下降，故在外科手术上可用于低温麻醉。它的副作用主要有肝脏损害、血压降低及剥落性皮炎等。由于疗效可靠，目前被列为精神病治疗的首选药物之一。

【练习1】

写出盐酸氯丙嗪的结构式。

【练习2】

判断下列说法是否正确，并说出理由。

(1) 盐酸氯丙嗪为白色或微乳白色的结晶性粉末，不溶于水，具有吸湿性。

(2) 盐酸氯丙嗪具有镇静和镇吐等作用，在外科手术上可用于低温麻醉。

第一节　盐酸氯丙嗪的合成路线

对氯丙嗪的结构进行分析，它有一个 C—N 易拆键，可以从此部位开始拆分氯丙嗪分子，把它拆分为 2-氯吩噻嗪（或称主环）（4-2）和二甲氨基丙基（或称侧链）两部分。

$$-CH_2CH_2CH_2N(CH_3)_2$$
二甲氨基丙基(侧链)

拓展知识

盐酸氯丙嗪的合成路线设计及选择

氯丙嗪的合成路线可以分为三类：第一类合成路线是先合成主环，然后将侧链逐步引入；第二类合成路线是先将侧链引入分子中，再环合成主环；第三类合成路线是分别合成主环和侧链，然后再将二者进行缩合。

一、先合成主环再逐步引入侧链的路线

这类合成路线是先合成主环，然后再在主环上逐步引入侧链。其合成路线可由如下两个例子来说明。

① 主环 2-氯吩噻嗪（4-2）先和丙烯腈（4-3）缩合，生成 10-氰乙基-2-氯吩噻嗪（4-4），（4-4）的氰基经还原成（4-5）的氨甲基后，再经甲酸、甲醛进行甲基化反应制成盐酸氯丙嗪的游离碱（4-6）；或（4-4）在二甲胺或二甲基甲酰胺等存在下进行催化还原，直接制得盐酸氯丙嗪的游离碱（4-6）。

② 主环 2-氯吩噻嗪（4-2）先和环氧氯丙烷（4-7）反应得烷基化物 2-氯-10-(2,3-环氧丙基) 吩噻嗪（4-8），（4-8）与二甲胺在加热、加压下生成 2-氯-10-(3-二甲氨基 2 羟基丙基) 吩噻嗪（4-9）。（4-9）与二氯亚砜在苯中加热处理得氯丙嗪的游离碱（4-6）。

以上两种方法为先合成主环再引入侧链的路线，路线无显著优点，在方法②中还需高压等条件，因此现在两种方法都已不再使用。

二、先引入侧链再进行环合的路线

在这类合成路线中，侧链在主环合成前就已引入分子中（即先引入侧链再环合），此类合成路线可由下面三个例子来说明。

① 用 3-氯二苯胺（4-10）与 4-(N,N-二甲基氨基) 丁酸乙酯（4-11）反应得（4-12），（4-12）在催化剂碘的存在下与硫反应得氯丙嗪的游离碱（4-6）。

② 由 2-溴-4′-氯-2′-氨基二苯硫醚（4-13）先引入侧链得（4-14），（4-14）在铜、碳酸钾条件下环合得到氯丙嗪的游离碱（4-6）。

③ 由 2,6-二氯苯甲酸（4-15）与苯胺反应得到（4-16），（4-16）经过酯化，再与 N,N-二甲基氨基丙醛反应得到（4-17），（4-17）再环合脱羧得到氯丙嗪的游离碱（4-6）。

上述这几种合成法在理论上是可行的，但在实际中很难应用到生产上去。在方法①和方法③中，把用升华硫进行环合反应放在合成的后面，很难保证产品的质量。在方法②中，原料及中间体的供应并不容易，难于保证正常的生产。

三、分别合成主环 2-氯吩噻嗪和侧链的路线

在这一类合成法中，关键的问题是选用什么方法合成主环 2-氯吩噻嗪（4-2）以及选用何种侧链试剂。

合成主环 2-氯吩噻嗪（4-2）的方法有很多，根据它的结构可以看出它主要有两类合成路线：第一类是由二苯硫醚类化合物制得；第二类是由二苯胺类化合物制得。由二苯硫醚类出发的合成路线有乌尔曼（Ullman）缩合法、斯迈尔斯（Smiles）重排法及氮烯（Nitrene）路线三种；由二苯胺类出发的合成路线主要是通过乌尔曼法反应及其类似的缩合反应等进行的。

1. 由二苯硫醚类化合物出发的合成路线

① 由乌尔曼缩合反应合成主环 2-氯吩噻嗪（4-2）的方法。由 2-溴苯硫酚（4-18）与 2,5-二氯硝基苯（4-19）反应得取代物（4-20），（4-20）还原得（4-21），（4-21）酰化得（4-22），（4-22）再在铜、碳酸钾条件下催化环合得 N-乙酰基-2-氯吩噻嗪（4-23），（4-23）水解即得主环 2-氯吩噻嗪（4-2）。

这条路线步骤较长，原料供应较难，产品的收率也不高，因此难以实现工业化生产。

② 由斯迈尔斯重排合成主环法　本法是由邻氨基硫酚（4-24）和 2,4-二氯硝基苯（4-25）作用生成 2-氨基-2′-硝基-4′-氯二苯硫醚（4-26），（4-26）经乙酰化生成乙酰化物（4-27），（4-27）经重排、水解得主环 2-氯吩噻嗪（4-2）。

通过斯迈尔斯重排合成所得的主环质量较好，但产品收率较低，原料供应不方便，需要自制，所以生产上不采用此种方法。

③ 由氮烯合成主环法　由氮烯合成主环的路线是先合成 2-氨基-4-氯二苯硫醚（4-28），（4-28）再进行重氮化、桑德迈尔（Sandmeyer）反应制得叠氮化合物（4-29）。叠氮化合物（4-29）经分解产生氮烯化合物（4-30），（4-30）再闭环而成主环 2-氯吩噻嗪（4-2）。

氮烯路线合成主环方法的特点是反应步骤较短，但原料供应不方便，硫酚还具有恶臭，产品收率也不及目前的生产方法，所以工业上没有采用。

以上三种主环合成方法都是通过二苯硫醚类化合物来进行的，它们都有收率低、原料供应不方便的缺点，并且大多数路线的反应步骤较长，因此限制了它们在工业生产中的应用。

2. 由二苯胺类化合物出发的合成路线

这一类路线几乎都是经乌尔曼缩合反应来进行的，主要有如下三种。

① 由间氯苯胺（4-31）和邻氯苯甲酸（4-32）在铜粉或铜盐的催化下经乌尔曼缩合反应制得 3-氯-2′-羧基二苯胺（4-33），（4-33）再在铁粉催化下经高温脱去羧基即得 3-氯二苯胺（4-34），（4-34）在碘催化下与升华硫进行环合，即可得到主环 2-氯吩噻嗪（4-2）。

② 由 2,4-二氯苯甲酸（4-35）与苯胺（4-36）缩合得 3-氯-2′-羧基二苯胺（4-33），（4-33）再在铁粉催化下经高温脱去羧基即得 3-氯二苯胺（4-34），（4-34）在碘催化下与升华硫进行环合，即可得到主环 2-氯吩噻嗪（4-2）。

③ 由 N-乙酰基-3-氯苯胺（4-37）与溴苯（4-38）缩合反应得（4-39）。（4-39）水解得 3-氯二苯胺（4-34），（4-34）在碘催化下与升华硫进行环合，即可得到主环 2-氯吩噻嗪（4-2）。

上述三种方法各有特点：第一种方法原料供应较为充足，邻氯苯甲酸为一综合利用产品，各步收率较为理想，特别是最后一步环合反应采用母液套用方法后，收率可达 80% 以上，所以本法已为国内生产所采用。但在套用母液时常会影响主环质量，从而影响产品的收率和质量，所以在操作和后处理时要严格按照工艺进行，以保证主环质量。

第二种方法中由于使用了 2,4-二氯苯甲酸和苯胺，使得乌尔曼反应更易进行，这是由于在乌尔曼反应中，芳胺是作为亲核试剂参加反应的，芳环上的氯是吸电子基团，因此苯胺的亲核能力要比间氯苯胺强，而 2,4-二氯苯甲酸的 2 位氯受 4 位氯及羧酸基的影响，它的亲电能力也较邻氯苯甲酸强。因此，2,4-二氯苯甲酸与苯胺间的反应能力要比邻氯苯甲酸和间氯苯胺间的反应能力要强，收率相应也要高一些，并且苯胺的供应也较间氯苯胺充裕。缺点是 2,4-二氯苯甲酸一般需要自行制备，成本要比邻氯苯甲酸高。所以此条合成路线在间氯苯胺供应紧张时，可以考虑作为一条备用路线。

第三种方法中原料需用溴苯，间氯苯胺要经过乙酰化，因此生产成本和原料供应均不及前面两种方法，并且收率也不高。目前此方法已被淘汰。

一、侧链的合成

能与主环缩合形成侧链的试剂有很多种，一般均是 N,N-二甲氨基丙基的衍生物，可以用通式 $X—CH_2CH_2CH_2N(CH_3)_2$ 来表示。通式中 X 可以是 $—Cl$、$—OP(OH)_2$、$—OH$、$—OSO_2C_6H_4CH_3$、$—OCOOC_2H_5$、$—OSO_2CH_3$ 等基团。在生产上通常选用 N,N-二甲氨基-3-氯丙烷作为侧链试剂，这是因为它很容易由原料 N,N-二甲氨基丙醇进行氯化制得，所用氯化试剂为氯化亚砜。其合成路线如下：

$$(CH_3)_2NH + CH_2\!=\!CHCH_2OH \xrightarrow{\ NaOH\ } (CH_3)_2NCH_2CH_2CH_2OH$$

4-40　　　　　　　4-41　　　　　　　　　　　4-42

$$(CH_3)_2NCH_2CH_2CH_2OH + SOCl_2 \longrightarrow (CH_3)_2NCH_2CH_2CH_2Cl \cdot HCl + SO_2$$

4-42　　　　　　　　　　　　　4-43

$$(CH_3)_2NCH_2CH_2CH_2Cl \cdot HCl + NaOH \longrightarrow (CH_3)_2NCH_2CH_2CH_2Cl + NaCl + H_2O$$

4-43　　　　　　　　　　　　　4-44

二、主环的合成

目前国内选用的合成路线是从邻氯苯甲酸（4-32）出发，经与间氯苯胺（4-31）缩合制成 3-氯-2′-羧基二苯胺（4-33），（4-33）在高温铁粉催化下脱羧得到 3-氯二苯胺（4-34），（4-34）再经碘催化环合即得 2-氯吩噻嗪（4-2）。另外以丙烯醇（4-41）为原料在氢氧化钠的催化下与二甲胺（4-40）反应，得到 N,N-二甲氨基丙醇（4-42），（4-42）和氯化亚砜反应即可获得侧链（N,N-二甲氨基-3-氯丙烷，4-44）。侧链（4-44）在甲苯溶液中以氢氧化钠为缩合剂对主环（2-氯吩噻嗪，4-2）进行烃化反应即得氯丙嗪（4-6）。把氯丙嗪（4-6）溶解在无水异丙醇中，然后通入干燥氯化氢就可制成氯丙嗪盐酸盐（4-1）。最后经过滤、洗涤、干燥，即可获得产品。合成路线如下：

这条反应路线的特点是：步骤少，总收率高，约在 45% 以上，原料供应方便，所以为生产上所采用。

三、主环和侧链的缩合

主环和侧链的反应式如下：

反应的溶剂为芳烃类化合物，如苯、甲苯、二甲苯等。缩合催化剂为碱性类物质，如氢氧化钠、氨基钠、二甲胺、吡啶、丁基锂等。

第二节 2-氯吩噻嗪的生产工艺原理及过程

一、3-氯-2′-羧基二苯胺的制备

1. 工艺原理

间氯苯胺（4-31）与邻氯苯甲酸（4-32）在氢氧化钠存在下，以铜粉为催化剂进行缩合反应，制成 3-氯-2′-羧基二苯胺（4-33）。间氯苯胺与邻氯苯甲酸的反应一般称为芳胺化反应，又称为乌尔曼缩合反应。

2. 原料的性质

间氯苯胺为无色至淡琥珀色液体。贮藏时颜色变深。有毒。沸点 228～231℃。几乎不溶于水，溶于酸溶液、乙醇和乙醚。

邻氯苯甲酸为白色粉末。熔点 142℃，易升华，无沸点。不溶于水、95％的乙醇溶液及甲苯溶液，溶于甲醇、无水乙醇和乙醚。

3. 工艺过程

在反应釜中投入邻氯苯甲酸（4-32），用碱液中和，控制反应液的 pH 值为 5～6，务必使反应液不呈碱性。然后先加入一半量的间氯苯胺（4-31），开蒸汽加热反应液至78～80℃时，加入第一份催化剂铜粉，升温回流 1h 后，反应液的 pH 值下降至 4～5，随即加入另外一半量的间氯苯胺和第二份催化剂铜粉，在回流的情况下滴加碱液，使反应液的 pH 值始终保持在 4～5，回流 3h 后再补加第三份铜粉。加完后，再如上滴加碱液回流 3h，滴加完后，回流 2h，再补加液碱使反应液呈碱性，除去催化剂沉淀，对料液进行水汽蒸馏回收过量的未起反应的间氯苯胺，然后将料液用水稀释，并在 80℃用稀酸进行酸析，至 pH 值为 2～3，将酸水放走，用热水洗涤，过滤，抽干，即得 3-氯-2′-羧基二苯胺（4-33），得到的产品可以不必精制，直接用于下一步投料用。

4. 影响反应的因素

（1）原料的选择　邻氯苯甲酸价廉，来源广，供应方便，并且由于羧基（吸电子基）的影响，使得邻氯苯甲酸分子中氯原子较活泼，易与间氯苯胺发生乌尔曼反应，收率也高。如使用活性较强的溴苯，其副反应较多，因此必须使用间氯苯胺的乙酰化物，这样以后还要增加水解步骤，而且溴苯价高，所以使用邻氯苯甲酸作为原料还是比较合适的。

（2）催化剂对反应的影响　铜粉对此反应起催化作用。如无铜粉时，反应几乎不进行，只有加入铜粉反应才会进行。经研究证明实际起催化作用的是铜离子，铜离子是由铜粉与邻氯苯甲酸反应产生的。可用铜盐代替铜粉作催化剂，如可用硫酸铜代替铜粉来进行反应，并且在反应中不会产生副产物苯甲酸。

（3）pH 值对反应的影响　在反应开始配料用碱液中和邻氯苯甲酸时，中和液的 pH 值必须控制在 5～6，如果反应液呈碱性，则铜离子会形成氢氧化铜沉淀而失去催化作用，使

反应不能进行。同时在反应回流过程中，用滴加碱液的方法中和反应放出的氯化氢，碱液不能滴加得过快，否则会使反应液呈碱性而使反应终止。如果不加碱液，则随着反应的进行，反应液的酸度将不断上升，并导致产物的树脂化及脱羧等副反应，使产品收率下降，质量降低。反应液的最佳 pH 值应控制在 4～5。

（4）结晶方式对产品的影响　实践证明，最后反应液应采取高温（80℃）酸析，这样可使晶体生长的相对速率大大超过晶核的形成速率，得到大而松的晶体颗粒，避免油状物析出，使结晶便于过滤，洗涤效果也好，保证了中间体的质量。反应所得产品必须用热水反复洗涤，因为反应产物中夹杂有反应副产物苯甲酸以及未起反应的邻氯苯甲酸，这两个化合物在热水中溶解度颇大，可用热水洗掉，而产品 3-氯-2′-羧基二苯胺（4-33），不论在冷水或热水中均几乎不溶，故可用热水反复洗涤。

5. 工艺流程图

工艺流程见图 4-1 所示。

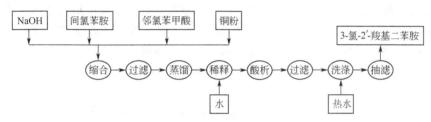

图 4-1　3-氯-2′-羧基二苯胺的生产工艺流程

【练习3】

写出 3-氯-2′-羧基二苯胺的制备原理，试分析各影响因素对 3-氯-2′-羧基二苯胺制备是如何影响的？

【练习4】

绘制 3-氯-2′-羧基二苯胺的生产工艺流程图，并在图中指出各个步骤的作用。

二、3-氯二苯胺的制备

1. 工艺原理

将 3-氯-2′-羧基二苯胺（4-33）在高温条件和铁粉催化下，脱羧生成 3-氯二苯胺（4-34）。

2. 3-氯二苯胺的性质

3-氯二苯胺为无色透明的液体，沸点 335～336℃/93.6kPa，溶于乙醇、苯、乙酸、乙醚等。

3. 工艺过程

在反应釜中投入 3-氯-2′-羧基二苯胺（4-33）及催化剂铁粉，待釜内温升到 180℃以后，保温 1h，使其熔融。开动搅拌，再加入第二份铁粉，在 190～210℃保温 4h，此时即有大量的二氧化碳逸出。反应结束后，自然冷却到 180℃，分去下层铁粉后，将反应液用真空抽入蒸馏罐中进行蒸馏，收集沸点为 195～240℃（真空度＜1.33kPa，10mmHg❶）的馏分，直

---

❶　1mmHg＝133.322Pa，余同。

至馏出液颜色发红变深，馏出速率减慢，此时蒸馏即可停止，残液应趁热从罐底放走，所得的 3-氯二苯胺（4-34）应是澄明、浅黄色（浅黄色或微棕色）的油状液体，含量在 98% 以上。收率按邻氯苯甲酸计在 72% 以上。

4. 影响因素

（1）催化剂对反应的影响　羧酸脱羧的难易，受分子结构影响颇大，一般羧酸的 α-位有活性基团存在时，较易脱羧。例如丙二酸经加热，就可以脱除二氧化碳而成醋酸，但醋酸加热很难进行脱羧而成甲烷。芳香族羧酸的脱羧又较脂肪族容易些。对于一些具有芳香族及芳香性杂环羧酸的脱羧，通常可以加入铁粉、铜粉或铜粉加喹啉作为催化剂来加速反应。

（2）温度对反应的影响　3-氯-2′-羧基二苯胺（4-33）由于受分子中二苯氨基结构的影响，它的脱羧能力要比苯甲酸强得多，当加热到高温时它就可以脱羧成 3-氯二苯胺（4-34）。但是脱羧温度过高，会产生一系列副反应，影响产品的收率和质量，所以在生产中采用铁粉作催化剂，以降低脱羧温度，提高收率和质量。

（3）真空度对 3-氯二苯胺质量的影响　3-氯二苯胺（4-34）的质量对于下一步硫化环合反应有一定的影响，质量不好的 3-氯二苯胺会使下一步合成主环的收率下降，产物色泽变深，影响产品质量，同时主环制备要套用母液。3-氯二苯胺质量不好，还会影响母液套用的次数，使主环总的收率下降。为保证质量，在减压蒸 3-氯二苯胺时，真空度要高，并且要避免溢料。

好的 3-氯二苯胺色淡，即使放置较久也不致引起变色。质量不好的 3-氯二苯胺色深且不稳定，稍经放置，颜色即急剧变深，以致不适宜直接作为下步反应的原料。

对于质量不好的 3-氯二苯胺，可以进行水洗、稀碱液洗、水洗、干燥再真空蒸馏等处理，这样就可以获得质量较好的 3-氯二苯胺。

5. 工艺流程图

工艺流程见图 4-2 所示。

```
┌──────────────┐
│ 3-氯-2′-羧基二苯胺 │
└──────────────┘──┐
                  ├─→ 脱羧 →→ 冷却 →→ 过滤 →→ 减压蒸馏 →→ ┌─────────┐
┌──────────────┐──┘                                    │ 3-氯二苯胺 │
│     铁粉      │                                       └─────────┘
└──────────────┘
```

图 4-2　3-氯二苯胺的生产工艺流程

【练习 5】
写出 3-氯二苯胺的制备原理，试分析各影响因素对 3-氯二苯胺制备是如何影响的？

【练习 6】
绘制 3-氯二苯胺的生产工艺流程图，并在图中指出各个步骤的作用。

三、2-氯吩噻嗪的制备

1. 工艺原理

在碘催化下，3-氯二苯胺（4-34）与升华硫作用生成主环 2-氯吩噻嗪（4-2）。

2. 2-氯吩噻嗪的性质

2-氯吩噻嗪是淡黄色或浅银灰色的片状或鳞片状结晶，熔点 196～197℃，溶于乙醇、丙酮、乙醚、苯，不溶于水。在空气中暴露过久，颜色就会转绿，并进而发蓝。这种颜色的变化也是吩噻嗪化合物的一种通性。这种色泽的稳定性与产品质量有关，优质的 2-氯吩噻嗪即使长久放置，也不会致绿发蓝，而质量差的 2-氯吩噻嗪变色较快，并且熔点也急剧下降，以致不能用于下一步反应。

3. 工艺过程

在干燥的反应釜中，投入升华硫及对硫过量约 60％的 3-氯二苯胺（4-34），搅拌加热升温，在 120℃以下投入催化剂碘，并升温至 168～172℃，保温 30min，冷却 30min。反应过程中反应釜内始终保持负压（真空度 6.7～20kPa，50～150mmHg），不使反应放出的硫化氢气体散入大气中，同时用碱液吸收反应产生的硫化氢气体，以防止硫化氢气体散入大气。反应结束后，加入溶剂氯苯及活性炭，脱水升温至 130℃，并回流 1h 进行过滤，滤液冷至 15℃，进行离心过滤；滤饼再用氯苯及酒精洗涤，离心过滤，即得产品 2-氯吩噻嗪（主环）。

以上是用新鲜原料时的操作法，母液套用时的操作法如下：将上一次反应母液进行溶剂回收，蒸尽后代替 3-氯二苯胺投入反应釜中，然后再补加催化剂碘及接近摩尔比的升华硫和 3-氯二苯胺，以下的操作方法和上述用新鲜原料时相同，反应所得母液仍按所述方法加以套用。平均收率可达 80％以上。

4. 影响因素

（1）催化剂对反应的影响　反应可以在没有催化剂的条件下进行，但是反应温度需达到 250～300℃时反应才能进行，由于反应温度较高，副产物较多，导致收率较低，所得产品的质量也较差。如采用碘作催化剂，反应时的温度可降至 180～200℃，收率明显提高。除了可用碘作催化剂外，三氯化铝、三氯化锑、三氯化铁、碘化铜、碘化氢等也可以作为合成 2-氯吩噻嗪的催化剂。

（2）溶剂对反应的影响　反应可以不用溶剂，但也可以在溶剂中进行。使用吡啶和二甲基甲酰胺往往对反应产生不利的作用，而采用氯苯或溴苯则效果较好。

（3）硫化剂对反应的影响　氯化硫、五硫化锑、硫代硫酸钠、氯化亚砜等可作硫化剂，但这些试剂在反应中会发生各种副反应，故不宜使用。反应一般采用升华硫作硫化剂，可尽量避免副反应的产生。

（4）硫黄用量对反应的影响　过量的硫黄对反应是不利的，为使反应收率高、质量好，必须使用过量的 3-氯二苯胺，但 3-氯二苯胺的用量过多必然会造成成本增加，这点可借套用母液来解决。即在第一批生产中使用新鲜原料时使用大大过量的 3-氯二苯胺，反应后过量的 3-氯二苯胺留在母液中，在以后套用时，只需加入相当于理论配比的原料，就可以使每批反应中的 3-氯二苯胺始终保持足够的过量。但在母液套用时，随着套用次数的增加，所得 2-氯吩噻嗪的质量也不断下降。如果适当控制原料及中间体的质量，加强操作管理，就有可能套用更多的批号。如果母液质量下降，经真空蒸馏，可以获得质量较好的 3-氯二苯胺，供继续套用。

5. 工艺流程图

工艺流程见图 4-3 所示。

【练习7】

写出 2-氯吩噻嗪的制备原理，试分析各影响因素对 2-氯吩噻嗪制备是如何影响的？

【练习8】

绘制 2-氯吩噻嗪的生产工艺流程图，并在图中指出各个步骤的作用。

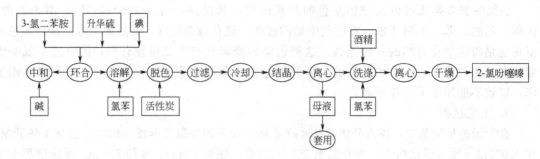

图 4-3　2-氯吩噻嗪的生产工艺流程

第三节　*N*, *N*-二甲氨基-3-氯丙烷的生产工艺及过程

侧链的生产包括 *N*, *N*-二甲氨基丙醇制备和侧链制备两个工序。

一、*N*, *N*-二甲氨基丙醇的制备

1. 工艺原理

丙烯醇（4-41）和二甲胺（4-40）在固体氢氧化钠催化下经高压反应制得 *N*, *N*-二甲氨基丙醇（4-42）。

$$(CH_3)_2NH + CH_2=CHCH_2OH \longrightarrow (CH_3)_2NCH_2CH_2CH_2OH$$

$$\qquad\quad 4\text{-}40 \qquad\qquad\quad 4\text{-}41 \qquad\qquad\qquad 4\text{-}42$$

2. 原料和产物的性质

二甲胺是无色可燃气体，有毒，空气中允许浓度为 $10mg/m^3$。爆炸极限为 $2.80\%\sim14.40\%$（体积分数）。沸点 7.5℃，具有令人不愉快的氨味，溶于水。

丙烯醇是具有刺激性芥子气味的无色液体。沸点 96.9℃。与水、乙醇、乙醚、氯仿和石油醚混溶。

N, *N*-二甲氨基丙醇是透明琥珀色挥发性液体。沸点 122.5～126℃。易溶于水。遇高热、明火或与氧化剂接触，有引起燃烧的危险。若遇高热，容器内压增大，有开裂和爆炸的危险。

3. 工艺过程

在高压釜内抽入丙烯醇，开动搅拌，投入粒状烧碱，冷冻至10℃以下，压入液化的二甲胺，在 120～125℃保温 6h，此时内压在 0.98～1.27MPa，保温完毕后逐步加热使釜内压力上升到 1.32MPa 或内温 140℃，停止加热，让其自然升温升压至内压为 1.47MPa 或内温 150℃，即开冷却水进行冷却，直到内温、内压不再上升为止。反应结束，冷却加水，让粒状烧碱全部溶解后出料，分层，有机层先常压蒸出丙烯醇，后减压蒸出粗氨基醇，再将其中低沸点物常压蒸馏除掉，即得中间体二甲氨基丙醇（4-42）。

4. 影响因素

温度与压力对反应的影响：此反应是二甲胺和丙烯醇在高温高压下的亲核加成反应。由于是高温高压反应，因此在操作过程中要特别注意安全。例如对温度与压力的控制要特别小心，当内温到 140℃ 或内压达 1.37MPa 时就不可再继续加热，防止高温分解；内温超过 155℃，压力会有突然升高的危险；如果反应中温度上升，内压升到 1.57MPa 时，就应停止搅拌，并慢慢地打开安全阀放气，开冷却水，不使内温继续上升。此外，设备要定时检修，定期更换防爆膜，换膜后需经 1.96MPa 压力试验。

5. 工艺流程图

工艺流程见图 4-4 所示。

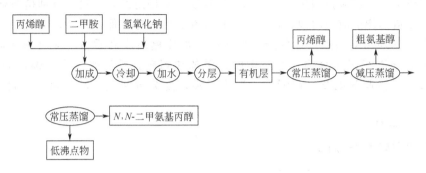

图 4-4　N,N-二甲氨基丙醇的生产工艺流程

【练习 9】

写出 N,N-二甲氨基丙醇的制备原理，试分析各影响因素对 N,N-二甲氨基丙醇制备是如何影响的？

【练习 10】

绘制 N,N-二甲氨基丙醇的生产工艺流程图，并在图中指出各个步骤的作用。

二、N,N-二甲氨基-3-氯丙烷的制备

1. 工艺原理

N,N-二甲氨基丙醇（4-42）和氯化亚砜反应可以获得盐酸-3-二甲氨基氯丙烷（4-43），（4-43）再在氢氧化钠的作用下得到侧链 N,N-二甲氨基-3-氯丙烷（4-44），反应方程式如下：

$$(CH_3)_2NCH_2CH_2CH_2OH + SOCl_2 \longrightarrow (CH_3)_2NCH_2CH_2CH_2Cl \cdot HCl + SO_2$$
$$4\text{-}42 \qquad\qquad\qquad\qquad 4\text{-}43$$

$$(CH_3)_2NCH_2CH_2CH_2Cl \cdot HCl + NaOH \longrightarrow (CH_3)_2NCH_2CH_2CH_2Cl + NaCl + H_2O$$
$$4\text{-}43 \qquad\qquad\qquad\qquad 4\text{-}44$$

2. 原料、中间体、产物的性质

氯化亚砜是淡黄色至红色液体，具有强烈刺激味。可与苯、氯仿、四氯化碳混溶，在水中易分解成 SO_2 和氯化氢。加热至 140℃ 则分解成 SO_2 和 Cl_2。沸点 79℃。

盐酸-3-二甲氨基氯丙烷是白色结晶。溶于水和醇。不溶于甲苯。

N,N-二甲氨基-3-氯丙烷溶于甲苯，不溶于水。

3. 工艺过程

在反应釜中加入溶剂甲苯和 N,N-二甲氨基丙醇，搅拌下均匀地滴加氯化亚砜，温度渐渐上升，控制在 55～60℃。氯化亚砜于 4h 内滴完，加完后慢慢升温到 65℃，开始保温，让其自然升温至 95℃（约需 4h），反应结束。反应时逸出大量二氧化硫和氯化氢气体，应用氢氧化钠溶液进行吸收。反应液冷却后析出结晶体，慢慢加入水使结晶溶解并静置，分出下层水溶液；甲苯层用水洗涤，合并水溶液。水溶液另加入甲苯，在 25℃ 以下用液碱调 pH＝12，分出甲苯，抽样检测甲苯中 N,N-二甲氨基-3-氯丙烷的含量，应在 40%～50%，即可供下一步反应投料，收率在 90% 左右。

4. 影响因素

（1）氯化剂对反应的影响　反应中选用氯化亚砜为氯化剂。此外，也可用氯化氢、三氯氧磷等作氯化剂，但效果差，收率低。

（2）保存时间对产物的影响　反应所得的 N,N-二甲氨基-3-氯丙烷（4-44）的甲苯溶液，可直接供下一步反应投料用。游离的侧链性质是不稳定的，久置，特别是高温时易聚合变质，所以制得的侧链应及时投料，如要短期保存，则以冷冻保存为好。

（3）侧链的质量对最后产品的质量的影响　如要提高成品质量，应将侧链溶液精制，即将其甲苯溶液进行减压蒸馏，在蒸馏时，甲苯和侧链几乎同时馏出。馏出温度要控制适宜，温度过低冷凝效果差，损耗大。温度过高，易分解变质，减压蒸馏温度以在 50～60℃为好。

5. 工艺流程图

工艺流程图如图 4-5 所示。

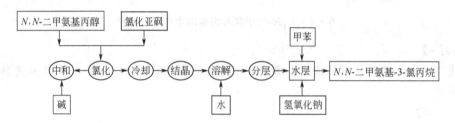

图 4-5　N,N-二甲氨基-3-氯丙烷的生产工艺流程

【练习 11】

写出 N,N-二甲氨基-3-氯丙烷的制备原理，试分析各影响因素对 N,N-二甲氨基-3-氯丙烷制备是如何影响的？

【练习 12】

绘制 N,N-二甲氨基-3-氯丙烷的生产工艺流程图，并在图中指出各个步骤的作用。

第四节　盐酸氯丙嗪的生产工艺及过程

本部分包括氯丙嗪的制备和盐酸氯丙嗪的制备两步。

一、氯丙嗪的制备

1. 工艺原理

由制得的主环（2-氯吩噻嗪）（4-2）与侧链 N,N-二甲氨基-3-氯丙烷（4-44）的甲苯溶液，在甲苯中以氢氧化钠为缩合剂进行缩合反应制得氯丙嗪（4-6）。

$$\text{4-2} + ClCH_2CH_2CH_2N(CH_3)_2 \xrightarrow{OH^-} \text{4-6}$$

4-2　　　　　4-44　　　　　　　　　　4-6

2. 工艺过程

在反应釜中依次加入甲苯、湿 2-氯吩噻嗪，常压蒸出甲苯，1h 后改用减压蒸馏，至蒸干，再加入新鲜甲苯、粒碱，回流脱水 1h，直至分水器中基本不再出水为止，然后在 4h 内滴加侧链，滴完后再保温回流 3h，每半小时分水一次，最后半小时分出水量应控制在一个小的范围内，否则要继续保温脱水，最多可延长 3h。反应结束后冷却，加水，搅拌，静止分层，分去下层碱水，甲苯层用热水洗涤，再用盐酸提取，提取液再加入甲苯，用碱液进行碱析至 pH 值为 12～13，静止分层，甲苯层用活性炭脱色过滤，滤后的甲苯溶液用热水洗，再进行减压回收甲苯，即可得到氯丙嗪游离碱，为浅黄色到橙黄色黏稠液体或蜡状固体，必要时用石油醚精制，收率在 90% 以上。

3. 影响因素

（1）中间体的质量对产品的影响　中间体的质量是缩合反应的关键。如果主环 2-氯吩噻嗪和侧链 N,N-二甲氨基-3-氯丙烷的质量差，则缩合得到的氯丙嗪质量就不好，用这种氯丙嗪成盐所得的盐酸氯丙嗪质量极差，经过多次重结晶也很难达到药典要求，并且损耗也大。如果将这种氯丙嗪进行真空蒸馏精制，即使在真空度较高的情况下，也常会发生分解，且产品质量并未得到改进。因此要严格把握好中间体原料的质量关。

（2）配料对产品质量的影响　配料的正确与否将直接影响最终产品的质量。如果侧链 N,N-二甲氨基-3-氯丙烷投料不足，就会将反应不完全的 2-氯吩噻嗪带入到产品中去，使产品质量下降。

（3）操作对产品质量的影响　如果操作不仔细，反应中所产生的水未能及时蒸掉，也会造成反应物收率和质量的下降。

4. 工艺流程图

工艺流程见图 4-6 所示。

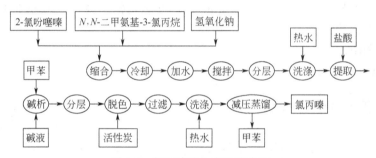

图 4-6　氯丙嗪的生产工艺流程

【练习 13】

写出氯丙嗪的制备原理，试分析各影响因素对氯丙嗪制备是如何影响的？

【练习 14】

绘制氯丙嗪的生产工艺流程图，并在图中指出各个步骤的作用。

二、盐酸氯丙嗪的制备

1. 工艺原理

由氯丙嗪（4-6）与氯化氢成盐反应生成盐酸氯丙嗪（4-1）。

2. 工艺过程

在干燥的反应釜中投入氯丙嗪和异丙醇，在 40～65℃，通入干燥的氯化氢气体，直至溴甲酚蓝指示液从黑蓝色变为黄绿色即为终点。如指示液变成金黄色时，说明终点已过头，可用氯丙嗪滴回终点。反应液中加入活性炭，回流 1h，压滤，滤液进行自然冷却，结晶析出后，用水冷却至 40℃（如析不出晶体，则应加晶种），改用冷盐水冷却滤液至 5℃，冷却 3h，进行过滤，滤饼用 5℃的异丙醇洗两次，再经甩干、真空干燥即得盐酸氯丙嗪。收率在 80％左右。

3. 影响因素

（1）水分对产品的影响　反应应在无水异丙醇（含水量必须控制在 0.5％以下）中进行，成盐反应所需的干燥氯化氢气体要经过浓硫酸的干燥。如果反应中水分过多，会大大增加盐酸氯丙嗪在异丙醇中的溶解度，从而增加损失。

（2）氯化氢用量对产品的影响　氯化氢的通入量颇为重要，如溴甲酚蓝颜色仍为黑蓝色表示氯化氢不足，这会影响产品收率；如转为黄色，则表示已过量，会影响产品质量。质量不好的盐酸氯丙嗪主要表现在熔点下降和色泽不合格，后者表现为外观色泽灰中带绿，并且水溶液带微绿色，不能用于针剂。产品如最后用丙酮洗涤，或改用丙酮-异丙醇作为成盐反应的混合溶剂，则对提高产品质量或外观色泽有一定的好处。

（3）光对产品的影响　氯丙嗪盐酸盐的水溶液遇光较不稳定，易变色并导致毒性增加。使氯丙嗪盐酸盐水溶液变色的主要因素是紫外线，而可见光部分不会使其变色。溶液的 pH 值与变色也有一定关系，酸性越大越容易变色。氯丙嗪盐酸盐的质量越差，稳定性也越差，更易变色，所以提高盐酸氯丙嗪的质量是非常重要的。为解决氯丙嗪水溶液的光稳定性问题，除了保证内在质量外，还可以采取其他措施，如可加入少量还原剂，常用的有顺丁烯二酸、抗坏血酸、亚硫酸氢钠。此外，在溶液中添加氯化钠也可提高其对光的稳定性。

4. 工艺流程图

工艺流程见图 4-7 所示。

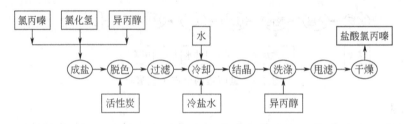

图 4-7　盐酸氯丙嗪的生产工艺流程

【练习 15】
写出氯丙嗪的制备原理，试分析各影响因素对氯丙嗪制备是如何影响的？

【练习 16】
绘制氯丙嗪的生产工艺流程图，并在图中指出各个步骤的作用。

【练习 17】
在盐酸氯丙嗪的生产过程中，各生产步骤原料的性质与生产有什么关系？试举例说明。

思　考　题

1. 写出盐酸氯丙嗪的生产原理。
2. 在 3-氯-2'-羧基二苯胺的生产过程中，为什么反应液应显弱酸性？
3. 在 3-氯二苯胺的生产过程中反应液为什么要进行减压蒸馏？
4. 影响 2-氯吩噻嗪生产的因素有哪些？
5. N,N-二甲氨基丙醇和氯化亚砜反应生成的反应液是如何分离、反应得到 N,N-二甲氨基-

3-氯丙烷的? 请用框图表示。

6. 请用框图表示出氯丙嗪游离碱的分离过程?

7. 在盐酸氯丙嗪的生产过程中为什么水的含量不能过高?

8. 如何确定盐酸氯丙嗪的生产终点?

9. 以邻氯苯甲酸和间氯苯胺为主环原料,以 N,N-二甲胺基丙醇为侧链原料,绘出盐酸氯丙嗪的生产工艺流程。

第五章 微生物基础知识

【学习目标】

通过学习本章，学习者能够达到下列目标：

1. 解释微生物的概念，熟记微生物的分类和特点。

2. 熟记细菌的结构组成及各部分作用。熟记细菌的化学组成和生长繁殖条件。熟记病毒的化学组成与结构。解释菌落的概念。

3. 叙述细菌、放线菌、真菌和病毒的繁殖过程。

4. 熟记细菌生长繁殖的营养物质的种类及作用。熟记细菌的营养类型。区分主动吸收和被动吸收。

5. 解释培养基的概念，区分不同的培养基。叙述放线菌和真菌的培养和菌落特征。叙述常用的病毒人工培养法。

第一节 微生物的概念和分类

一、微生物的概念和分类

1. 微生物的概念

微生物是指具有一定形态、结构，并且能在适宜的环境中生长繁殖以及发生遗传变异的一大类微小生物。这一类微小生物个体微小，肉眼不能直接看到，必须借助于光学显微镜或电子显微镜放大几百倍、几千倍甚至数万倍才能观察到。微生物与动物、植物共同组成生物界，是一个庞杂的生物类群。

2. 微生物的分类

微生物通常分为三类。

（1）非细胞型微生物 是指个体微小，由单一核酸（脱氧核糖核酸 DNA 或核糖核酸 RNA）及蛋白质组成，无细胞核的一类微生物。如病毒。

（2）原核细胞型微生物 是指只具有原始核，无核膜、核仁等结构，具有 DNA 和 RNA 两类核酸的一类微生物。这一类微生物包括立克次体、支原体、衣原体、细菌、放线菌等。

（3）真核细胞型微生物 是指具有高度分化的核，有核膜与核仁等结构，含有 DNA 和 RNA 两类核酸的一类微生物。这一类微生物包括真菌、藻类等。

拓展知识

1. 微生物和人类的关系

微生物绝大多数对人类无害，其中一部分微生物可为人类所利用，用于生产各种代谢产物。存在于自然界的各类微生物都要参与自然界的物质循环。微生物在其生命活动中，要利用和分解周围环境中动植物尸体的有机物作为养料，将它们分解成无机物和二氧化碳，进入到大气和土壤中，供植物合成有机物，而植物又成为动物和人类的食物。如果没有微生物，二氧化碳供应不足，生物链就不能循环，地球上所有的生物都会因食物不足而不能生存。所以微生物与人及其他生物有着密切的关系。

微生物还存在于人及动物的表面、人与动物同外界相通的腔道中。如口腔、鼻咽腔、肠道、眼黏膜、泌尿生殖道中。在正常情况下，寄生在人类和动物的各种腔道中的微生物是无害的，有些尚具有抵抗某些病原微生物的作用。有些生活在肠道中的微生物还能合成某些维生素，为宿主提供营养。但当条件改变时，如当机体的抵抗力减弱或有损害时（如较大剂量的辐射线照射后或大面积灼伤损伤皮肤），这时寄居在体表与腔道中的微生物有可能侵入血液，引起严重的菌血症或败血症，具有此种特性的微生物通常称为条件致病菌。还有少数微生物只要侵入人体或动植物体内，即可造成病害，此类微生物称为病原微生物。

2. 微生物与药学的关系

微生物与药学有着极为密切的关系，其中一方面由于微生物本身或其代谢产物就是药物，或由于微生物生命活动可转化某些物质成为有效的药物。例如：抗生素、氨基酸、维生素、酶类、核苷类、多糖、酵母、药用真菌（如灵芝）等；随着分子遗传学与基因重组技术的迅速发展，不少药品已可应用基因工程技术采用微生物进行生产，如胰岛素、干扰素、生长激素等的生产。

3. 微生物的发现

1590 年荷兰人詹森制作出了第一架复式显微镜。1684 年，荷兰人吕文·虎克用镜片制造出能够放大两百倍左右的显微镜，观察了牙垢、粪便、井水及各种污水，发现了许多球状、杆状、螺旋状的微小生物。这是人们第一次观察到微生物。

二、微生物的特点

1. 分布广、种类多

微生物具有种类繁多、营养类型多、适应环境能力强等特性，故分布较广。水、土壤、空气中均有微生物的存在，尤其是土壤具有适宜的水分和温度，并含有丰富的有机和无机物质，所以，土壤中的微生物数量及种类极为丰富，在 1g 肥沃的土壤中，微生物的数量可多达几亿至几十亿个。空气中的微生物主要来自尘埃与土壤，在一般情况下不繁殖。谷粒、果皮、蔬菜表面和动物的内脏中也都有微生物存在。微生物几乎无处不在。据统计，目前已发现的微生物有十多万种，人们可以利用许多的微生物制取很多发酵产品。

2. 繁殖快

在生物界中，微生物具有惊人的繁殖速度，其速度可比高等植物快千万倍。例如，大肠杆菌在条件适宜时 20min 即可繁殖一代，单个细菌经过 24h 可产生 $47×10^{22}$ 个后代，这些菌体细胞排列起来，可将整个地球表面覆盖。但由于适宜条件很难维持，故实际繁殖速度达不到上述水平。微生物繁殖快是人们短时间制取大量发酵产品的重要依据，也是造成许多生活品及生产物资发霉变质的原因。

3. 易于培养

大多数微生物能在常温、常压下生存，利用一些简单的廉价原料作营养物质进行生长繁殖，并积累代谢产物。

4. 易于变异

和一切生物一样，微生物的遗传性是相对稳定的，其变异性比其他生物类群表现得更为明显。许多氨基酸和核苷酸生产菌都是利用它们容易变异的特性，经过诱变处理，挑选变异菌株，通过调节代谢机制、调节反馈作用，进行发酵生产。许多抗生素产生菌株，也是通过诱变处理提高产量的，几个主要抗生素开始每毫升发酵液只有几十个单位，经过多次诱变处理后，上升到几千甚至几万单位。

【练习1】

微生物是指具有一定_____、_____，并且能在适宜的环境中_____以及发生_____的一大类_____。

【练习2】

微生物通常分为_____、_____和_____三类。

【练习3】

微生物的特点有_____、_____、_____和_____。

第二节 微生物的结构与繁殖

微生物中和人类关系最密切的是细菌、放线菌、真菌和病毒，下面对其进行重点介绍。

一、细菌的结构与繁殖

1. 细菌的形态

细菌的个体很小，约为 1μm，必须借助于显微镜放大数百倍以上才能看见。细菌按外形不同，可分为球菌、杆菌和螺旋菌三类。

（1）**球菌** 球菌呈球形、类球形，单个球菌直径为 0.8～1.2μm，平均 1.0μm。球菌分裂后产生的新细胞常保持一定的排列方式，在分类鉴定上有一定意义。

① 双球菌。由一个平面分裂，分裂后两个球菌成对排列，接触面扁平（如肺炎球菌）或稍凹陷（如脑膜炎球菌）。

② 链球菌。分裂后的两个球菌，在一个平面上连续分裂，分裂后排成链状，如溶血性链球菌。

③ 四联球菌。由两个互相垂直的平面分裂，分裂后每四个球菌呈现正方形排列，四联球菌很少致病。

④ 八叠球菌。由三个互相垂直的平面分裂，分裂后每八个球菌呈立方体排列。

⑤ 葡萄球菌。在多个不同角度的平面上分裂，分裂后堆积成葡萄串状，如金黄色葡萄球菌。

球菌的形态结构见图 5-1 所示。

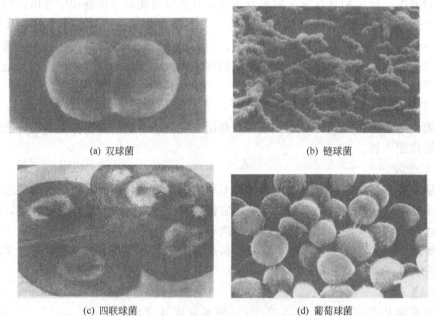

(a) 双球菌　　　　　　　　　　　(b) 链球菌

(c) 四联球菌　　　　　　　　　　(d) 葡萄球菌

图 5-1　球菌的形态结构

（2）杆菌　杆菌在细菌中种类最多，如大肠杆菌、伤寒杆菌，各种杆菌的长短、宽窄不一，长 $2\sim5\mu m$，宽 $0.5\sim1.0\mu m$，菌体较长者为长杆菌，较短者称短杆菌，菌体短粗呈卵圆形者称球杆菌。大多数杆菌分裂后呈分散状态，称单杆菌；也有的杆菌为长短不同的链状，称链杆菌，如枯草杆菌；也有的为分枝状排列，称为分枝杆菌，如结核分枝杆菌；也有的为八字形排列者，如谷氨酸棒状杆菌。杆菌的细胞形态见图 5-2 所示。

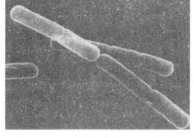

(a) 单杆菌　　　　　　　　　(b) 链杆菌

图 5-2　杆菌的细胞形态

（3）螺旋菌　菌体弯曲，多为致病菌。分两类：一类是弧菌，只有一个弯曲，呈香蕉状，如霍乱弧菌；另一类是螺菌，有数个弯曲，具有尖韧的细胞壁，菌体较硬，如鼠疫热螺菌。螺旋菌的细胞形态见图 5-3。

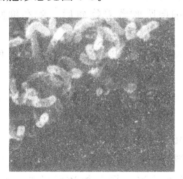
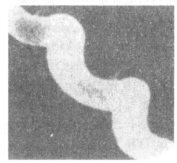

(a) 弧菌　　　　　　　　　(b) 螺菌

图 5-3　螺旋菌的细胞形态

2. 细菌的结构

研究细菌细胞的结构，可使用放大 1000 倍的普通光学显微镜，也可使用放大几万到 100 万倍的电子显微镜。细菌的结构包括基本结构和特殊结构。细菌细胞结构见图 5-4 所示。

（1）细菌的基本结构　是指全部细菌都具有的细胞结构。它包括细胞壁、细胞膜、细胞质、细胞核和内含物。

① 细胞壁。细胞壁位于细菌细胞的最外层，是质地坚韧而略有弹性的结构。细胞壁上有很多微细的小孔，具有相对的通透性。直径 1nm 大小的可溶性分子可通过。细胞壁的主要功能是保护细胞及维持细胞外形。

a. 保护细胞。有了细胞壁，细胞不易受渗透压变化而破坏，菌体内渗透压很高（约为5～

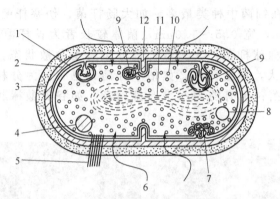

图 5-4 细菌细胞结构模式

1—细胞质膜；2—细胞壁；3—荚膜；4—异染颗粒；5—线毛；6—鞭毛；7—色素体；8—脂质颗粒；
9—中体；10—核糖体；11—拟核；12—横隔壁

25atm❶），由于细胞壁的保护作用，细菌才能在比菌体内渗透压低的培养基中生长。

b. 维持细胞外形。失去细胞壁后，各种形状的细菌都将变成球形。

② 细胞膜。细胞膜紧靠细胞壁内侧，直接包围着细胞质，厚 5～10nm。细胞膜的主要功能是进行物质交换。它是一个半透膜，有选择透性，控制营养物质及代谢物进出细胞，使细菌得以在不同的营养环境中吸取所需的营养物质，排除废物。

③ 细胞质。细胞质由细胞膜环绕，呈现溶胶状态。基本成分是水、蛋白质、核酸和脂肪，也有少量的糖和盐类。细胞质是细菌的内在环境，是细胞的生命物质。细胞质中有很多酶系统，是细菌蛋白质酶类生物合成的场所，细菌吸收营养物质后，就在细胞质内进行物质的合成代谢和分解代谢。

④ 内含物。很多细菌在细胞质内还含有较大的颗粒状内含物，又称异染颗粒。它是细菌代谢中的产物，同时也是细菌的贮藏物。

⑤ 细胞核。细菌的核比较原始，是原核生物特征，无核膜和核仁，但核的主要成分仍是 DNA。DNA 是一条细长的环状物双链分子，反复折叠形成超螺旋结构，可视为单一染色体，同其他生物细胞的核一样，在遗传信息的传递上起决定作用。

（2）细菌的特殊结构　某些细菌还具有特殊结构，如荚膜、鞭毛、菌毛和芽孢。

① 荚膜。某些细菌在生活过程中向细胞壁外分泌一层疏松透明的黏液状物质，称黏液层。当黏液层较厚具有一定外形时，称荚膜。

② 芽孢。某些细菌，特别是革兰阳性杆菌，在生活的某一阶段，在细胞内形成一个圆形或椭圆形、折光性强的特殊结构，称为芽孢。各种细菌芽孢的形状见图 5-5 所示。

芽孢形成是在营养细胞繁殖到一定阶段，当营养消耗，特别是在碳源、氮源缺乏之时开始的。因此，芽孢的形成，不是细菌的繁殖方式而是细菌的休眠状态。

芽孢对干燥、热和化学药品的渗透性有强大的抵抗力，所以微生物学实验器具、培养基、注射剂和外科手术器械等，必须以消灭芽孢为标准进行灭菌。

3. 细菌的化学组成

细菌与其他生物一样，为了生存，必须不断地从周围环境中吸取营养物质，用以产生能量，合成菌体本身的物质及调节代谢，同时不断排泄代谢产物，以维持细菌的生长和繁殖。

---

❶ 1atm＝101325Pa，余同。

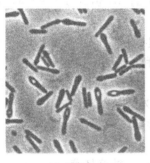
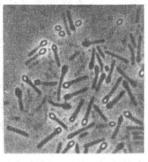
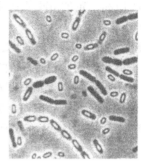

(a) 近中央　　　　　　(b) 末端　　　　　　(c) 中央

图 5-5　细菌芽孢在光学显微镜下的形态及其在胞内的位置

研究细菌细胞的化学生成，能正确理解细菌的营养需要和生理特征。

从细菌细胞成分的分析中得知，细菌细胞和其他生物细胞如动植物细胞的化学组成并没有本质的差别，都含有碳、氢、氧、氮、磷、硫、钾等元素，这些元素组成了细菌细胞的有机物质和无机物质。

（1）水分　细菌细胞含水量最多，占菌细胞重量的 75%～85%。芽孢含水量较少，约为 40%。细菌细胞的水分分为结合水和游离水。

（2）固形成分　细菌细胞的固形成分包括有机物如蛋白质、核酸、糖类、脂类和无机物，占细胞重量的 15%～25%。在固形成分中，碳、氢、氧、氮四元素占 90%～97%，其他元素占 3%～10%。

① 蛋白质。蛋白质是组成细菌细胞的基本物质，占固形成分的 40%～80%。

② 核酸。细菌细胞中的核酸含有 DNA 和 RNA。RNA 在细胞质中，除少量以游离状态存在外，大多与蛋白质形成核糖；DNA 存在于细胞核和内含物中。核酸与细菌的遗传和蛋白质合成有密切关系。

③ 糖类。占固形成分的 10%～30%，其中有 2.6%～8% 是核糖（戊糖）。

细菌表面有荚膜多糖、肽聚糖、脂多糖等。细胞内常有游离的糖原和淀粉颗粒，是作为内源性碳源和能源，可被细菌利用的贮藏性多糖。

④ 脂类。包括游离脂肪酸、磷脂、糖脂、蜡质等，含量为细菌固形成分的 1%～7%，结核杆菌高达 40%。磷脂是构成细胞膜的重要成分；脂蛋白、脂多糖、蜡质是细胞壁的构成成分。游离脂肪酸是以脂肪滴的形式贮藏于细胞中。

⑤ 维生素。细菌细胞存在的维生素主要是水溶性 B 族维生素，其含量非常低，但它们是构成许多辅酶的前体或功能基，在代谢过程中起着重要作用。

⑥ 无机元素。无机元素种类很多，占固形成分的 3%～11%，以磷的含量最高。

细菌细胞的化学组成因细菌种类、菌龄、培养基组成和培养条件不同而有差异。

4. 细菌的繁殖

（1）细菌生长和繁殖的条件　细菌在进行营养生理活动的同时，体积得以增长，表现为生长。生长到一定程度时，细胞就开始分裂，形成两个基本相似的子细胞。每个子细胞又可重复此过程，称为繁殖。细菌生长繁殖时除需要营养物质（肉汤、水＋无机盐＋生长因素）外，尚需要有适宜的氢离子浓度、温度和气体等环境条件。

① 营养物质。要提供一定量的水分、碳源、氮源、无机元素和一定种类的生长因子。

② 氢离子浓度（pH）。微生物的生长繁殖与 pH 值有着密切关系。各种微生物都有其最

适宜的 pH 值和一定的 pH 值适应范围。大多数细菌最适宜的 pH 值为 6.8～7.4，在 pH 值 4.0～9.0 时也可生长。

③ 温度。微生物生长繁殖要有适宜的温度，温度超过最低和最高限度，即停止生长或死亡。根据微生物生长温度将微生物分为高温菌、中温菌和低温菌三类。

自然界中大多数微生物属于中温菌，哺乳动物寄生菌的最适温度为 37℃，其他腐生性微生物如细菌、放线菌、酵母、霉菌在 25～32℃下生长良好。

④ 氧气。环境中氧气的有无对细菌的生长有很大的影响。按照对氧气的需要，可将细菌分为三类。

a. 需氧菌。必须在有氧的环境中才能生长，如结核杆菌、枯草杆菌。

b. 厌氧菌。必须在缺氧或氧化还原电位低的环境中才能生长，有氧不长，如破伤风杆菌。

c. 兼性厌氧菌。在有氧或无氧的环境中都能生长，如大肠杆菌。大多数细菌属于此类。

(2) 细菌的繁殖方式和繁殖速度　细菌的繁殖方式是无性的二分裂法。一般细菌约 20min 分裂一次，即为一代，但由于菌种不同和营养条件等的差异，各菌增殖一代的时间也不同，大多数细菌在培养 10h 后，肉眼就能看到细菌生长的集团，即菌落。

【练习 4】

细菌按外形不同，可分为＿＿＿＿、＿＿＿＿和＿＿＿＿三类。

【练习 5】

细菌的基本结构包括＿＿＿＿、＿＿＿＿、＿＿＿＿、＿＿＿＿和＿＿＿＿。

【练习 6】

细菌的化学组成中＿＿＿＿最多，细菌的固形成分有＿＿＿＿、＿＿＿＿、＿＿＿＿、＿＿＿＿、＿＿＿＿和＿＿＿＿。

【练习 7】

细菌的生长和繁殖条件有＿＿＿＿、＿＿＿＿、＿＿＿＿和＿＿＿＿。

二、放线菌的结构和繁殖

放线菌是抗生素的主要产生菌，在已知的人畜用抗生素中，约 2/3 以上是由放线菌产生的。此外，放线菌还用于制造维生素、酶制剂以及污水处理等。

1. 放线菌的分类

放线菌的分类特征：有发育良好的菌丝体，菌丝与孢子直径为 1μm 左右。放线菌可分为如下几类。

(1) 嗜皮菌　菌丝体多方向分裂形成。

(2) 弗兰克菌　放线菌中的植物共生菌。

(3) 放线菌　基内菌丝体分裂成杆菌或球菌状小体，分为放线菌属和诺卡菌属。

(4) 链霉菌　基内菌丝体不断裂，只有气生菌丝体形成孢子链。分为链霉菌属和钦氏菌属。

(5) 寡孢菌　孢子单个或成短链。如小单胞菌属。

(6) 流动放线菌科　形成孢囊。孢囊孢子能运动，如流动放线菌属。

2. 链霉菌属的生物学特征

链霉菌属有 1000 种以上，是产生抗生素最多的一类放线菌，根据链霉菌属的形态和培养特征，如菌丝体和孢子丝的颜色，孢子丝的形态和可溶性色素等，把该属分为若干类群。它们当中有许多著名的抗生素产生菌，如灰色链霉菌产生链霉素、卡那霉素链霉菌产生卡那霉素、轮枝链霉菌产生博来霉素等。

本属菌的形态由无隔的菌丝体、气生菌丝体和孢子丝组成。

链霉菌孢子在适宜环境下吸收水分，萌发出芽，芽管伸长称为菌丝；菌丝分枝再分枝相互缠绕形成菌丝体。菌丝体伸入培养基内，称为基内菌丝体，其主要功能是吸收营养物质，故又称为营养菌丝体。基内菌丝发育到一定阶段，向空中长出的菌丝叫做气生菌丝。

三、真菌的分类和繁殖

真菌是真核细胞型微生物，无叶绿素，由单细胞或多细胞组成，常是丝状的菌丝体，由无性或有性方式繁殖。

真菌的重要特征是能分解各种有机物，常引起农副产品、药材、食品、衣服、皮革、器材等霉烂变质。真菌是发酵工业的基础，如在制面包、酿酒、做啤酒、发酵食品、制乳酪及生产有机酸、维生素、甾体激素、酶制剂、抗生素等的生产上起重要作用。不少真菌还是植物病原菌，少数种类对人类有致病性，引起各种真菌病。

1. 真菌的分类

真菌种类繁多，分类学上把真菌分为如下四类。

（1）藻菌纲　如根霉属、毛霉属。

（2）子囊菌纲　如酵母菌、木霉属等。

（3）担子菌纲　这类真菌包括食用菌，如银耳、黑木耳、蘑菇、香菇等以及重要的药材如灵芝、猪苓、茯苓、马勃等。

（4）半知菌类　如青霉属、曲霉属、白色念珠菌、各种皮肤癣菌等。

2. 真菌的形态

真菌菌丝的直径比细菌、放线菌的菌体直径大，在显微镜下放大 50～500 倍就能看见。一部分菌丝体伸入培养基中吸收营养物质的称为营养菌丝体，向空中生长的称为气生菌丝体。

真菌的菌丝细胞由细胞壁、细胞膜、细胞质、细胞核及各种细胞器组成。细胞核有核膜和核仁，属真核，与原核细胞生物不同。

3. 真菌的繁殖

真菌的繁殖方式有两种，即无性繁殖和有性繁殖。但有些真菌目前只能见到无性繁殖。无性繁殖产生个体多、快、简单，是常见真菌繁殖的主要方式。

（1）无性繁殖　不经过两个异性细胞融合形成新个体的繁殖方式。

（2）有性繁殖　有性繁殖是经不同性别的细胞配合后发育形成的。

四、病毒的结构和繁殖

病毒是一类体积微小，结构简单，含一种类型的核酸（DNA 或 RNA），只能在生活的细胞内生长繁殖的非细胞形态的微生物。

1. 病毒的形态

（1）病毒的大小和形态　病毒个体微小，常用 1nm 作为测量单位。体形稍大的病毒如牛豆苗病毒为 330nm×230nm×100nm，能在光学显微镜下见到，而小型病毒如脊髓灰质炎病毒，其大小仅 27nm。绝大多数病毒的大小在 150nm 以上，用普通光学显微镜不能分辨，必须用分辨能力更强的电子显微镜放大数千倍至数万倍，才能观察到。病毒的形态多数呈球形，少数为杆状或砖形。噬菌体（细菌病毒）多数呈现蝌蚪状。病毒与细菌的大小比较见图 5-6。

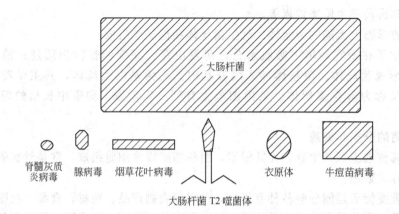

图 5-6　病毒与细菌大小比较示意

（2）病毒的化学组成与结构　病毒颗粒主要由核酸和蛋白质组成。核酸位于病毒颗粒的中央，构成病毒的核心，外面由蛋白质组成，构成病毒外衣壳。有些病毒的衣壳外还有一层被膜包绕。包围在核酸外面的是病毒的衣壳。

2. 病毒的分类原则

现将在病毒分类中所依据的特性综合如下。

① 病毒的核酸类型。是 DNA 病毒还是 RNA 病毒；单链核酸还是双链核酸。

② 衣壳的对称性。是二十面体对称还是螺旋对称，见图 5-7。

(a) 二十面体对称　　　　　(b) 螺旋对称

图 5-7　二十面体对称和螺旋对称的病毒颗粒

③ 有无被膜。是有被膜的病毒还是无被膜的裸露病毒，见图 5-8。

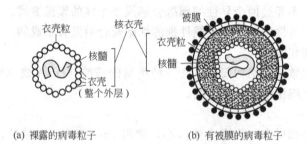

(a) 裸露的病毒粒子　　　　　(b) 有被膜的病毒粒子

图 5-8　有被膜的病毒和无被膜的裸露病毒

④ 壳粒的数目。

⑤ 病毒颗粒的大小、形态。

⑥ 核酸的分子量及其在病毒颗粒中所占的百分数。

⑦ 病毒基因组的概数。

根据以上性状，现将动物病毒分为 15 类，见表 5-1。

表 5-1　动物病毒的分类

核酸类型	衣壳对称性	有无被膜	对乙醚的敏感性	壳粒数	大小/nm	核酸相对分子质量/(×10⁶)	核酸性质	基因概数	病毒科
DNA	二十面体立体对称	无	不敏感	32	18～26	1.5～2.2	SS	3～4	微病毒
				72	45～55	3～5	DS 环状	5～8	乳头多瘤
				252	70～90	20～30	DS	30	腺病毒
		有	敏感	162	100	90～130	DS	160	疱疹病毒
	复合对称	无	不敏感	7	230×400	130～240	DS	300	痘病毒
RNA	二十面体立体对称	无	不敏感	32	20～30	2～2.8	SS	6～9	小核糖核酸病毒
				7	60～80	12～19	DS 分段	20～30	呼肠孤病毒
		有	敏感	32	30～90	4	SS	13	披膜病毒
	不明或复合对称	有	敏感		50～300	3～5	SS 分段	10	沙粒病毒
					80～130	9	SS	30	冠状病毒
					约100	7～9	SS 分段	20～30	逆转录病毒
	螺旋对称	有	敏感		90～100	6～15	SS 分段	20～50	本雅病毒
					80～120	5	SS 分段	13	正黏病毒
					150～300	5～8	SS	15～25	副黏病毒
					70×175	3～4	SS	10～13	弹状病毒

注：SS 表示单链；DS 表示双链。

3. 病毒的增殖

病毒必须在生活的细胞内才能增殖，这是因为病毒缺乏细胞所具有的细胞器，缺乏代谢必需的酶系统和能量，当病毒进入宿主细胞后，病毒利用宿主细胞提供的原料、能量和生物合成场所，在病毒核酸的控制下合成病毒蛋白质和病毒核酸，然后装配成成熟的病毒颗粒，再以各种方式从细胞中释放出来。病毒的这种增殖方式称为病毒复制。病毒的复制周期，基本上可分为连续的五个阶段，即吸附、侵入、增殖、成熟和释放。病毒的复制周期见图 5-9。

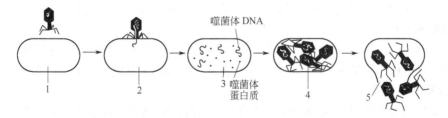

图 5-9　大肠杆菌 T 系噬菌体繁殖过程
1—吸附；2—侵入；3—增殖；4—成熟；5—释放

【练习8】

病毒颗粒主要由_____和_____组成。

第三节　微生物的基本营养和培养基

一、细菌的基本营养和培养基

1. 细菌的营养物质

根据细菌细胞的化学组成得知，细菌生长繁殖所需要的营养物质包括水、碳源、氮源、生长因子和无机元素。

(1) 水　水是细菌细胞的重要组成成分之一，是良好的溶剂。细菌细胞通过水才能吸收营养物质，进而才能在细胞内进行各种生物化学反应。

(2) 碳源　用于合成菌体的含碳化合物及其骨架，也是细菌的能源。除自养菌以二氧化碳作为唯一碳源外，大多数细菌是以有机含碳化合物作为碳源和能源。最好的碳源是糖类特别是葡萄糖和麦芽糖。

(3) 氮源　氮源可组成细菌细胞的蛋白质、核酸及其他含氮物质。有些细菌可利用无机氮源，如铵盐、硝酸盐。大多数细菌都能摄取有机含氮化合物，如蛋白胨、玉米浆、牛肉膏和各种氨基酸。

(4) 生长因子　生长因子是指为细菌生长所必需，但需要量很少本身又不能合成的一类有机物质。如维生素、嘌呤和嘧啶碱、氨基酸等。B族维生素是酶的辅基或辅酶，是酶活性所需要的物质；嘌呤和嘧啶碱主要是为了构成核酸和辅酶；氨基酸的供给则用于弥补某些细菌缺乏合成某些氨基酸的酶。以肉膏、酵母浸汁、玉米浆等为材料的天然培养基中，常有足够的生长因子，而在合成培养基中，则应添加生长因子，以保证细菌生长。

(5) 无机元素　无机元素包括主要元素和微量元素。主要元素中磷和硫最重要。磷是核酸、高能磷酸化合物和其他含磷化合物的合成所必需的元素；硫是含硫蛋白质的组成部分，在许多酶类或其他化合物中也含有硫，如巯基（—SH）。微量元素有钾、钠、镁等。

2. 细菌的营养类型

根据细菌所需要的能源、碳源不同，可将细菌分为以下营养类型。

(1) 光能菌　这类细菌是用日光作为生活所需要的能源，它们都含有光合色素，能将日光能转变为化学能，以供合成有机物之用，如绿硫细菌和红螺细菌等。

(2) 化能菌　绝大多数细菌的能源是来自无机物或有机物氧化所产生的化学能。化能菌又根据碳源不同，分为化能自养菌和化能异养菌。

① 化能自养菌。简称自养菌，是以氧化无机物产生的化学能为能源，并以 CO_2 或碳酸盐为碳源合成细菌本身的有机物，如硝化细菌，可利用外来的能量与低能量 CO_2 合成菌体内能量较高的有机物。

② 化能异养菌。简称异养菌，是以氧化有机物产生的化学能为能源，并以分解有机物为碳源。因此有机物对异养菌来说既是碳源又是能源。异养菌又分为腐生菌和寄生菌两类。

3. 营养物质的吸收

细菌吸收营养物质是直接靠细胞膜的功能实现的。细胞膜的基本结构是疏水的膜蛋白镶嵌在脂质双层里，对营养物质通过具有高度的选择性，如细胞膜上有许多小孔，只允许某些水溶性小分子（水和某些盐类）通过，而对极性物质如金属离子、氨基酸等，正常生活的细胞也都能很快地吸收，并能在细胞内积累。因此，细菌吸收营养物质显然不是简单的，其吸收的方式可分为被动吸收和主动吸收两类。

(1) 被动吸收　是单纯扩散，其过程就如溶质通过透析袋的扩散一样，溶质分子通过细胞核的微孔或双层膜，从高浓度区向低浓度区扩散，单纯扩散的营养物质主要是一些水溶性及脂溶性的小分子，如水、甘油和气体。

(2) 主动吸收　是细菌吸收营养物质的主要方式。其特点是需要能量并可以逆浓度通过，并需要酶的作用。因此，细菌可以按其代谢的需要有选择地吸收某种营养物质，并能在细胞内积累比细胞外高的营养物质。如糖类、氨基酸、磷、钾和钠等是靠主动吸收来摄取的。

4. 细菌群体的人工培养

研究细菌的形态、生理特性或制取细菌的代谢产物等必须进行人工培养。而人工培养首先要供给细菌营养丰富的培养基和适宜的环境条件。

培养基　是人工配制的适于不同细菌生长繁殖的营养基质。根据细菌对营养的要求，培养基必须含有碳源、氮源、生长因子、无机盐类和水等基本营养物质。根据营养物质来源不同，可将培养基分为天然培养基和合成培养基。天然培养基是由天然原料，如马铃薯、黄豆、牛肉膏、麦芽汁、鸡蛋、牛乳等配制而成的；合成培养基是用已知的化学成分配制的。根据使用目的不同，又可将培养基分为以下几类。

① 基础培养基。能基本上满足一般细菌生长繁殖所需的营养物质。如肉浸液或肉膏汤是细菌的基础培养基，其组成为肉膏、蛋白胨、食盐和水。在肉膏汤中加入 2%～3% 的琼脂，可形成固体，称为普通琼脂培养基；加入 0.2%～0.5% 的琼脂，则成半固体培养基。琼脂是良好的凝固剂，具有在 100℃ 溶解和 45℃ 以下开始凝固的特征。琼脂在肉膏汤中凝固后，使整个液体凝固成半固体。固体培养基熔化后，倒入试管内，制成斜面培养基；倒入培养皿内，制成平板培养基。

② 营养培养基。在基础培养基中，加入葡萄糖、血液、血清、酵母浸膏及生长因子等有机物质，专供营养要求较高的或需要特殊生长因子等的细菌生长。如肺炎球菌和流感杆菌必须在含有血液的培养基中才能生长。

③ 选择培养基。从混杂材料中分离目的细菌，可利用细菌对各种化学物质的敏感性不同，抑制不需要的细菌，从而有利于目的细菌的分离。

④ 鉴别培养基。是检查细菌的生化反应的培养基，做鉴别细菌之用。

⑤ 厌氧培养基。厌氧菌必须在缺氧环境中生长。

【练习9】

细菌生长繁殖所需要的营养物质包括____、____、____、____ 和____ 。

【练习10】

细菌分为_____ 和_____ 两种营养类型。

二、放线菌的培养和菌落特征

（1）链霉菌的培养特性　绝大多数链霉菌是需氧菌，生长最适温度为 28～32℃，对酸敏感，在中性及偏碱性环境中（pH 值 6.8～7.5）生长良好。链霉菌对营养要求不严，在以葡萄糖或可溶性淀粉为碳源，硝酸钠或硫酸铵为氮源及由无机盐类（磷酸氢二钾、氯化钠、硫酸镁等）组成的培养基中即可生长。

（2）链霉菌菌落特征　由在固体培养基上的菌丝体和孢子组成。菌落大小似细菌，表面像霉菌但比霉菌小。

三、真菌的培养和菌落特征

1. 真菌的培养条件

真菌对营养物质要求不高，比较容易培养，有的真菌在任何有机物基质上都可生长。一般来说，单糖、双糖、糊精、淀粉等可作碳源，氮源除氨基酸、蛋白质等有机氮化合物外，铵盐、亚硝酸盐、硝酸盐以及尿素均可利用。有些真菌在生长繁殖过程中，还需要少量的生长因子或微量元素。大多数真菌喜酸性环境，如在 pH 值 3～6 生长良好，而在 pH 值 2～9 也可生长。

真菌的生长温度一般比细菌低，最适宜温度为 22～30℃，深部感染的病原性真菌 37℃

生长良好。绝大多数的真菌为需氧菌。真菌繁殖力较强，但生长速度比细菌缓慢，需数日才能长出菌落。

2. 真菌的菌落特性

真菌基本上有两种类型的菌落特性。

（1）霉菌菌落 霉菌菌落由菌丝体和孢子组成。营养菌丝体贴着培养基生长，培养基表层菌丝体多指气生菌丝，气生菌丝体向上生长，孢子覆盖表层。霉菌菌落较疏松，呈绒毛状、毡状、絮状等，霉菌形成的孢子常带有各种颜色，菌落表层相应地呈现黄、绿、青、橙、黑等颜色。

（2）酵母菌菌落 由酵母菌单细胞组成。表面光滑类似细菌，但比细菌菌落大且厚，菌落呈圆形，不透明，多数为乳白色，培养时间长的菌落表面皱缩，菌落也较大。

四、病毒的人工培养方法

病毒只能在生活的细胞里才能增殖，所以，培养病毒必须提供活的细胞。提供活细胞最常用的方法是细胞培养（包括器官培养、组织培养和细胞培养）。有的病毒也可用鸡胚培养法或动物接种法来培养。

1. 细胞培养

细胞培养法系采用离体的活组织，经机械法或胰蛋白酶消化法，将组织分散成单个细胞，经洗涤和计数后，配成一定浓度的细胞悬液，然后分装于容器内，使细胞沉着于培养容器的器壁上，贴壁的细胞在适宜的条件下就会开始分裂增殖，经一定时间的孵育后，器壁将被一层细胞所覆盖，这就是真层细胞培养。常用于培养细胞的培养基有乳白蛋白水解物、Eagle 培养液等，在这些培养基中加入适量的血清即成。单层细胞培养常用于分离培养病毒的有人肾细胞、猴肾细胞、人羊膜细胞、人胚二倍体细胞以及多种传代细胞系。表 5-2 列出动物病毒常用的一些细胞培养。

表 5-2　动物病毒常用的一些细胞培养

细胞培养类型	来　　源	缩写	适于培养的病毒科
原代细胞培养	猴肾	MK	痘病毒，腺病毒，疱疹病毒，小核糖核酸病毒，正黏病毒，披膜病毒
	人胚肾	HuEK	痘病毒，腺病毒，疱疹病毒，小核糖核酸病毒
	人胚肾	HuELK	疱疹病毒，呼肠孤病毒
	人羊肾	HuAm	疱疹病毒，小核糖核酸病毒，披膜病毒
	鸡胚成纤维细胞	CEF	痘病毒，呼肠孤病毒，弹状病毒，正黏病毒，披膜病毒
二倍体细胞株	人胚肺	WI-38	疱疹病毒，冠状病毒
传代细胞系	人宫颈癌细胞系	HeLa	痘病毒，腺病毒，疱疹病毒，副黏病毒，呼肠孤病毒，冠状病毒，小核糖核酸病毒，披膜病毒
	人喉上皮细胞癌细胞系	Hep-2	疱疹病毒，腺病毒，呼肠孤病毒，小核糖核酸病毒，乳多空病毒，披膜病毒
	肺癌患者胸骨髓细胞系	D-6	腺病毒
	绿猴肾细胞系	Vero	乳多空病毒，疱疹病毒，披膜病毒，小核糖核酸病毒
	幼地鼠肾细胞系	BHK-21	乳多空病毒，呼肠孤病毒，疱疹病毒，弹状病毒，披膜病毒

2. 鸡胚培养

发育的鸡胚可供培养某些病毒用。不同种类的病毒，适于鸡胚的不同部位生长，应适当选择。常用的适于接种的部位如下。

（1）线毛尿囊膜 鸡胚的绒毛尿囊膜适合痘病毒的生长，常用于天花病毒、牛痘病毒的接种。采用 10～12 日龄鸡胚，将病毒材料直接接种于绒毛尿囊膜上，经孵育后观察有无痘斑出现。

（2）尿囊膜 鸡胚的尿囊膜细胞适于已在鸡胚生长的流感病毒增殖。采用 9～10 日龄鸡胚，将材料接种于尿囊内，经孵育后取尿液检查。

（3）羊膜 鸡胚羊膜细胞适于初次分离流感病毒的增殖。采用 12～14 日龄鸡胚，将标本接种入羊膜腔内，经孵育后取羊水进行检查。

（4）卵黄囊 鸡胚卵黄囊细胞适于某些嗜神经病毒如流行性乙型脑炎病毒的生长，采用 5～8 日龄鸡胚，将材料接种入卵黄囊内，经孵育后，取卵黄囊进行检查。

3. 动物接种

动物接种是较原始的培养病毒的方法。常用的动物有小鼠、豚鼠、家兔、雪貂和猴等。接种途径随病毒而异，有鼻腔内、皮内、皮下、腹腔内、脑内、静脉内等途径。动物接种应根据病毒种类选择易感动物和适宜的接种途径。例如流行性乙型脑炎病毒可选用小鼠脑内接种，柯萨奇病毒选用乳鼠腹腔内或脑内接种，天花病毒选用家兔角膜接种，乙型肝炎病毒选用黑猩猩多个接种途径均可。动物接种后，应逐日观察动物发病情况，濒死时取病变组织传代鉴定。动物接种法培养病毒特别适于在现有细胞培养、鸡胚培养基上不能生长的病毒。

【练习11】

常见的病毒人工培养法有_____、_____和_____。

拓展知识

微生物的生长规律、用途及致病性

一、细菌的生长规律

1. 细菌在培养基中的生长状况

（1）细菌在培养基中的生长状况 将细菌接种在固体平板上，经过一定时间培养后，即可形成菌落。一般认为，一个菌落是由一个细菌繁殖而来的，是纯化的细菌，故可用作纯菌分离。另外，在一定培养基上生长出来的菌落，因菌种不同各有其特征，如菌落形状、大小、凸起或扁平、光滑或粗糙、边缘形状、湿度与颜色等都不尽相同，有助于细菌的初步鉴定。

（2）细菌的生长曲线 如将一定数量的细菌，接种在合适的定量的液体培养基中，在适当的温度下培养，每隔一定时间取样计算菌数，如以时间为横坐标，菌数的对数为纵坐标，则能画出一条曲线，称为细菌生长曲线。生长曲线可分为 4 个时期：迟缓期、对数生长期、稳定期及衰退期。细菌的生长曲线见图 5-10。

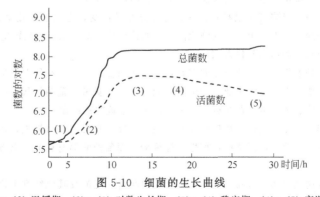

图 5-10 细菌的生长曲线

（1）～（2）迟缓期；（2）～（3）对数生长期；（3）～（4）稳定期；（4）～（5）衰退期

① 迟缓期。此期为细菌适应环境的时期。细菌不分裂，菌数不增长。

② 对数生长期。细菌经迟缓期后，进入对数生长期，这时期的菌数按几何级数增加，即 $2^0—2^1—2^2—2^3\cdots2^n$，菌数的对数呈直线增长。

③ 稳定期。此期细菌增长数和死亡数几乎相等，活菌数比较稳定。

④ 衰退期。此期细菌死亡数大于增值数，活菌数越来越少。

2. 细菌的致病性

凡能引起人畜疾病的细菌，称为致病菌或病原菌。病原菌侵入机体内克服机体的防御机能，在一定部位生长繁殖，引起不同程度的病理过程，称为传染。其表现有临床症状者为传染病。

病原菌是发生传染的特殊因子，病原菌能否引起传染，取决于毒力、适当的侵入机体途径及一定的传染菌量。

病原性或致病性是细菌致病的能力，是种的特征，是非病原菌所没有的性质。毒力是病原性的强弱程度，是测试病原性的测量度。

二、放线菌的应用

放线菌在医药上主要用于产生抗生素和酶类，少数可引起人类放线菌病。

在放线菌中产生抗生素最多的是链霉菌属，除此之外，诺卡菌属、小单胞菌属、游动放线菌属也产生抗生素。

几种产生抗生素的放线菌。

1. 诺卡菌属

菌落比链霉菌小，菌落表面多皱，致密，干燥，平滑或凸起不等，有黄、黄绿、红橙等颜色。

2. 小单胞菌属

菌落凸起，多皱或光滑，常呈黄橙色、红色、深褐色、黑色等。棘孢小单胞菌产生庆大霉素。

3. 游动放线菌属

我国发现的创新霉素是由济南游动放线菌产生的。

三、真菌的分类及致病性

真菌的菌丝和孢子对热的抵抗力都不强，如加热到 $60\sim70℃$，它们在短时间内就会被杀死。对低温、光、干燥、渗透压和消毒剂有较强的耐性，对铜、银、砷、锌盐和结晶紫较为敏感，对常用的抗生素如青霉素、链霉素、卡那霉素、红霉素及磺胺类药物不敏感。灰黄霉素、两性霉素 B、制霉菌素等对某些真菌有抑制作用。

真菌容易发生变异，长期在人工培养基上取代的菌种，容易发生形态、菌落、色素特性的改变。生产性菌株会产生产量高低的变动。理化因素虽能杀死真菌，但处理剂量适当也能使某些生理特性发生变异。

1. 几类常见的真菌及其应用

真菌种类繁多，现就与人类生活和医药方面密切相关的几种真菌列举如下。

（1）毛霉属　毛霉属是藻菌纲毛霉目中的一大属。毛霉在自然界中分布很广泛，土壤、空气中都有毛霉孢子。毛霉生长迅速、菌丝发达，常引起蔬菜、果品、药材等霉变。

（2）根霉属　根霉与毛霉同属于毛霉目。在自然界分布较广泛，也能引起蔬菜、果品、药材等霉变。根霉能产生强力的淀粉酶，是工业上有名的糖化菌。有的菌株能对甾体化合物起转化作用。

（3）犁头霉属　犁头霉的形态与根霉相似。

（4）曲霉属　曲霉是发酵工业和酿造业的重要真菌。我国自古以来就利用曲霉的糖化力制曲酿酒，利用其蛋白质分解力做酱等。现代发酵工业生产中利用曲霉生产柠檬酸、葡萄糖酸等有机酸和酶制剂、抗生素。本属代表菌有黑曲霉、米曲霉、黄曲霉。个别菌株能产生黄曲霉毒素。

（5）青霉属　青霉与曲霉极相似，在自然界分布很广，分解有机物能力极强，几乎在一切潮湿的物品上都能引起霉变。在发酵工业上，用某些青霉生产柠檬酸、葡萄糖酸等有机酸。点青霉、产黄青霉是生产青霉素的重要青霉。

（6）木霉属　木霉属在自然界分布广泛，是木材、中药材、皮革及其他纤维物品的腐烂菌，木霉是目前生产纤维素酶的主要菌种。

（7）酵母菌　酵母菌是人类应用较早较重要的一类真菌。酵母菌主要用于馒头、面包发酵，制造酒精和酿酒。酵母菌细胞含有大量的蛋白质和丰富的维生素，是生产单细胞蛋白质、维生素、核酸、辅酶 A、细胞色素等的理想原料。

酵母菌为单细胞微生物。呈圆形、卵圆形和腊肠形，大小比细菌大，细胞宽 $1\sim5\mu m$，长 $5\sim30\mu m$，酵母菌具有典型的细胞结构，有细胞壁、细胞膜、细胞质、细胞核及细胞内容物等。

酵母菌的繁殖方式有无性繁殖和有性繁殖。酵母菌的无性繁殖最常见的是出芽繁殖。

2. 真菌的致病性

少数真菌对人类有致病性，能引起各种真菌病。按其侵入部位，有浅部感染性真菌和深部感染性真菌。

（1）浅部感染性真菌　即皮肤丝状菌或称皮肤癣菌，主要侵犯人体皮、毛发和指（趾）甲，引起各种皮肤病，一般不侵犯皮下深部组织或内脏。

（2）深部感染性真菌　它们能侵袭深部组织和内脏以及能引起全身的真菌病。常见有白色念珠菌、新型隐球菌、孢子丝菌、着色芽生菌等。

白色念珠菌又称白色假丝酵母，是一种条件致病菌，常存在于正常人的口腔、上呼吸道或肠道中，当机体抵抗力降低时可引起多种病变。如鹅口疮、肺念珠菌病和肠道念珠菌病等。由于抗生素的不合理使用，近年来临床上念珠菌的感染较过去增多。

新型隐球菌在自然界分布广泛，特别在鸽的粪便中含量较多，也可从人粪及人的皮肤上分离出来。新型隐球菌主要经呼吸道感染，引起肺部轻度炎症；如向全身扩散，易侵袭中枢神经系统发生慢性脑膜炎；此外也可侵袭皮肤、皮下组织、肌肉、淋巴结和肠道等处，引起炎症及脓肿。

（3）真菌毒素　有些真菌产生毒素，人和动物误食被真菌毒素污染的粮食和饲料，就可能发生不同程度的急性或慢性真菌中毒症。真菌的毒素到目前已发现有 100 多种。其中毒性较强的有黄曲霉、寄生曲霉产生的黄曲霉毒素；杂色曲霉产生的杂色曲霉毒素；棕曲霉产生的棕曲霉毒素；黄绿青霉产生的黄绿青霉毒素；橘青霉产生的橘青霉毒素和岛青霉产生的黄米毒素等。真菌毒素中毒病发率高，死亡率也高，主要使肝脏、肾脏或中枢神经系统受到损害。长期、多次由真菌毒素引起的慢性中毒可诱发肝癌。

四、病毒的干扰现象和致病性

1. 病毒的干扰现象和干扰素

两种病毒感染同一细胞，可发生一种病毒抑制另一种病毒增殖的现象，这种现象称为病毒的干扰现象。干扰现象可发生于异种病毒间，也可发生于同种异型病毒间，甚至同株病毒中灭活病毒也可干扰活病毒。

干扰现象最初由 Isaacs 和 Linden mann 于 1957 年研究流感病毒时发现，他们用灭活的流感病毒处理鸡胚绒毛尿囊膜后，洗去膜上残留的病毒，继续孵育数小时后，在上清液中发现一种物质，用该上清液处理新鲜的鸡胚绒毛尿囊膜，经处理后的绒毛尿囊膜有抑制病毒增殖的能力，这一结果导致干扰素的发现。病毒间的干扰现象可用干扰素的作用解释。

干扰素有以下特征。

① 其化学组成是蛋白质，相对分子质量为 $18000\sim40000$，是一类糖蛋白，但不是球蛋白，不含核酸，抗原性弱。

② 由病毒诱生的干扰素对热较稳定，在 37℃时 24h 不丧失活性，pH 值在 $2\sim11$ 的范围内稳定。

③ 对蛋白分解酶（如胰蛋白酶）敏感，但对脂酶和核酸酶不敏感。

④ 抗病毒范围广，无特异性。

⑤ 其作用受细胞种属的限制，如只有人或灵长类动物细胞所产生的干扰素才能对人类细胞发挥抗病毒作用。

由于干扰素的抗病毒范围广而对细胞无毒性，所以是防治病毒性疾病有希望的药物。

2. 病毒对理化因素的抵抗力及抗病毒的化学治疗剂

（1）物理因素　病毒一般耐冷不耐热，加温至 60℃ 30min 或放置室温中较长时间均能灭活病毒。

（2）化学因素　病毒对氧化剂如高锰酸钾、次氯酸、碘酊等敏感。甲醛、戊二醛、乙醇、强酸、强碱也能迅速灭活病毒，但碳酸及来苏儿仅对少数病毒有效。大多数病毒对甘油的抵抗力比细菌强，故有些标本可用 50％甘油盐水保存送检。

(3) 抗病毒的化学治疗剂　抗病毒的化学治疗剂虽已进行过大量研究，但迄今仍无理想药物可供应用。因为病毒是细胞内寄生物，与宿主关系十分密切，很难找到对病毒有选择性抑制而对宿主细胞无害的药物。下面简述具有抗病毒作用的部分药物。

① 抑制病毒侵入与脱壳的药物。盐酸金刚烷胺能抑制流感病毒侵入细胞，对流感的感染有预防作用，体弱的患者早期服用有一定疗效，可降低肺炎的发生。

② 抑制病毒核酸合成的药物

a. 5-碘-2′-脱氧尿嘧啶核苷。又名碘苷，商品名为疱疹净，它的化学结构类似于胸腺嘧啶核苷，能与胸腺嘧啶核苷相互竞争所需的酶类，因而抑制病毒 DNA 的合成，或者取代胸腺嘧啶核苷掺入到 DNA 中去，生成无感染性的异常核酸。本品常用于疱疹性角膜炎的治疗及皮肤或眼的牛痘苗病毒感染。

b. 阿糖胞苷。本品为嘧啶核苷类药物，含有一正常碱基和一不正常的糖（阿拉伯糖代替核糖），能抑制胞嘧啶核苷的生成，从而抑制 DNA 病毒的复制。

c. 阿糖腺苷。本品与阿糖胞苷相似，亦含一正常碱基和一不正常的糖，它对痘病毒、疱疹病毒、水痘-带状疱疹病毒有抑制作用。

③ 抑制病毒蛋白质合成的药物。甲吲噻腙能抑制病毒蛋白质的形成，但对病毒核酸的合成没有影响，其作用是阻断病毒的 mRNA 翻译成成熟蛋白质，结果形成不成熟的、无感染性的病毒颗粒。本品对痘病毒的复制有明显的抑制作用。常用于免疫缺陷病人误种牛痘后引起的全身坏死痘的治疗。

3. 病毒的致病性

(1) 病毒侵入机体的途径和在体内播散的方式　对人致病的病毒可经呼吸道、消化道、皮肤或借媒介昆虫吸血等多种途径侵入人体，但不同种类的病毒常有其特定的侵入途径。

(2) 病毒对机体的致病作用　绝大多数病毒既不产生外毒素也不形成内毒素，也不产生侵袭物质。少数病毒可产生类似细菌内毒素样的物质。还有一些病毒在感染过程中可引起机体发生免疫病理损害。

由于病毒是严格的细胞内寄生物，它们引起疾病的机理在很大程度上取决于病毒与宿主细胞的相互作用。这种作用，可表现为三种情况。

① 病毒感染引起细胞病变或造成细胞的死亡。凡杀伤性强的病毒感染细胞后，可使细胞的蛋白质和核酸的合成受阻，使细胞的正常代谢发生障碍，从而造成病损或细胞死亡。有些病毒感染细胞后，由于病毒的酶或细胞溶酶体释放的酶的作用，而使细胞质膜受损导致细胞融合形成多核巨细胞。还有一些病毒感染细胞后，引起细胞染色体的畸变。

在引起病毒感染后，细胞内可出现一些斑块，经染色后能在光学显微镜下见到，称为包涵体，细胞内包涵体的出现有助于病毒疾病的诊断。

② 病毒感染引起细胞的持续感染状态。某些病毒可在体内长期存在而不造成细胞的明显损害，只有在一定条件下才引起疾病，这种情况称为"持续性感染"，持续性感染至少有三种不同的形式。

a. 潜伏感染。病毒原发感染后长期潜伏于机体内，与机体细胞保持相对平衡的状态，当机体抵抗力减弱时，病毒将被激活进而造成显性感染。如单纯疱疹病毒在引起原发感染后，病毒可在体内长期潜伏，当发热、经期使用皮质激素、紧张等因素存在时，病毒又活跃起来，引起反复发作的唇疱症。又如儿童时期患水痘后，水痘病毒可长期潜伏于体内，当外伤、紧张、X 射线照射或免疫功能下降时，该潜伏于体内的水痘病毒可引起带状疱疹。

b. 慢性持续性感染。指在急性病毒感染后，病毒可长期存在于体内并随时将病毒排除，而患者可无明显的临床表现。

c. 慢发病毒感染。这是一种慢发性进行性病毒感染。病毒侵入机体后需要经过相当长的一个潜伏期，短的数月、长的数年才表现出致病作用。一旦症状出现，病程多呈亚急性进行性恶化，并且造成严重后果，如库鲁病（kuru），它是慢发病毒感染后一种小脑进行性退行性疾病，又如亚急性硬化性全脑炎（sspe），是儿童时期感染麻疹病毒后到青春期才发作的慢发病毒感染。

③ 病毒感染引起的细胞转化和病毒的致癌作用。许多动物病毒已证实能引起动物的肿瘤，如罗斯体肉瘤病毒能引起禽类、啮齿类和猴的肿瘤，在体外能使禽类、噬齿类、牛、猴和人类的细胞发生转化；又如

小鼠多瘤病毒在实验动物体内能引起小鼠、地鼠、大鼠和其他噬齿类及猴的肿瘤，在体外也能使小鼠、地鼠、大鼠的细胞发生转化。单纯疱疹病毒2型感染表明与宫颈癌有关，流行病学调查资料证明感染该病毒的妇女随后发生宫颈癌的比率较对照组高6倍。乙型肝炎病毒的感染与原发性肝癌发生的关系正日益受到重视。另外，腺病毒、疱疹病毒可使体外培养的细胞发生转化，表现为生长潜力的增强，细胞的形态和代谢发生改变。还有，人类的某些良性肿瘤如传染性软疣和乳头瘤已确证分别由痘病毒与乳多空病毒所引起。由此可见，病毒与癌发生的关系十分密切，还应继续做更深入的研究。

思 考 题

1. 名词解释

　　微生物　培养基　　菌落

2. 微生物可分为哪几类？

3. 细菌可分为哪几类？细菌是由哪些结构组成的？它的化学组成成分有哪些？

4. 什么是细菌的繁殖？它的繁殖方式是什么？

5. 放线菌可分为哪几类？链霉菌是由哪几部分组成的？

6. 真菌可分为哪几类？它的繁殖方式有哪些？

7. 病毒是由哪几类化学成分组成的？它的结构有哪几部分？

8. 病毒的增殖有什么特点？它的复制周期可分为哪几个阶段？

9. 细菌生长繁殖所需的营养物质有哪些？它们各有哪些生理功能？

10. 细菌的吸收方式可分为哪几类？它们各有何特点？

11. 人工培养细菌所需的培养基有哪几类？它们各有什么用途？

12. 病毒的人工培养法有哪些？它们各有何用途？

第六章　抗生素的生产技术

【学习目标】

通过学习本章，学习者能够达到下列目标：

1. 解释抗生素和抗菌谱的概念，熟记抗生素的作用及医用抗生素应具备的条件。

2. 熟记抗生素的生产方法，比较抗生素工业与发酵工业、制药工业的生产特点。

3. 熟记抗生素生物合成的步骤及各步骤的作用。解释抗生素的菌种选育、菌种保藏的原理，并熟记菌种选育、菌种保藏的方法。熟记种子制备的作用及方法，说明典型种子制备的工艺过程及工艺条件。

4. 熟记抗生素发酵工艺的主要条件及作用。解释抗生素发酵及培养基的概念，熟记培养基的种类、成分及功用。熟记灭菌的方法。说明抗生素发酵条件变化对发酵的影响。依据发酵过程中代谢条件变化对发酵进行调节控制。依据菌丝的形态控制抗生素发酵。判断和处理抗生素发酵过程中出现的异常现象。

5. 熟记抗生素提炼的步骤、作用及方法。

第一节　抗生素的概念及分类

一、抗生素的概念

1. 抗生素的概念

抗生素是青霉素、链霉素、四环素、红霉素等一类化学物质的总称，是生物包括微生物、植物、动物在其生命活动过程中所产生的，能在低微浓度下有选择性地抑制或影响其他生物机能的有机物质。这类天然的有机物质，有些可以用化学方法合成，有些可以用化学法或生物化学方法对其进行结构改造。

抗生素的发现和应用使严重危害人类健康和生命的许多疾病得到了有效控制，抗生素还被广泛地应用于农业、畜牧业方面，在国民经济各个方面发挥其重要的作用。由于早期发现的一些抗生素如青霉素、链霉素等均来源于微生物的生命活动，因此，过去把抗生素的来源局限于微生物。事实上不仅某些细菌、放线菌、霉菌等微生物能产生抗生素，有的动物、植物也能产生抗生素。例如蒜素、黄连素、鱼腥草及鱼素就是由植物或动物产生的。历史上也曾由于一些抗生素如青霉素、链霉素、四环素等主要用于细菌感染的疾病防治上，因而将抗生素称为抗菌素。随着医药事业的迅速发展，抗生素的应用范围已远远超出了抗菌范畴。有的抗生素对肿瘤细胞有抑制作用，如争光霉素可用于治疗皮肤和头颈部鳞状上皮细胞癌；有的抗生素对原虫有抑制作用，如巴龙霉素可用于治疗阿米巴痢疾；有些抗生素有抑制某些特异性酶的活力，如抑胃酶素对胃蛋白酶具有抑制作用，可用于治疗胃溃疡，抑淀粉酶素可以抑制淀粉酶活力，可用于治疗高血压。目前还发现不少抗生素除具有抗菌作用外还有其他生理活性，如新霉素、两性霉素 B 等具有降低胆固醇的作用，有的抗生素还有止血、改善心血管功能、刺激机体生长、增强机体免疫功能的效果。所以不能把抗生素仅仅看做是抗菌的药物。

2. 抗菌谱

抗生素是一种化学治疗剂，它对病原体有抑制或杀灭作用。它是生物在其生命活动中产生的，因此它不像酒精、甲醛之类是一种普遍的毒物。抗生素的作用是有选择性的，它只对某类病原体有抑制作用。例如，链霉素可杀灭结核杆菌，可用于结核病的治疗，而青霉素G钠盐却不能用于结核病的治疗，因为这种抗生素对结核杆菌没有抑制能力。但当人体扁桃腺由于感染球菌而发炎时，注射青霉素G钠盐（或钾盐）就十分有效，显示其对这种菌有抑制杀灭能力。这说明各种病原体对各种抗生素的敏感程度是不一样的，因此各种抗生素对病原体的作用均有一定范围。有些抗生素如青霉素、庆大霉素对革兰阳性球菌均有抑制作用，但青霉素作用强度比庆大霉素大，因此用它们来抑制或杀灭这类病原微生物时所需要的剂量就不同。抗生素所能抑制或杀灭微生物的范围及其所需要的剂量称之为该种抗生素的抗菌谱。

【练习1】

抗生素是生物包括_____、_____、_____在其_____过程中所产生的，能在_____下有_____地_____或_____其他生物机能的_____。

【练习2】

抗生素所能_____或_____微生物的_____及其所需要的_____称之为该种抗生素的抗菌谱。

二、抗生素的分类

抗生素种类繁多，需要对其进行分类，对此不同领域科学家提出了不同的分类方法。如微生物学家习惯按生物来源分类，药理学家按作用机理分类，生化学家按化学结构分类，而医学家则常按抗菌谱分类。这些分类方法各有利弊和适用范围。

本书介绍按化学结构分类。这种分类方法比较复杂，由于很多抗生素的化学结构尚未最后确定，所以不能完善地分类列入，一般就以确定结构的抗生素做如下分类。

1. β-内酰胺类抗生素

这类抗生素的化学结构中都含有一个四元的内酰胺环，属于这类的抗生素有青霉素、头孢菌素以及它们的衍生物。如苯唑青霉素、噻孢霉素、头孢立新等。近年来，一些非典型β-内酰胺类抗生素得到了发展，如氨噻羧单胺菌素、硫霉素、棒酸、青霉烷砜等。

2. 四环素类抗生素

这类抗生素的化学结构中都含有一个四并苯的母核，属于这类的抗生素有四环素、土霉素、金霉素以及它们的衍生物。如四氢吡咯甲基四环素、强力霉素（脱氧土霉素）、二甲胺四环素等。

3. 氨基糖苷类抗生素

这类抗生素的化学结构中都有氨基糖苷和氨基环酸，属于这类的抗生素的数目很多，如链霉素、卡那霉素、庆大霉素、新霉素、巴龙霉素等。

4. 大环内酯类抗生素

这类抗生素的化学结构中都有一个大环内酯作为配糖体，属于这类的抗生素有红霉素、螺旋霉素、白霉素、竹桃霉素、麦迪霉素、交沙霉素等。

5. 多烯类抗生素

这类抗生素的化学结构特征是，不仅有大环内酯，而且在内酯中尚存有共轭双键，属于这类的抗生素有制霉菌素、两性霉素B、曲古霉素、戊霉素、菲律宾菌素等。

6. 多肽类抗生素

这类抗生素的化学结构是由多种氨基酸经肽链缩合成线状、环状或带侧链的环状多肽化合物，属于这类抗生素的有多黏菌素、放线菌素、杆菌素、短杆菌肽、卷须霉素等。

7. 苯烃基胺类抗生素

这类抗生素有氯霉素、甲砜氯霉素、乙酰氯霉素等。

8. 蒽环类抗生素

这类抗生素有柔红霉素、紫红霉素、亚得里亚霉素、色霉素、光神霉素等。

凡不属于上述八大类的抗生素一般均归于其他类型抗生素，如磷霉素。

上述八类抗生素在抗生素分类中是较常见的，但抗生素数以千计，它们的结构和性质各不相同，这八类远远不能包含所有的抗生素，而且还有某一种抗生素可以划分在几个类里的情况。但此法能将常用的重要抗生素分为几大类，每一类的化学结构和生物化学性能又比较接近，且各类之间的区别又十分明显，因而便于熟悉和掌握抗生素的理化性能，有利于运用这些性质来选择提取精制抗生素的方法，因此在抗生素的研究及工业生产上这种分类方法具有一定的重要性。

三、抗生素的作用

1. 抗生素的用途

抗生素的广泛应用，使许多细菌感染疾病基本上得到了控制。如传染性很强的流行性脑膜炎，死亡率很高的细菌性心内膜炎，对儿童生命有严重威胁的肺炎，均可以用青霉素来治疗；又如过去人们为之恐惧的鼠疫和结核病，可以用链霉素治疗；又如细菌性痢疾，在用磺胺药无效时，改用氯霉素可以收到很好的治疗效果。

抗生素除了用于治疗细菌引起的疾病外，在处理真菌感染引起的某些疾病方面也有一定的疗效。例如灰黄霉素对皮肤真菌有很强大的作用，可以用来治疗浅部真菌病如头癣、手足癣；庐山霉素（两性霉素 B）对深部真菌有一定疗效，可以用来治疗念珠菌病、隐球菌病、孢子丝菌病等。但总的来说，在这方面高效低毒的抗生素还很少，尤其是在深部真菌病的治疗方面，目前仍需依赖毒性较大的多烯族抗生素。现在，抗生素正向抗肿瘤、抗病毒、抗真菌病等方面发展。就目前来说，虽然发现不少抗肿瘤的抗生素（数百种），但用于临床的并不多（10 多种），且一般只起缓解作用，不能达到根治的目的。并且其中大多数毒副反应较严重，尤其是对人体造血机能的破坏成为这类抗生素临床应用的重要障碍。由于抗肿瘤抗生素在肿瘤的综合治疗法中占有一定的地位，所以国内外仍在努力寻找高效低毒的新抗肿瘤抗生素。

2. 医用抗生素应具备的条件

从自然界发现和分离的几千种抗生素中实际生产和应用的只有 100 多种，连同半合成衍生物及其盐类在内也只有 300 多种。在临床上广泛应用的抗生素少，因为能作为化学治疗的抗生素要具备多个条件，下面列举的是医用抗生素必备的条件。

① 具有"选择性毒力"，即对人体组织或正常细胞只是轻微毒性，对某些致病菌或突变肿瘤细胞却有强大的毒力。

② 在人体内应发挥其抗菌活性，而不被人体血液、脑脊液及其他组织成分所破坏，同时它不应大量与体内血清蛋白结合。

③ 在给药（注射、口服）后应很快被吸收，并迅速地分布至被感染的器官和组织中，细菌在体内对该抗生素不易产生耐药性。

④ 不易引起过敏反应。

⑤ 具有较好的理化性质，以利于提取、制剂、贮藏。

用以上条件衡量，一些常用的抗生素如青霉素类、链霉素、庆大霉素、四环素类、红霉素、卡那霉素、氯霉素等对其中大多数条件是符合的，因而可供全身治疗用。

3. 抗生素的合理使用

抗生素在为人类治疗疾病的同时也带来了许多新问题，如毒性反应、过敏反应、二重感染、细菌产生耐药性等。可以说没有一个抗生素在应用上是绝对安全的，有些抗生素产生的副作用是非常严重的，甚至可以引起病人的死亡或导致残疾。同时由于抗生素的广泛应用，耐药现象日益严重，耐药菌引起的各种感染成为治疗上的新难题。因此合理使用抗生素是一个十分重要的问题。所谓合理使用，就是要从安全、有效、经济的观点选用抗生素。要在弄清病情的基础上，应用适宜的抗生素、适宜的剂量和适宜的疗程进行治疗，并采用相应的措施，以防止各种副作用的发生。对病情不明的发热或抗生素对其无疗效的病毒性感染，不宜用抗生素治疗。对于预防性应用的抗生素要严加控制。在使用抗生素治疗时，用量过大，疗程过长，联合使用不当，均属于不合理使用。

【练习3】

抗生素除了用于治疗_____引起的疾病外，在对付_____引起的某些疾病方面也有一定的疗效。现在抗生素正向_____、_____、_____病等方面发展。

【练习4】

简述医用抗生素应具备的条件。

【练习5】

什么是抗生素的合理使用？

第二节 抗生素的生物合成

一、抗生素的生产方法和生产特点

1. 抗生素的生产方法

抗生素的生产方法有三大类即化学合成法、半合成法和生物合成法。

（1）**生物合成法** 即微生物发酵法。用这种方法生产抗生素时，首先利用特定的微生物，也就是抗生素的生产菌，在一定条件下使之生长繁殖，并在代谢过程中产生抗生素。然后利用抗生素的特定性质，用适当的化学手段将抗生素从发酵液中提取出来。大多数抗生素的生产都采用此法，如目前生产青霉素、链霉素、红霉素、四环素的工厂采用的都是生物合成法。其优点是方法简便、成本低廉，缺点是周期长、生产稳定性差。

（2）**化学合成法** 当一些抗生素的化学结构已经阐明，且结构又比较简单时，就可采用化学合成的方法制取。氯霉素就是用化学合成法制取的抗生素。

（3）**半合成法** 所谓半合成法就是用化学方法改造生物合成的抗生素，从而获得各种性能优良的新品种抗生素的方法。它首先用生物合成法得到某一种抗生素，然后用化学方法将此种抗生素的分子结构进行改造，以达到提高疗效、降低毒性、弥补缺陷的目的。各种新青霉素和头孢菌素的衍生物以及以土霉素为原料进行结构改造而得到的强力霉素、甲烯土霉素等都是用此法生产的。

2. 抗生素工业生产的特点

抗生素是用微生物作为菌种，在一定条件下（培养基、温度、pH、通气搅拌等）进行培养发酵，以获取人们所需要的产品。但其生产过程既不同于一般发酵工业，又不同于合成药的生产。

（1）与一般发酵工业相比较，它有如下特点。

① 菌体的生长与产物的形成不平行。抗生素这种代谢产物的大量形成不是在菌体生长繁殖阶段，而是在生长繁殖基本上告一段落时才大量产生，这就是通常所说的菌体的生长与产物的形成不是平行的关系，也就是整个抗生素发酵过程可以分为两个阶段，即菌丝繁殖阶段和抗生素分泌阶段。若要提高发酵效率就要设法缩短第一阶段，延长第二阶段。

② 理论产量难以用物料平衡来推算。抗生素是一种与微生物生长发育无直接关系的次级代谢产物，其反应过程十分复杂。例如金霉素产生菌利用葡萄糖合成金霉素约有 20 多步酶促反应，但如果考虑到在合成金霉素的过程所有可能的竞争和平行反应，则可增至约 300 多步酶反应。由此可见，在发酵过程中可能存在的酶反应相当复杂。因此生物合成法制造抗生素其理论产量难以用物料平衡来推算。

③ 生产稳定性差。由于用生物合成法生产抗生素时，其产量要受菌种、抗生素的稳定性、培养基的成分及其原料质量、中间代谢的控制、操作条件、设备条件等方面因素的影响，因此要使抗生素生产稳定必须在菌种遗传的稳定性、原材料质量的稳定、设备条件和工艺条件的稳定、人员操作条件的稳定上下工夫。

（2）抗生素工业与一般制药工业相比较又有如下几个特殊问题。

① 染菌问题。由于抗生素生产必须采用纯种发酵，所以防止杂菌污染是一个非常突出的问题。因为如有杂菌污染，轻者产量下降，收率降低，重者会使整个发酵失败。染菌问题虽然已得到重视，但由于涉及技术、设备、管理、操作各个方面的因素，所以至今未得到彻底解决。

② 粮耗问题。由于抗生素生产所用的培养基成分如葡萄糖、黄豆饼粉、花生饼粉、玉米浆等大多是农副产品，而提取用的溶剂，如醋酸丁酯、醋酸乙酯、丙酮等也是由粮食发酵所得，因此，每生产 1kg 抗生素要消耗 25～200kg 粮食。如何降低抗生素生产的粮食消耗问题是一个十分重要的问题。解决粮耗问题要从提高生产水平着手，如筛选高产菌株、改进发酵工艺、采用合理培养基配方、不断提高提取收率等。如在四环素类抗生素发酵中采用合成消沫剂代替玉米油，在四环素发酵中采用通氨工艺，是可以降低粮耗的。

③ 动力的消耗问题。由于在抗生素发酵过程中要不断地通气搅拌，对发酵培养基及发酵设备要进行灭菌，在提取抗生素时又需要有物料输送、离心分离、真空过滤、加热、蒸发、冷却、干燥等化工单元操作，而这些工艺过程均要消耗大量的动力。蒸汽、压缩空气、水、电是抗生素生产必须具备和消耗的四大公用系统。因此，如何从提高生产、降低消耗、节约能源方面进行技术革新是一个十分重要的问题。例如，在发酵过程中如何合理控制通气搅拌条件，使既能满足菌体生长发育和生产抗生素的需要，又不过多地消耗搅拌功率及压缩空气。如有的采用大功率搅拌与低空气流量的条件；有的采用无级变速搅拌；有的采用分段给予不同的空气流量。大型发酵罐的采用，其用意之一也是为了节约动力消耗。

④ 抗生素的稳定和质量问题。抗生素生产要经历从发酵到提取两大环节，整个工艺过程较长，而抗生素在制成成品以前大部分时间处于溶液中，因此稳定性较差，往往是一面生产一面被分解破坏。这种分解不仅影响产量，而且由于降解产物混杂于成品中常常引起质量波动。因此，生产中要严格控制工艺条件，使抗生素破坏最少。由于抗生素是一种生理活性物质，因此在用其治病的同时也可能发生急性或慢性中毒、局部的致痛性、肾脏的损害等。这些毒副反应有的是抗生素本身引起的，有的则是成品中的杂质引起的，若是杂质所引起的就属于质量问题。抗生素成品必须进行严格的含量检定，要严格控制成品中不应有的杂质的数量。成品出厂以前必须进行毒性试验、效价测定、降压试验、热原试验等常规检定，以保证人们用药的安全和疗效。

【练习6】

抗生素的生产方法有三大类即_____、_____和_____。

二、抗生素生物合成的一般过程

现代抗生素工业多采用生物合成法进行生产，其工艺过程大体相同，主要通过下列过程来合成：

孢子制备→种子制备→发酵→发酵液预处理及过滤→提取及精制→成品检验→成品包装→出厂检验

一般来说从孢子制备到发酵属于生物合成范围，从发酵液预处理到提取精制属于化工范围，现将两个阶段的一般情况做简要介绍。

1. 孢子制备

这是发酵工序的开端，是一个重要的环节。其方法是将保藏的休眠状态的孢子（通常保存于砂土管或冷冻干燥管中）通过严格的无菌手续将其接种到经过灭菌的固体培养基上（一般是斜面），在一定的温度下培养几天，就可用于下道工序。但对产孢子能力较差的菌种来说，这样培养出来的孢子数量还是很有限的，为了获得更好的孢子，就需要进一步采用较大表面积的固体培养基（如大米、小米、破碎的玉米粒等）扩大培养。

2. 种子制备

这一过程是使孢子发芽繁殖，以获得足够数量的菌丝，以便接种到发酵罐去。种子制备可以在摇瓶中或小罐内进行，大型发酵的种子要经过两次扩大培养才接入发酵罐。摇瓶培养是在锥形瓶内装入一定量的液体培养基，灭菌后接入孢子，然后在回转式或往复式摇床上恒温培养。种子罐一般用钢或不锈钢制造，结构相当于小型发酵罐，种子罐接种前有关设备和培养基要经过严格的灭菌。种子罐可用微孔压差法或打开接种口在火焰的保护下接种，接种后在一定的空气流量、罐压等条件下进行培养，并定时取样做无菌试验、菌丝形态观察和生化分析，以确保种子质量。

3. 发酵

这一过程的目的主要是使产生菌分泌大量抗生素，这是发酵工序的关键阶段。一般在钢或不锈钢制的发酵罐内进行，有关设备和培养基要事先经过严格灭菌，然后将长好的种子接入，接种量一般为5％～20％。在整个发酵过程中要不断地通气搅拌，维持一定的罐温罐压，并定时取样分析和进行无菌试验。由于发酵过程中会产生大量泡沫，所以往往要加入消沫剂来控制泡沫。

4. 发酵液预处理及过滤

发酵液预处理及过滤是抗生素提炼的第一步操作。在发酵液过滤以前，发酵液需进行预处理。预处理的目的在于使发酵液中的蛋白质和某些杂质沉淀，以增加滤速利于提取。发酵液过滤的目的是使菌丝体从发酵液中分离出来，除了制霉菌素、灰黄霉素、曲古霉素等抗生素存在于菌丝中，需从菌丝中提取外，一般过滤操作都是为了获得含有抗生素的澄清发酵滤液。

5. 提取

提取过程的目的是将发酵滤液中的抗生素初步浓缩纯化。提取方法一般有四种，即吸附法、溶剂萃取法、离子交换法、沉淀法。

6. 精制

精制是指将抗生素的浓缩液或粗制品进一步提纯并制成成品的过程。精制时仍可重复交叉使用上述四种基本提取方法，如用沉淀法提取所得的四环素碱纯度不高时，可以重复用沉淀法精制，在沉淀前还可以用离子交换树脂脱色。青霉素是用溶剂萃取法提取的，但也可用结晶法精制，即在青霉素溶剂萃取液中加入醋酸钾，分析出青霉素钾盐晶体。吸附法是精制时普遍使用的方法，许多抗生素精制时都用活性炭吸附脱色。此外，在精制过程中还常使用结晶、重结晶、晶体洗涤、蒸发浓缩、层析凝胶分离、干燥、无菌过滤等方法。

7. 成品检验

由于抗生素的生产一般采用的是生物合成法，虽经化学精制，但一般纯度仍不能达到百分之百，而且在生物合成过程中也会同时产生其他药效和药性不同的各种物质，在制品加工和贮藏过程中还可能引起抗生素的变质。因此，为了保证药物的质量、用药的安全和药政管理，对抗生素成品必须进行检查。抗生素常规检查项目一般包括性状及鉴别试验、酸碱度测定、澄清度检查、水分测定、安全试验、降压试验、热原试验、无菌试验等。由于抗生素品种不同，加上临床上用药方式不同（如外用、口服、注射），检查项目的多少也就有所不同。临床上正式使用的抗生素的检验项目及方法，国家有关部门都有统一规定，因此，成品检验应按《中国药典》规定进行。

【练习7】

抗生素生物合成的一般过程依次是 _____、_____、_____、_____、_____、_____、_____。

三、菌种选育

抗生素生产中为了不断提高产量、质量、降低成本和消耗，必须重视菌种选育工作。菌种选育不仅是提高发酵水平的主要途径，而且还可以通过定向选育的方法改善良种性能，达到改善和简化工艺的目的。几乎所有抗生素发酵水平和成品质量的提高都和菌种选育工作有直接关系。如青霉素发酵单位的大幅度提高，土霉素耐消沫剂高单位菌株的获得，就是菌种选育工作的成功范例。

菌种选育是抗生素工业生产及科研工作的主要环节，既是关键又是基础，必须高度重视，应该投入更多的人力、物力来开展这项工作。

1. 菌种选育的基本原理

一切生物都有遗传和变异的特性，这是一种互相矛盾又互相关联的自然现象，而微生物的遗传变异性表现得尤为明显。所谓遗传，是生物亲代的性状又在下代表现的现象，如孩子在许多方面像他的父母或祖父母等。变异则相反，是指当环境条件改变时，生物遗传因子发生了改变，生物产生了新的性状，这种变异性是可以遗传的，微生物的遗传变异性是菌种选育的理论根据，遗传变异的物质基础是脱氧核糖核酸（DNA）。

2. 诱变育种

根据诱发突变机理，利用物理或化学的因素处理微生物群体细胞，使其中部分细胞的遗传物质（主要是DNA）的分子结构发生改变，从而引起微生物的性状变异。然后从群体中挑选出少量具有优良性状的菌株，经特性考察和复试用于生产，这个过程称为诱变育种。

诱变育种的主要环节是以合适的诱变剂处理大量而分散的微生物细胞（一般处理孢子）悬液，在引起大多数细胞致死的同时，使变异率大大提高。然后通过有效的筛选方法淘汰负变菌株，留用变异幅度最大的正变菌株，目前诱变育种是提高菌种生产能力、提高产品质量、扩大品种和简化工艺的主要育种方法。

凡能显著提高突变频率的各种因素都称为诱变剂或叫诱变因素。诱变因素有物理诱变因素和化学诱变因素。

物理诱变因素有紫外线、X射线、γ射线、快中子、α射线、β射线和超声波，在生产中，前四种用得比较多。

化学诱变因素有很多，从简单的无机物到复杂的有机物都可找到具有诱变效应的物质。在这些物质中既包含金属离子、生物碱、一般化学试剂、代谢拮抗物、抗生素、生长素以及高分子化合物，也包括医药、农药以及灭菌剂、染料、洗涤剂、食品、饮料等日常生活用品。虽然引起突变的物质种类很多但效果较好的只有少部分。由于化学诱变剂使用剂量小、设备简单，一般实验室的玻璃仪器即可，所以发展较快。但是必须注意到，一般化学诱变剂都有毒，有些是致癌物质，在使用中要非常谨慎，避免中毒和受害。

化学诱变剂的种类很多，常见的有亚硝酸、甲基磺酸乙酯、硫酸二乙酯、亚硝基胍、亚硝基甲基脲、5-氟尿嘧啶、5-氨基尿嘧啶、8-氮鸟嘌呤及吖啶黄、吖啶橙等吖啶类物质。

3. 抗噬菌体菌株的选育

噬菌体作为一种生物诱变因素早已被发现和应用于实践，通过噬菌体诱变提高产量或提高抗性，曾在链霉素、四环素、红霉素、卡那霉素等许多品种中取得过显著成绩。噬菌体是一种遗传信息的传递者，通过它的转导作用引起突变，其作用机制尚在探讨和争论中。由于在生产中曾发生因噬菌体污染而造成严重不良后果，因而促使人们去选育抗噬菌体菌株。

抗噬菌体菌株的选育大体分两种情况，一种是以某抗生素产生菌的噬菌体作为诱变因素，将其适量加入到培养基中，与敏感菌一起培养，使之对该菌种诱发突变，经培养后稀释冷却，挑选抗噬菌体的正变菌株；另一种则是取污染噬菌体的发酵液继续培养，经一定时间后将重新生长起来的健壮菌体分离培养，作为抗性菌株留种考察。

4. 杂交育种

一般是指两个基因型不同菌株通过结合，遗传物质重新组合，进而分离和筛选出具有新性状的菌株。

杂交是在细胞水平的一种重组现象。凡把两个不同性状个体细胞内的遗传物质转移到同一个细胞内，并使之发生遗传变异的过程，称为基因重组或是遗传重组，这是重组杂交育种的理论基础。

但是，杂交育种方法较复杂，技术条件要求高，工作程序较长，所以在许多条件不具备的单位不容易推广和使用。

杂交育种在动物、植物选育良种方面应用较早，并取得了巨大成就。食品工业则是在20世纪40年代开始应用杂交技术，并在面包酵母、酒精酵母和啤酒酵母的杂交育种方面取得成功。

5. 原生质体融合育种

近几年来，国内外菌种选育工作的一个重要的新动向就是采用原生质体融合这一新技术制取具有优良性状的杂交新菌株。所谓原生质体融合，即用酶解法（一般如用于真菌则用蜗牛酶）将两种形态不同的微生物菌株的细胞壁脱掉，制成原生质体，再用聚乙二醇促使原生质体发生融合，从而获得异核体或重组合子菌株的过程。

【练习8】

抗生素生产中为了不断提高_____和_____，必须重视_____工作。几乎所有抗生素_____和_____的提高都和_____工作有直接关系。

四、种子制备和菌种保藏

1. 种子制备

种子制备不仅是抗生素发酵生产的第一道工序，而且是重要工序。种子制备就是用一定的菌种，在一定的条件下，经过扩大繁殖，成为具有一定数量和质量的纯种，供给抗生素发酵生产的第二道工序——抗生素的生物合成使用。砂土孢子、斜面孢子、摇瓶种子及种子罐种子等，进入发酵罐之前的孢子培养及菌丝量扩大培养等过程均归属于种子制备范畴。

(1) 孢子制备

① 不同菌种孢子的制备工艺。孢子制备是抗生素生产的第一个重要环节，孢子的质量、数量对以后菌丝的生长、增殖以及发酵水平都有明显影响。不同菌种的孢子制备工艺有不同的特点。

a. 放线菌类型。放线菌的孢子培养多数采用人工合成琼脂培养基，其中碳源和氮源不要太丰富，避免菌丝的大量形成，以利于生产大量孢子，其工艺过程为：

$$砂土罐 \xrightarrow{冷冻管} 母斜面 \rightarrow 子斜面 \rightarrow 摇瓶（菌丝）\rightarrow 种子罐 \rightarrow 发酵罐$$

培养温度一般在 (28 ± 1)℃，部分菌种为 30℃ 以上，培养时间因菌种不同而异，一般在 4～7 天，少数达 10 天以上。孢子成熟后，于 2～4℃ 冰箱（库）内保存备用，存放时间不宜过长，一般在一周内，少数品种可存放 1～2 个月。

b. 霉菌类。霉菌类孢子的培养，多数采用大米、小米、麦麸之类的天然培养基，这些营养物质来源充足，简单易得，价格低廉，比琼脂斜面培养基产孢子量大得多。

其工艺过程为：首先将保存于砂土管内的菌种孢子接种在斜面上，恒温培养，孢子成熟后，制成孢子悬液，然后接种到大米或小米等培养基上，在规定的恒温（25～28℃）箱（室）内培养 14 天左右。孢子成熟后，可以放在 2～4℃ 的冰箱（库）中保存备用，或将成熟的大米孢子中的水分用真空泵抽干至 10% 以下，于冰箱（库）中保存。这样制得的孢子可在生产上延续使用半年左右，这对稳定生产很有好处。抽干法保存主要适用于孢子制备，菌丝不能使用此法保存。

c. 细菌类。其原种一般用冷冻干燥安瓿管保存，有些产芽孢的杆菌也可用斜面或砂土管保存，其工艺流程为：

$$冷冻安瓿管 \xrightarrow{制成悬液} 斜面 F_1（第一代）\xrightarrow[或 2～4℃ 贮藏]{液体石蜡封存} 斜面 F_2～F_n（第二代以上）\rightarrow 种子罐 \rightarrow 发酵罐$$

细菌类种子培养温度多数在 35～37℃，也有的在 28℃ 或 30℃ 左右，因菌种不同而异。培养时间差别较大，多数 1～2 天，有的则需 5～6 天，甚至 10 多天，如产芽孢的多黏杆菌需要培养较长时间。

不同品种的抗生素生产，要根据其种子生长繁殖特性，确定不同的培养工艺。即便是同一品种，不同厂家也会有所差别，如进罐种子形式，青霉素、灰黄霉素、四环素类抗生素，由于孢子繁殖量大发芽生产较快，一般采用孢子进罐；链霉素、卡那霉素等则多用摇瓶菌丝进罐。以孢子形式的种子直接进罐，其优点是工艺路线短，容易控制，斜面孢子也易于保藏。工艺路线短可以节约人力、物力，缩短周期，便于质量控制，并且减少染菌机会，但孢子保存时间不宜过长，进罐孢子更需要严格控制。

② 孢子制备过程中的注意要点。种子质量好坏，是影响发酵水平的因素之一，因此在操作过程中要特别注意下述几点。

a. 制备放线菌孢子时，要首先制备合格的琼脂斜面。琼脂斜面培养基灭菌后，趁热将不溶物质摇匀，待冷却至少 40℃ 左右时放置成斜面，搁置斜面的温度不宜过高，否则冷凝水较多。待斜面完全凝固后，按规定温度恒室（箱）培养 7～8 天。检查无杂菌后，于 2～4℃ 冰箱（库）内保存备用，一般放置时间以不超过 1 个月为宜，使用前于 27℃ 或 37℃ 恒温保养一天。

用砂土孢子接种斜面时，应绝对使用干接法，严禁将水分带入砂土管。操作时应用消毒烘干后的接种勺，直接从砂土管内取适量砂土孢子，然后均匀地涂布于斜面培养基上，并注意将砂土均匀涂开，力求长出的菌落密度合适、分布均匀。砂土管用后立即冷藏备用。

如果进行斜面传代，要严格遵守规定，最好不超过三代，以防衰退和变异。必要时对斜面质量做摇瓶考察。

b. 在制备菌类孢子斜面时，要使母斜面上生长的菌落尽可能分散，以便挑选比较理想的单个菌落用于接种子斜面。接种时应选取中央丰满部分的孢子，不要去碰菌落边缘的菌丝。制备大米孢子时，孢子悬液的浓度要适当，应根据具体情况以适合生产需要为度。接种用的吸管的吸口处应塞上适当松紧的棉花，吸管的口径以大一些为好。操作时应注意吸管口不要接触火焰，以免将孢子烫伤烫死。接种完毕，应将大米等固体培养基敲松翻匀，使悬液孢子和培养基混合均匀，然后振摇铺成斜面状。

c. 制备细菌类种子时，先在冷冻安瓿管或母斜面中加入适量无菌水，制成孢子悬浮液，并注意其浓度，控制好斜面的涂布面积，使菌落分布均匀、密度适宜。细菌类种子对于传代要求不严格，变异衰退不明显。画线后的接种棒应再于双碟画线做杂菌培养或浸入肉汤做无菌试验，最好以纯种细菌双碟作对照。

③ 影响孢子质量的因素及其控制

a. 原材料的影响。孢子的生长对原材料的质量很敏感，例如土霉菌斜面孢子培养时对小麦皮要求很严格；链霉素菌对蛋白胨选择很注重；有许多品种对琼脂的牌号很挑剔，有的厂对杂牌琼脂进行清水浸泡处理，去掉其中的可溶性杂质，然后用于生产。

不仅原材料的营养成分（如糖、氮、磷等），其产地、牌号或制取方法的不同都会影响到孢子的生长质量。这是因为不同产地、牌号和不同制作方法的原材料中，所含的微量元素、生长素及杂质成分含量不同，所以影响菌种的生长繁殖。

孢子培养基的灭菌要严格控制温度，应根据培养基种类和性质的不同而确定灭菌方法及温度和时间。灭菌温度高、控制时间长，会造成某些营养成分的破坏，使 pH 升高，进而影响孢子的形成。

水质不同也会引起培养基内盐类及其他杂质的含量的改变，引起 pH 的变化，这些变化都会影响孢子生长。地理位置的不同和季节气候的变化都可能使水质有差异，为了排除水质波动的影响，可以在蒸馏水或无盐水中加入适量无机元素制备合成水，供配制培养基使用。水质也可用硬度和 pH 监控。

b. 工艺条件的影响。斜面孢子的培养温度及培养的 pH 对孢子形成有直接影响。孢子的质量，不单纯是成熟快和数量大，更应注意以能在发酵过程中大量合成抗生素为佳，特别要防止因培养温度偏高、时间较长造成孢子发芽长成菌丝的现象。如土霉素菌种的斜面孢子培养时高于 37℃，成熟早，易老化，在发酵罐内表现为糖代谢慢、氨基氮和 pH 回升提前、效价低。因此孢子培养必须注意按不同菌种的生理特性，严格控制培养温度。

空气相对湿度也会影响斜面孢子的形成，因此恒温室相对湿度一般要求以 40%～50% 为宜，过高或过低均不利于斜面质量的稳定。在恒温箱培养时相对湿度偏低，可放入盛水的平皿使之提高。为了保证新鲜空气的交换，恒温箱宜每天开启几次，每次几秒钟即可，这样有利于孢子的生长。

c. 斜面冷藏的影响。培养好的斜面孢子，应于 2～4℃冰箱（库）中保存，一般不宜过长，保存时间过长对种子质量有影响，成熟的斜面孢子比菌丝状态的种子耐冷藏，但时间过长菌种特性也会衰退。如土霉素菌种斜面培养时间较短时，孢子还未完全成熟，冷藏 7～8 天菌丝即开始自溶，如果斜面培养时间延长半天，孢子成熟后，可冷藏 20 天不自溶。链霉素、卡那霉素、灰黄霉素的摇瓶种子冷藏超期后菌丝大量自溶，不能使用。各品种种子保藏期的控制有所差别，但总的原则是宜短不宜长。

斜面孢子的质量控制标准，主要以菌落的形态、色泽、稀密度、孢子量及色素分泌为指标。传代用的斜面孢子要求菌落分布较稀，适于挑选单个菌落，菌落形态是正常型高单位菌株，其色泽、孢子量、形态等符合要求；接种摇瓶或进罐的斜面孢子，要求菌落密度适中或稍密，菌落正常，大小均匀，孢子丰满，孢子颜色正常和保证无杂菌，必要时还要观察摇瓶效价。

(2) 摇瓶种子　有些菌种孢子发芽和菌丝繁殖速度较缓慢，为了缩短种子罐培养周期和稳定种子质量，将孢子经摇瓶培养成菌丝后进罐，这就是所谓的摇瓶种子。摇瓶相当于大大缩小了的种子罐，其培养基配方和培养条件与种子罐相近似。摇瓶培养的目的是促使孢子发芽长成健壮的菌丝，同时对斜面孢子的质量和无菌情况进行考察，然后择优留种。

摇瓶进罐，常采用母瓶、子瓶两级培养，有时母瓶也可直接进罐。其培养基成分要求比较丰富和完备，并易于分解利用，氮源丰富利于菌体生长，原则上各种成分不宜过浓，pH适当而稳定，培养基浓度子瓶比母瓶略高，更接近种子罐配方。

摇瓶种子进罐的缺点是比斜面孢子进罐工艺过程长，染菌概率增加，并需要专用设备（摇床）。

摇瓶种子的质量主要以外观颜色、效价、菌丝浓度或黏度、糖氮代谢、pH变化为指标，符合要求并且无污染杂菌方可进罐。

摇瓶培养基的配制和灭菌对种子质量有一定影响，灭菌温度或时间长易出现pH不正常，营养成分遭到破坏，影响种子的发芽生长。

(3) 种子罐种子　由菌种岗位提供孢子悬液或摇瓶种子接入种子罐后，在一定条件下进行培养繁殖。孢子悬液一般用微孔接种法接种，摇瓶种子可在火焰保护下接入种子罐。种子罐级数主要取决于菌种的特性、孢子发芽和菌种繁殖速度以及发酵罐的接种量。

种子罐种子质量是影响发酵生产水平的重要因素，种子质量的优劣，主要取决于菌种本身的遗传特性和培养条件两个方面。种子罐接入孢子或摇瓶菌丝后，工艺控制必须有利于孢子发芽和菌丝繁殖，种子罐培养基的营养成分应完备齐全，较易利用，氮源丰富，磷量比发酵配方高，糖略低，培养过程中通气搅拌（溶氧控制很重要）。各级种子罐或者同级种子罐的各个不同时期需氧量不同，应区别控制，一般前期需氧量较少，后期适当增大。

影响种子质量的因素很多，种龄长短是个重要因素，种龄是指最适合于移种的培养时间。种龄因品种或遗传性状不同而异，每个品种的种龄都是在生产中经过反复试验而确定的，必须指出，种龄是指菌丝生长旺盛适于移种的基本时间范围，不能简单地理解为时数，而应以质量标准为前提。通常合适的种龄都选在菌丝生命力最旺盛的对数生长期，以培养液中的菌体浓度接近最高峰时较好，如果种龄过于年轻，接入发酵罐后往往出现前期生长缓慢，泡沫多，起步单位和发酵周期延长等，有时因菌丝量过少，在发酵罐内形成菌丝团还会引起异常发酵，有时还会使pH曲线高峰期长，氨氮代谢缓慢；如果种龄过长，由于营养物质的耗竭和代谢产物的积累使菌体老化，则生产能力衰退。判断种子质量的好坏，主要凭借实践经验和工艺参数，如pH变化、培养液浓度、色泽、菌丝浓度、发酵单位等因素。有条件的单位还可以进一步测定酶的活力作为参考，如链霉素产生菌的转氨基酶、土霉素生产菌的脱氢酶等。从各方面控制好培养条件，对保证种子质量是非常重要的，而且质量比数量更为重要，好种子接入量少一些也照常发酵良好，使用质量差的种子，即使接入量增加，发酵单位仍然不高。

【练习9】

种子制备是抗生素发酵生产的_____。种子制备就是用一定的_____，在一定的条件下，经过_____，成为具有一定_____和_____的_____，供给抗生素发酵生产的第二道工序——_____。我们把_____、_____、_____及_____等，进入发酵罐之前的_____及_____培养等过程均归属于种子制备范畴。

2. 菌种保藏

制备好的斜面孢子或摇瓶种子，以及选育出的新菌株，在使用前一般需要贮存一定时间。菌种在自然条件下放置，不可避免地会出现变异、退化、污染、死亡等问题。生产和实验都要求尽可能地保持菌种的原有性状和活力，因此必须加强菌种的保藏工作。保藏效果的好坏直接影响生产和实验水平。以下简单介绍菌种保藏的原理和常用的方法。

(1) 菌种保藏的原理 菌种保藏方法的选择和应用必须根据微生物生理、生化的特点，通过创造适宜条件使微生物的代谢处于不活泼和生长繁殖受抑制的休眠状态，以减少菌种变异、退化、死亡。实验证明，在低温、干燥、缺氧及以营养贫乏的条件下保藏效果好。

(2) 菌种保藏方法

① 斜面低温保藏法。将菌种接种到斜面培养基上，培养成熟后，放置在 $2\sim4℃$ 冰箱中保存，这是一种简单易行的常用方法。放线菌、细菌、霉菌、酵母菌等均可用此法保存。生产和实验中使用的斜面孢子短时期存放时，大都采用此法，保存时间可根据不同的品种而异。为了确保菌种的优良性状，保存时间不宜过长。

斜面低温保藏法的原理是利用低温减缓微生物的代谢和繁殖速度，降低变异率。此法保藏时间宜短些，因为培养基中含有菌种生长和代谢所需的各种营养成分，不具备干燥、缺氧的条件，保存中代谢和生长并未完全停止，保存时间长，会产生变异。某些品种在斜面保藏法上加以改进，采取隔绝空气的措施，如换用酒精消毒的橡皮塞塞严瓶口，或用蜡封口，可延长保藏时间，长的可达数月。

保藏期间要严格控制温度，不可低至 0℃ 以下，以免因冰冻而造成种子死亡；也不可高于 4℃ 以上，以免生长代谢引起菌种特性的变性退化。

② 石蜡保藏法。此法适用于不能用石蜡油作碳源的微生物，方法也较简单易行，在无菌条件下将灭菌的石蜡倒入成熟的孢子斜面，油层可高出斜面 1cm，使菌种与空气完全隔绝，并垂直放置，于室温或冰箱（库）中保存，保藏时间可达半年以上。所用石蜡油，必须不含毒物，基本要求规格为化学纯。石蜡油采取蒸汽灭菌，灭菌后在烘箱中将水分烤干。

③ 砂土管保藏法。土壤是各类微生物活动的场所，许多菌种来源于土壤，砂土管保藏菌种的方法，就是根据这个原理发展起来的。此法制作简便，适于微生物孢子的保藏，保存时间可达 1 年以上，砂土管孢子应冷藏，这样才符合低温、干燥、营养贫乏的要求。砂土管保藏法的优点是制备简便，是目前国内某些品种使用最广泛的保藏方法，但国外已趋于淘汰。

砂土管孢子的制备分砂土制备和接种抽干两步进行。

将洗净的细砂和黄土分别过 60 目筛和 80 目筛，用磁铁吸去铁屑，将砂和土按 2：1 比例混合均匀，分装于 12mm×100mm 玻璃试管中，每支装量约 1g，用纱布棉塞封口，124℃ 蒸汽间歇灭菌 3 次，每次 1h，灭菌后在 120℃ 烘箱中烘烤 4h，冷却备用。

然后将培养好的斜面孢子，加无菌水制成孢子悬液，在无菌条件下接入砂土管内，或将斜面孢子直接刮下接入砂土管，用棉塞封口，充分振荡，使孢子与砂土混合均匀，放入真空干燥器抽干（一般 $4\sim6h$）。然后置于放有干燥剂的干燥器中，盖紧密封，置于 $2\sim4℃$ 冰箱

（库）中保存备用。保藏期限因品种不同而异，保藏或使用时严防水分进入砂土管内。

④ 冷冻真空干燥保藏法。此法是效果较好的菌种保藏方法，目前国外使用极为普遍。它具备低温、缺氧、干燥三个最重要的保藏条件。细菌（有芽孢的或无芽孢的）、放线菌、霉菌、酵母菌和病毒均可用此法保藏。其保存时间可达一年至数十年之久，并且存活率高，变异率低。此法的缺点是工艺复杂，需要备有真空干燥和冷藏设备，另外还需保护剂，因而费用较高。

冷冻真空干燥保藏法的主要操作过程如下：用灭菌好的保护剂（如脱脂牛奶、血清等）洗下成熟斜面的孢子或菌体，制成悬液，装入安瓿瓶中（约0.1ml），塞上棉花，用橡皮管将安瓿瓶与真空管、冷凝管连接，冷凝管放置在有冰的广口保温瓶中，进行冷冻抽干。安瓿管下部也埋入干冰中，使管内物质逐步冻结，然后移入−15℃的冰盐水中继续抽气1h，再将安瓿瓶置于室温中抽干至样品呈松散状。在无菌条件下将安瓿封口，检查真空度是否合格，最后将制备好的冷冻管放置在冰箱中保存。

⑤ 大（小）米孢子干燥冷藏。此法已用在青霉素、灰黄霉素、头孢菌素等产品上。制备工艺也较简单：将分生孢子悬液接种于经灭菌的茄形瓶内的大（小）米培养基上进行培养，孢子成熟后用真空抽干，然后用石蜡油封口，置于2～4℃冰箱中保存。

⑥ 低温冻结保藏法（低温保藏法）。将需要保藏的微生物孢子或菌体悬挂于10％的甘油或10％的二甲基亚砜保护剂中，在−70～−20℃的条件下保存。保存温度视不同菌种而异。

此法适用于细菌、放线菌、霉菌等微生物菌种的保藏。其优点是存活率高，变异率低，使用方便，但要有低温冷冻条件。

⑦ 液氮冰箱超低温保藏法（液氮保藏法）。将需要保藏的微生物孢子或菌体悬浮于10％的甘油或10％的二甲基亚砜保护剂中，并放入安瓿管中，火焰封口后将安瓿以每分钟下降1℃的冻结速度慢慢冻结到−35℃，然后立即放入液氮冰箱，箱内温度是−196～−150℃，使用时将安瓿管从冰箱取出，立即置于38～40℃的水浴中，融化内部的冰冻后，开启安瓿管，吸取内溶物进行培养。

此法适用于各类微生物菌种的保藏，其优点是存活率高，稳定性强，是长期保藏菌种的最好方法，但要具备有液氮超低温的冷冻条件，目前在国外已普遍采用，国内有些单位已开始应用。

【练习10】

制备好的斜面孢子或摇瓶种子，以及选育出的新菌株，在使用前一般需要_____一定时间。菌种在_____下放置，不可避免的会出现_____、_____、_____、_____等问题。生产和实验都要求尽可能地保持菌种的_____和_____，因此必须加强菌种的保藏工作。

第三节　抗生素的发酵工艺控制

抗生素生产菌在一定条件下吸取营养物质，增殖其自身菌体细胞，同时产生抗生素和其他代谢产物的过程，称为抗生素发酵。抗生素生产水平的高低，主要取决于发酵水平。

发酵过程是在各种酶系统的作用下发生一系列的生化反应，抗生素是这个过程的次级代谢产物。各种酶系统的活性受各种因素的影响而相互作用。发酵水平的高低，首先受菌种这个内因的限制，但是，发酵工艺条件的控制也有着极为重要的作用，只有良好的外因条件，才能使菌种固有的优良性状得到充分发挥。

一、培养基

培养基是供抗生素产生菌生长、繁殖、代谢以及合成抗生素用的营养物质和原料。培养基成分和配比的选择与组合是否得当对产生菌的生长发育、发酵单位的增长有直接关系，对提炼工艺及产品收率和质量也有很大影响。发酵过程中抗生素的生物合成是产生菌、培养基和设备条件、工艺控制等相互密切配合的结果，所以认真选择培养基的原料成分和配比是搞好发酵的关键环节。从生产上看，提高生产水平除了靠菌种本身的生产能力外，在培养基的选择和配方上不断改进，常常能取得较好的效果。一个良好的培养基成分和配比的确定，往往要经过长期生产实践的考验，不断调整改进，逐渐趋于完善。

1. 培养基种类

抗生素生产一般都采用复合培养基。生产培养基按其用途又分孢子培养基、种子培养基和发酵培养基三种。

（1）孢子培养基　孢子培养基是供菌种繁殖孢子用的营养基质。对这种培养基的要求是：能使菌种发芽生长较快，产生大量优质孢子，并且不会引起菌种变异。孢子培养基的组成因菌种不同而异，如培养产黄青霉菌、金色链霉素可用麸皮或大米（小米）固体培养基，培养灰色链霉菌则用由豌豆浸液、葡萄糖、蛋白胨组成的琼脂培养基。

（2）种子培养基　种子培养基主要是指种子罐及摇瓶种子用的营养基质。种子培养基是供孢子发芽、生长和繁殖菌丝用的，它必须包含一些容易被菌种直接吸收利用的碳源、氮源、无机盐和生长素等。常用的原料有葡萄糖、糊精、蛋白胨、硫酸铵、磷酸二氢钾、尿素、玉米浆、酵母膏等，有利于孢子的发芽和生长，迅速繁殖长成大量健壮菌丝体。

（3）发酵培养基　发酵培养基是供菌丝迅速生长繁殖并大量合成抗生素的营养基质。它的特点是：营养较丰富和完备，浓度适当，适合于菌种的生理特性要求；有利于菌丝的迅速生长、繁殖，且健壮旺盛；在整个培养过程中，pH 应适当而稳定，糖、氮代谢完全适应高单位发酵的需要，能在比较短的周期内充分发挥菌种合成抗生素的性能；还应注意降低成本和粮耗。

发酵培养基的组成是根据产生菌的生理特征和生物合成机制的要求，并联系到发酵设备、通气搅拌性能及工艺控制等设计的。发酵过程的 pH 变化，除了靠配方中的某些成分和配比自行调节外，还需要另外进行调节控制。如 pH 偏高可用硫酸铵或其他微酸性营养物质调和；pH 偏低，可用氨水、氢氧化钠或碳酸氢钠等碱性无机化合物调高。生产上还经常使用生理碱性物质和生理酸性物质调节发酵液的 pH。

发酵培养基属于复合培养基。其中的碳源和氮源大都是天然原料，碳源原料如玉米粉、废糖蜜、番薯、淀粉、淀粉水解液以及油脂类，氮源原料如鱼粉、蛋白胨、玉米浆以及各种饼粉等，这些培养基来源较广，价格低廉，容易制取，但因是天然物质，成分往往有波动，质量规格不容易控制，因而影响生产水平的稳定。此外，发酵培养基中还加入各种无机盐、生长因子、微量元素以及缓冲剂和前体等。

2. 培养基的成分及功用

抗生素培养基的组成按其功用可分为碳源、氮源、无机盐和微量元素、维生素、生长素等几大类，还有专用的前体和促进剂。

（1）碳源　碳源是用来给产生菌生命活动所需要的能量，构成菌体细胞以及抗生素和其他代谢产物的物质基础。通常以糖类、有机酸和脂肪作为碳源。在特殊情况下（如碳源物质贫乏时），蛋白质的水解产物也可被某些微生物作为碳源利用。

糖类作为主要的碳源物质，它的功能具体表现为：是能量的主要来源；可合成菌体中各种有机物；是某些抗生素和前体物质的碳架元素。

（2）氮源　氮源主要用于构成菌体细胞物质——蛋白质、核酸及其他含氮代谢物包括含氮抗生素。用于生产的氮源物质可分为有机氮源和无机氮源两类。有机氮源主要有黄豆饼、棉籽饼粉、花生饼粉、玉米浆、鱼粉、酵母粉、蚕蛹粉、蛋白胨、氨基酸、麸质粉和麸质水、尿素、酒糟、菌丝体等。无机氮源有氨水、硫酸铵、硝酸铵、磷酸氢二铵、硝酸钠、硝酸钾和氯化铵等。

使用有机氮源的目的是：供给菌体生长繁殖所需要的营养物质；作为某些抗生素生物合成的前体物质和氮素来源。

（3）无机盐和微量元素　抗生素产生菌和其他微生物一样，在生长繁殖及代谢过程中也需要各种无机盐类和微量元素。这些元素包括磷、钙、铁、硫、镁、钠、钾、锌、钴、锰等。一般情况下，它们在各种复合培养基中已有足够的含量，不用再添加。但是由于菌种不同，其需要的量也不同，必须根据不同菌种的需要，对其浓度予以控制。培养基中常用的无机盐有磷酸二氢钾、磷酸氢二钾、硫酸镁、碳酸钙、氯化钠、硫酸锌、硫酸锰、氯化钙、氯化钴、硫酸亚铁、大苏打等。

【练习11】

抗生素生产菌在一定条件下＿＿＿＿＿，增殖其自身＿＿＿＿＿，同时产生＿＿＿＿＿和其他＿＿＿＿＿的过程，称为抗生素发酵。抗生素生产水平的高低，主要取决于＿＿＿＿＿。

【练习12】

培养基是供抗生素产生菌＿＿＿＿＿、＿＿＿＿＿、＿＿＿＿＿以及＿＿＿＿＿抗生素用的＿＿＿＿＿和＿＿＿＿＿。选择培养基的＿＿＿＿＿和＿＿＿＿＿是搞好发酵的关键环节。

【练习13】

抗生素培养基的组成按其功用可分为＿＿＿＿＿、＿＿＿＿＿、＿＿＿＿＿和＿＿＿＿＿、＿＿＿＿＿、＿＿＿＿＿等几大类，还有专用的前体和促进剂。

二、灭菌

抗生素发酵大多是属于纯种培养。如果在发酵过程中染菌，会使生产水平大大下降，甚至得不到产品。例如，在青霉素的发酵过程中，如果污染了杂菌，某些细菌可以分泌出裂解青霉素的物质——青霉素酶，使已合成的青霉素遭到破坏，导致发酵失败。为了保证不污染杂菌，发酵生产过程所用的设备容器以及各种物料都必须先经过灭菌才能使用。设备及培养基的灭菌和压缩空气的除菌是避免污染杂菌、保证正常发酵的基础和关键。灭菌质量的好坏，不仅影响到是否染菌，还会对产生菌的生长代谢有重要影响。加热灭菌时，温度过高、时间过长，则会造成营养成分的破坏，引起培养基性质的变化，甚至会产生毒性（抑制性）物质，进而降低发酵效果。所以灭菌质量不单是杀菌彻底与否的问题，还要做到培养基破坏最少。

1. 常用的灭菌方法

所谓灭菌是指用物理或化学的方法杀死或除掉物料、容器及有关区域中所有的微生物的繁殖体和芽孢的过程。在生产上习惯叫消毒，但它和卫生界讲的消毒是有区别的，卫生界讲的消毒仅限于杀死或除掉病原微生物，其杀菌彻底性是很不够的。

工业生产中常用的灭菌方法主要有化学灭菌和物理灭菌两大类。

（1）化学灭菌　所谓化学灭菌，主要是使用化学药剂对某些容器或物料以及无菌区域进行灭菌。例如，无菌室的药物喷洒或熏消，染菌罐的甲醛熏消，污染噬菌体后全部生产设备和环境的药剂处理等。由于化学药物遗留毒性大，一般不用于培养基灭菌。常用的化学药品有新洁尔灭、甲醛、苯酚、乙醇（75%）、过氧乙酸、漂白粉、环氧乙烷等。

化学灭菌的效果，主要取决于药物与细胞的化学作用。有些药物可以与蛋白质起络合反应而破坏细胞，所以在使用化学灭菌剂时，要注意人体防护，以免受毒害。

（2）物理灭菌

① 射线灭菌。主要是利用紫外线、高能电子流的阴极射线、X射线和γ射线杀死生命细胞。其中以紫外线应用最普遍。紫外线对营养细胞和芽孢都有破坏作用，但紫外线的穿透力很低，只能用于表面灭菌和薄层液体灭菌，对深入物体内部的微生物效果很差，一般用于无菌室的空气灭菌，但局限性很大，效果也很差。

② 热灭菌

a. 干热灭菌。干热灭菌包括火焰灭菌和热空气灭菌。常用的干热空气灭菌为160℃，时间为1～2h，一般用于要求灭菌后保持干燥状态的物品灭菌。干热灭菌时间长、温度高，因而耗热量大，应用不广，不及湿热灭菌效果好。

b. 湿热灭菌。即直接用蒸汽对物料或设备容器进行灭菌。湿热灭菌是工业生产上普遍使用的主要灭菌方法。用蒸汽将物料升温到110～140℃，保持一定时间，就可杀死各种微生物。

湿热灭菌的原理是：通过蒸汽加热，温度上升到微生物致死范围，菌体蛋白质（包括酶类）变性、凝固因而死亡。

湿热灭菌与干热灭菌相比有以下特点：湿热灭菌时，菌体蛋白质受热容易凝固；湿热灭菌的穿透力比干热灭菌大；湿热灭菌时，蒸汽冷凝放出大量潜热，温度上升快；湿热灭菌时，蒸汽制取简便，成本低、数量大，适于工业生产。

2. 培养基和发酵设备的灭菌

（1）灭菌温度的选择　生产上主要使用湿热灭菌法。灭菌温度的控制不仅影响灭菌是否彻底，还影响培养基质量的好坏，所以在湿热灭菌时，首先是选择既保证灭菌彻底，又使营养成分破坏最少的合适温度。

（2）培养基及发酵设备的灭菌

① 实罐灭菌（实消）。所谓实消灭菌，即将饱和蒸汽直接通入装有制备好的培养基的发酵设备进行灭菌的方法。此法不要另外的专用灭菌设备，因而具有投资少、操作简便、污染概率低、节约能源等优点，但是，必须快速加温和快速冷却，以减少营养物的破坏。

② 空罐灭菌（空消）。所谓空消灭菌，即将饱和蒸汽通入未加培养基的罐体中进行灭菌的方法。

③ 连续灭菌（连消）。所谓连续灭菌，即将培养基在发酵罐外，通过专用设备，连续不断地加热、保温，然后冷却，然后再进入发酵罐的灭菌方法。

④ 空气过滤器灭菌。空气过滤器是保证空气无菌的主要净化装置。在使用之前必须用蒸汽彻底灭菌。灭菌后立即将介质吹干，即可使用。

3. 空气除菌

目前用于生产抗生素的微生物大都是好氧菌，因此在发酵过程中需不断通入压缩空气。由于空气中有各种微生物和尘埃，为了供给产生菌充足的无菌空气，进行纯种培养发酵，必须对压缩空气进行除菌。空气除菌的方法大致可分为两类：一类是利用加热、化学药剂、射线等，使空气中微生物细胞的蛋白质变性，以杀灭各种微生物；另一类是利用过滤介质及静电除尘捕集空气中的灰尘和细菌，以除去空气中的各种菌类。工业上往往是将两者结合在一起应用。

【练习14】

抗生素发酵大多是属于纯种培养。如果在发酵过程中＿＿＿＿＿＿＿，会使＿＿＿＿＿＿＿大大下降，甚至＿＿＿＿＿＿＿。为了保证不污染＿＿＿＿＿＿＿，发酵生产过程所用的设备容器以及各种物料都必须先经＿＿＿＿＿＿＿才能使用。

【练习15】

工业生产中常用的灭菌方法主要有＿＿＿＿＿＿＿和＿＿＿＿＿＿＿两大类。空气除菌的方法大致可分为两类：一类是利用＿＿＿＿＿＿＿＿＿＿＿＿＿＿＿＿＿＿＿＿等，使空气中微生物细胞的蛋白质变性，以杀灭各种微生物；另一类是利用＿＿＿＿＿＿＿及＿＿＿＿＿＿＿捕集空气中的灰尘和细菌，以除去空气中的各种菌类。

三、发酵条件控制

1. 温度对发酵的影响及其控制

（1）温度对发酵的影响　温度是各种抗生素发酵必须严格控制的基本条件之一。因为各种微生物的生长、繁殖、代谢和合成抗生素都需要在最适温度下才能取得理想效果。而一种菌的生长和抗生素合成的最适温度范围往往不一致，因此，试验和掌握适当的培养温度，对促进代谢、缩短周期、提高发酵产量是很重要的。

温度是影响微生物生长发育及代谢活动的重要因素。因为一切代谢活动都与它本身的酶系统的活力有密切关系，各种生化反应的酶活力都要在最适温度范围内才能得以发挥。生产菌在最适温度范围以下培养时，生长代谢慢，反之则生长代谢加快。如果培养温度高于最适范围，则酶活力减低，温度愈高，失活愈快，菌丝即会提早衰老自溶，致使合成抗生素的时间减少和产量降低。

抗生素产生菌大多是中温性微生物，其最适培养温度多在 $25 \sim 30 \, ^\circ\text{C}$ 范围内。但各菌种之间有差别，如产黄青霉素的菌丝生长速度在 $30 \, ^\circ\text{C}$ 时最快，而产生青霉素则在 $20 \sim 25 \, ^\circ\text{C}$ 时最快；多数放线菌的最适生长温度在 $23 \sim 37 \, ^\circ\text{C}$，但产生抗生素的最适温度一般在 $25 \sim 30 \, ^\circ\text{C}$。

（2）最适温度的选择　发酵控制的最适温度因品种而异。如四环素、土霉素一般控制在 $30 \, ^\circ\text{C}$，青霉素多控制在 $24 \sim 26 \, ^\circ\text{C}$，链霉素一般控制在 $27 \sim 29 \, ^\circ\text{C}$。有些抗生素发酵过程还采取分段控制不同温度，前期温度范围接近菌体生长最适温度，中后期接近抗生素合成的最适温度。但一般生产上控制的发酵温度都适当兼顾到菌体生长和有利于抗生素的合成两个方面。

发酵温度的选择不仅考虑到菌体生长和抗生素合成两种最适温度的需要，还应联系到发酵培养基的成分、浓度及其他设备条件，如搅拌通气等，做到统筹兼顾，全面考察。通过生产实践，摸索掌握规律，选择最适当的控制温度，尽量缩短菌种的迟滞期，延长平衡期以提高抗生素合成的速度和延长分泌时间，进而取得最大的产率。

2. pH 对发酵的影响及其控制

（1）pH 对发酵的影响　抗生素产生菌同所有微生物一样，在发酵过程中，菌体的生长繁殖及抗生素合成都有其最适 pH 范围。生长与合成的最适 pH 范围不完全相同，所以要认真研究掌握不同菌种和不同阶段的 pH 要求。再则，pH 的变化是菌体代谢状况的综合反映，为了使产生菌保持在最适 pH 中生长繁殖，并在最适 pH 条件下合成抗生素，必须根据各菌种的特性和培养基的组成，加强发酵过程的 pH 的调节控制。常见抗生素的发酵 pH 控制范围见表 6-1。

表 6-1 几种主要抗生素发酵 pH 控制范围

品　种	菌体生长最适 pH	抗生素合成最适 pH 范围
青霉素	6.5 ~ 6.9	6.2 ~ 6.8
链霉素	6.3 ~ 6.6	6.7 ~ 7.3
四环素	6.1 ~ 6.6	5.9 ~ 6.3
土霉素	6.0 ~ 6.6	5.8 ~ 6.1
红霉素	6.6 ~ 7.0	6.8 ~ 7.1
灰黄霉素	6.4 ~ 7.0	6.2 ~ 6.5

（2）引起 pH 变化的因素　在培养基成分和配比的设计中，虽然已经注意了稳定 pH 的问题，但 pH 还是要发生一定范围的变化。引起 pH 变化的因素很多，如培养基的性质、产生菌的代谢及发酵工艺的控制等都是影响 pH 的因素。培养基中碳源物质，如糖类、脂肪的分解，中间代谢产物丙酮酸、醋酸等积累时可使 pH 下降。在充分氧化时，大量有机酸分解为 CO_2 和 H_2O，使 pH 波动不大。由于微生物的代谢机制不同，同一菌种使用不同的碳源物质，对 pH 的影响也不相同。如青霉素发酵，以乳糖为主要碳源时，产生有机酸不多，在生长前期 pH 略有下降后即迅速回升；用葡萄糖代替乳糖进行发酵，产生有机酸较多，并迅速堆积，造成 pH 大幅度下降，此情况会影响发酵单位的增长。为了尽可能避免此种情况必须采用葡萄糖滴加工艺。

总之发酵过程中凡能导致酸性物质的生成或碱性物质的消耗，都会引起 pH 下降；反之，凡能造成碱性物质的生成或酸性物质的消耗，就能使 pH 上升。尿素和硝酸铵、氨水等，容易使 pH 上升，而硫酸铵则作为酸性无机氮源使用，它可以使 pH 下降。

（3）发酵过程 pH 的调节　控制和调节发酵过程 pH 的方法有以下几种。

① 根据菌种特性和培养基性质，选择适当的培养基成分和配比，有些成分可在中间补料时补充调控。

② 加入适量的缓冲剂，以控制培养基 pH 的变化。常用的缓冲剂有碳酸钙、磷酸盐等。其中碳酸钙使用最普遍，因为它价格便宜、使用方便、效果好。它的主要作用是中和各种酸类产物，防止 pH 急剧下降。

另外，碳酸钙还容易与四环素类抗生素形成络合物，进而有利于抗生素的合成。磷酸盐作为缓冲剂，在大生产上较少应用，一方面是因为价格高，另一方面是因为磷酸浓度增高对发酵有影响。

③ 在发酵过程中出现 pH 过高或过低的情况时，可以直接加入酸或碱类物质加以调节，使之迅速恢复正常。也可用多加糖、油来降低 pH，或加入氨水、尿素等提高 pH。目前发达国家多用电子计算机控制加酸或加碱调节 pH。

3. 通气与搅拌

（1）供氧在需氧发酵中的意义　抗生素的生物合成，多数由好氧菌在深层培养液中进行，充分供氧是产生菌生命活动和合成抗生素所必需的条件。由于氧在水中的溶解度极低，因此，加强通气和搅拌措施对提高溶氧非常重要。随着高产菌株的获得和丰富培养基的采用，对通气和搅拌的要求越来越高。因为在这类培养基中发酵旺盛期间菌丝浓度大，菌体细胞呼吸强度高，即使溶氧浓度达到饱和，也只能维持菌丝呼吸 15~30s。在这样大量耗氧的情况下，通气量和搅拌效率的高低，对发酵的影响更为突出。

供氧之所以重要，是由于氧通过好氧菌的呼吸作用，对营养物质进行氧化分解，从而产生能量物质。同时，氧又是细胞物质和抗生素的组成元素。生物代谢中的主要代谢途径——三羧酸循环的关键即是分子氧的存在，所以为保证菌体营养中各类有机物质的代谢，就必须供给三羧酸循环所需要的大量溶解氧。

（2）搅拌器的作用和影响　机械搅拌是深层沉没培养中提高溶氧的重要装置，它的主要功用如下。

① 通过搅拌作用将通入的空气打成碎泡，增加气液接触面积，加速氧的溶解速度。

② 搅拌使液体增加湍动程度，减少气泡周围的液膜厚度，利于氧的传递。不断减少菌丝表面液膜厚度，加速营养成分和溶氧进入细胞内部的速度。

③ 搅拌使液体形成湍流，延长气泡在培养液内的停留时间，利于氧的溶解。为了加强搅拌效果，可在罐壁周围装置3~4块挡板，使液体增加折流运动，以利于气液混合及氧的溶解。

④ 搅拌作用还能减少菌丝结成团块和颗粒的现象；减少固液间的扩散阻力；并能加速热传递，使罐内各处温度均匀。

【练习16】

供氧在需氧发酵中有何意义？

四、发酵过程中的代谢与控制

在抗生素发酵过程中，由于一系列酶的催化作用，产生菌在不断生长代谢，使培养基的性质、含量等不断变化，为了及时掌握这些代谢变化情况，并加以适当控制，以利于抗生素的生物合成，需要在发酵过程中进行中间分析。通过各个项目的分析化验，明确菌丝的变化、培养基各主要成分的含量、pH 的变化、泡沫产生、无菌情况等，及时进行调节控制，使发酵沿着有利于提高产量、质量的方向进行。

1. 中间分析项目

发酵过程的主要分析项目有抗生素效价、pH、糖含量、氨基氮和氨氮含量、磷酸浓度和黏度的测定等。

2. 发酵基质浓度与中间补料

各级种子罐及发酵罐的基础培养基配比浓度是影响微生物生长代谢和生物合成的重要因素。培养基中各成分的含量及总浓度控制在什么范围，要从多方面考虑。首先应考虑生产菌种的代谢特性，还要注意到发酵设备、通气搅拌等条件，同时要与中间补料统筹兼顾，一并考虑。在搅拌功率不太大的情况下，培养基质的总浓度不宜过高，以能满足菌体在一定时间内生长代谢需要为原则。培养基质中间浓度较低时，可通过补料来补充。补料数量应有所限制，使培养基维持在一个适当的浓度，既不要因浓度过高而影响细胞呼吸，又不要因浓度过低出现营养贫乏，影响生长代谢，这是控制发酵的一个重要方面。

3. 发酵过程中泡沫的产生与控制

发酵过程中泡沫的生成与下列因素有关：通气搅拌的强烈程度；原材料配比及消毒质量；菌种不同，或种子质量不一样，以及接种龄、接种量不同。

大量泡沫对发酵造成许多不利影响，必须予以控制，目前生产上使用的消沫方法主要有两大类。

（1）机械消沫法　主要靠机械的强烈振动和压力的变化，使气泡破灭。机械消沫方法有多种，一种是罐内将泡沫消除；另一种是将泡沫引出罐外，泡沫消除后，液体再返回罐内。

机械消沫不需要另加物料，但效果差，而且需要另加设备，有的操作复杂不易掌握，动力消耗也增加，因此较少使用。

（2）化学消沫　即加入某种表面活性物质，降低泡沫的局部表面张力，使泡沫破裂的方法。一般使用动植物油或合成消沫剂两大类。

4. 发酵终点控制

抗生素发酵后期菌体细胞趋向衰老自溶，抗生素的分泌量也减慢或接近停止，有的发酵单位出现下跌，因此及时合理的放罐是非常重要的终止性控制，它不仅影响到发酵动力的消耗和罐的利用率，而且会影响到提炼进度和产品的收率、质量。

发酵放罐前的工艺控制要尤其注意，减少糖、氮及油的存量，以利于提炼。对于菌丝形态的观察控制，各个品种不一样，有的掌握在菌丝开始自溶之前，有的掌握在菌丝部分自溶之后。总之，发酵终点控制要认真，必须综合上述各种因素，全面考虑，以提高产量、质量，降低成本、消耗为根本原则，做到合理及时放罐。

5. 半连续发酵

连续发酵即在生产过程中连续向发酵容器中进料，并同时放出含有产品的发酵液。连续发酵有两种基本方式：一种是使用罐体连续发酵；另一种是管道式连续发酵，目前连续发酵已在啤酒发酵中应用。

所谓半连续发酵即在发酵的中后期放出一定数量含产品的物料，同时间歇式地向发酵容器中进料并按一定周期终止发酵的过程。半连续发酵一般采用重复补料分批培养的办法。

【练习17】

为什么要控制好发酵终点？

五、菌丝形态与观察控制

霉菌类菌丝生长初期，即从孢子发芽开始，原生质丰富充实。进入对数生长期，此时原生质分化，脂肪颗粒增加，这个时期的菌丝量扩大很快。经过繁殖阶段后，发酵进入中期，菌丝生长变为缓慢，脂肪包涵体减少，出现中小型空胞，开始大量分泌抗生素。

放线菌生长过程可以明显地看到三个阶段。第一阶段，孢子吸水膨胀发芽，长成菌丝。此期菌丝年轻，分枝分节不明显，原生质充实。第二阶段，此期菌丝分枝明显，主体菌丝往往被次生菌丝所掩盖。菌丝呈网状之后，断片逐渐增多。第三阶段，此期为抗生素合成分泌旺盛期，菌丝断裂成中等长度，并有中短分枝，有空胞出现，断片随时间延长逐渐增多，分枝菌丝更短，呈芽状。发酵末期菌丝衰老自溶，抗生素合成能力下降直到停止，参照控制条件，注意菌丝形态变化及时放罐。

【练习18】

放线菌生长过程的三个阶段各有什么特点？

六、不正常发酵的处理

在抗生素发酵过程中，有时会出现不正常情况。异常现象主要有：培养液变稀或过浓，糖氮代谢缓慢，pH变化不正常，菌丝不健壮等异型发展等。

发酵过程出现培养液提前变稀现象，有些是因为污染噬菌体所致，如金霉素、卡那霉素的发酵培养都曾遇见过。遇到这种情况，要及时杀菌放罐处理。有的变稀则是因为罐温偏高时间较长所引起。有的是因为发酵泡沫太多，难以消除而停止搅拌，此时溶氧突然短缺，造成部分菌丝窒息死亡，引起菌丝自溶培养基变稀。

对于因某些营养贫乏及种子量少造成的菌丝量少和稀薄，可以通过适量补种或添加一些氮源、碳源物质，使发酵液变浓恢复正常。

培养液过浓，多数是由于培养基过于丰富所引起，由于高浓度的培养基，使菌丝生长繁殖速度快，发酵液变为黏稠，严重影响氧的溶解，影响细胞呼吸和代谢。对此情况一般采用放掉一部分料液，再进行补水稀释，以降低发酵液浓度，改善溶氧条件，可以获得增大体积、提高产量的效果。

发酵过程中，如遇上搅拌发生故障无法运转，或叶片脱落影响效果时，可倒入另一罐继续发酵。

总之，对发酵过程出现的异常情况，要具体分析，及时果断采取措施，进行有效的补救。

【练习19】

抗生素发酵过程中主要有哪些异常现象？试分析原因？如何处理？

第四节　抗生素的常用提取和精制方法

一、抗生素提取精制的目的

抗生素化学提取和精制的目的在于从发酵产物中提取并精制成高纯度的、符合药典规定的各种抗生素成品。抗生素发酵完成后，发酵液中除了含有很低浓度的抗生素（一般仅占发酵液体积的0.1%～3%，有些新抗生素的浓度则更低）外，还含有大量的其他杂质。这些杂质有的是菌丝体本身（即菌丝），有的是未用完的培养基，有的是产生菌的其他代谢产物，还有的是在发酵液预处理过程中需要加入的物质（如草酸、硫酸锌、黄血盐）等。

抗生素提取和精制的过程也就是浓缩和纯度提高的过程。发酵液体积大，抗生素浓度低，一步操作远不能满足要求，因此往往需要好几步操作。其中第一步操作极为重要，称为提取。而以后几步操作所处理的体积小了，操作要求更高一些，这些总称为精制。在提取前还必须使菌丝和发酵液分开，即进行过滤，并加入一些物质或采取一些措施，以改变发酵液的性质，便于以后的提取，这称为发酵液的预处理和过滤。所以抗生素的提炼过程包括以下三个方面：第一是提取过程；第二是精制过程；第三是发酵液的预处理和过滤。

抗生素的化学提炼与其他化学制药有相似的生产工艺过程，常常采用大量的易燃、易爆有机溶剂以及其他易腐蚀甚至有毒的物质，所以对防爆、防火、防腐、安全生产、操作方法、劳动保护、工艺流程设备等常有特殊的要求。抗生素生产常需用数十吨或上百吨原辅料才能制得1t成品，因此，"三废"（废渣、废液、废气）多，成分复杂，危害较大。所以在化学提炼过程中要考虑到环境保护、工业卫生和综合利用等。

由于多数抗生素很不稳定，且发酵液中还有未用完的培养基，易污染杂菌，故在整个提炼过程中应遵照下列四条原则：

① 操作时间尽量缩短；

② 提炼温度一般要低；

③ 要选取对抗生素稳定的pH范围；

④ 勤清洗消毒（包括厂房设备及管路，特别要注意死角）。

如注射用抗生素最后的精制及成品阶段（如结晶等）应在无菌室内操作，以保证注射药品质量的特殊要求。

【练习20】

抗生素化学提取和精制的目的在于从_____中提取并精制成_____、_____的各种抗生素成品。

【练习21】

抗生素的提炼过程包括_____，_____和_____三个方面。

二、抗生素提取基本方法

抗生素种类很多，性质复杂，发酵液中的杂质各不相同，故不可能采用同一种方法提取各种抗生素。随着近 40 年来抗生素研究和生产的发展，提取方法也在不断地增加和改进，但就目前应用的提取方法基本上可分为吸附法、沉淀法、溶剂萃取法和离子交换法等，现分述如下。

1. 吸附法

利用适量的吸附剂（如活性炭、白陶土、氧化铝等），在一定的 pH 条件下，使发酵液中的抗生素吸附在吸附剂上，然后改变 pH，以适当的洗脱剂（一般为有机溶剂）把抗生素从吸附剂上解吸下来，以达到浓缩和提纯的目的，这样的提取方法称为吸附法。如早期提取青霉素、链霉素、维生素 B_{12} 等都曾用过吸附法。目前提取自力霉素（丝裂霉素）就采用活性炭吸附法。此外，在抗生素精制过程中也常用活性炭吸附法来进行脱色和除去热原物质等。

2. 沉淀法

本法系利用某些抗生素具有两性的性质，使其在等电点时从溶液中游离沉淀出来或在一定 pH 条件下，利用抗生素能与某些酸、碱或金属离子形成不溶性或溶解度很小的复盐，使抗生素从发酵滤液中沉淀析出，然后改变 pH 等条件，此种复盐又分解或重新溶解的特性来提取抗生素。例如四环素类抗生素在等电点时能形成游离碱沉淀，或在碱性条件下与钙、镁、钡等金属离子形成盐类沉淀。目前提取土霉素、四环素、金霉素等均采用沉淀法。

3. 溶剂萃取法

利用抗生素在不同的 pH 条件下以不同的化学状态（游离酸、碱或成盐状态）存在，以及它们在水及与水不互溶的溶剂中溶解度不同的特性，使抗生素从一种液体转移到另一种液体中去，以达到浓缩和提纯的目的。这种提取方法称为溶剂萃取法。

4. 离子交换法

利用某些抗生素能离解为阳离子或阴离子的特性，使其与离子交换树脂进行选择性交换，再用洗脱剂（一般为酸、碱或有机溶剂）从树脂上将抗生素洗脱下来，以达到浓缩和提纯的目的。利用此法时，抗生素必须是极性化合物，即在溶液中能形成离子化合物，对酸性抗生素可以用阴离子交换树脂来提取，对碱性抗生素可以用阳离子交换树脂来提取。例如链霉素、卡那霉素、巴龙霉素都是碱性抗生素，故可用阳离子交换树脂来提取。离子交换法在抗生素提取中的应用越来越广泛，目前链霉素、庆大霉素、巴龙霉素、卡那霉素、春雷霉素、新霉素、争光霉素、万古霉素、杆菌肽等抗生素均采用离子交换法提取。

【练习 22】

抗生素提取基本方法有_____、_____、_____和_____。

三、发酵液的预处理与过滤

目前临床上所应用的各种抗生素，除氯霉素、磷霉素等少数抗生素外，绝大多数抗生素都是采用生物合成或半合成的途径进行生产的。因此，抗生素的生产过程一般都要经过发酵、精制、提取以及成品分装等工序，而发酵液的预处理和过滤是抗生素化学提炼的第一步工序，它对下步提取影响很大。通过这一工序，能为以后各工序带来许多方便。

1. 发酵液的预处理

放罐后的发酵液中，除了抗生素外，还含有大量的菌丝体、未用完的培养基、各种蛋白质胶状物和色素、重金属离子及抗生素产生菌的其他代谢产物等。这些杂质有些是可溶的，也有些是不溶的，为了有效地分离和提取抗生素，必须对发酵液进行预处理，以便通过过滤除去大部分的杂质。为了达到上述目的，常采用调节 pH 至酸性或碱性的方法来达到。

(1) 金属离子的除去　金属离子可以用酸化剂或碱化剂除去。例如四环素类抗生素由于能和钙、钡、镁离子形成不溶性的络合物，故大部分沉积在菌丝内，用草酸酸化后，就能产生草酸钙沉淀，使四环素类抗生素从菌丝体中释放出来转入水相中。又如新生霉素约有45%以上存在于菌丝体内，碱化后可使其转入水相中。

① 酸化剂可采用盐酸、硫酸、磷酸、草酸等。在生产实践中采用草酸作为酸化剂的较多（当然也有采用盐酸或硫酸作为酸化剂的），因为草酸酸性温和、腐蚀性小，并能与发酵液中的碱土金属离子结合，形成不溶性的盐沉淀析出，同时起释放抗生素的作用。

② 碱化剂可采用氢氧化钠、碳酸钠、氢氧化铵等，最常用的碱化剂大多数为氢氧化钠。

(2) 发酵液中蛋白质的除去　可利用蛋白质的某些特性来进行。

① 热处理法。发酵液进行加热处理，可使蛋白质变性凝固。加热处理的方法只适用于对热较稳定的抗生素。如灰黄霉素对热稳定，发酵液可加热到 80～90℃ 进行预处理，通过加热处理既可使蛋白质变性凝固，又可加快过滤速度。又如抗敌素（多黏菌素 E）对热亦较稳定，发酵液在调 pH 后可加热到 90℃ 左右。

② 等电点法。蛋白质分子是一种两性化合物。可用酸化剂（或碱化剂）调节发酵液的pH，使其达到蛋白质的等电点以沉淀蛋白质。

③ 加重金属盐法。系在重金属盐的作用下，使蛋白质变性而沉淀的方法。在用重金属盐沉淀蛋白质时，有时还需加入酸或碱，但引起蛋白质变性的原因不仅是酸或碱的作用，更重要的是金属盐的作用。因为稠密的盐分子或金属离子对蛋白质分子发生不断地撞击，打乱了蛋白质分子有规则的排列而引起蛋白质分子的变性。重金属盐中常被采用的是硫酸锌。

④ 加絮凝剂法。近来，由于高分子化学的发展，产生了新的净化溶液的物质，称为絮凝剂。它是一种能溶于水的高分子化合物，含有 $-NH_2$、$-COOH$、$-OH$ 等基团。根据胶体化学理论，胶体粒子的稳定性与它所带的电荷有关，由于同性电荷的静电斥力而使胶体粒子不发生聚沉。絮凝剂分子电荷密度很高，因此它对胶体溶液的凝固能力很强。阳离子絮凝剂效率较高。例如在青霉素发酵液预处理时，加入 0.01%～0.03% 的含有季铵基团的聚苯乙烯衍生物的絮凝剂，能析出沉淀物 6g/L 以上，使发酵液中色素减少 45% 以上。目前采用聚丙烯酰胺阳离子型絮凝剂还应用于青霉素、金霉素、土霉素、四环素等发酵液的预处理。

2. 发酵液的过滤

经过预处理后的发酵液，一般仍需要经过过滤来分离液体和固体杂质。因为抗生素产生菌在发酵过程中产生的抗生素一般以两种形式存在：一种是存在于菌丝体内（如灰黄霉素、制霉菌素、两性霉素等）；另一种是存在于菌丝体外，即存在于发酵液相中（大多数抗生素均存在于发酵液相中）。因此过滤的目的有两个：一是为了获得含有抗生素的菌丝体或发酵液；二是为了除去发酵液中的大量杂质，然后再进一步从中提取抗生素。

即使是同类菌种、同一种抗生素的发酵液，如批号不同，过滤速度也有差异。若选用的培养基组分和用量不同时，对过滤速度就有一定的影响。如用黄豆饼粉、花生饼粉作氮源，用淀粉作碳源会使过滤困难。又如发酵液中未用完的培养基较多或发酵后期用油作消沫剂（应尽量少用）都会使过滤困难。染菌的批号比不染菌的批号给过滤造成更大的困难，还会使产量大幅度下降，因此减少和避免发酵染菌对过滤工序来说十分重要。为了保证过滤工序的顺利进行，还必须控制适当的放罐时间。

为了加快过滤速度，还可以向发酵液中加入 1%～10% 的助滤剂（常用的有硅藻土、珠光石、纺浆、碳酸钙等）。它们能使滤饼疏松（除过滤初期外，真正起过滤介质作用的是滤饼），使滤速增大。

为了加快过滤速度，对过滤设备的选择也很重要。目前国内外使用的过滤设备有鼓式真空过滤机与带冲击层的鼓式真空过滤机；板框压滤机与自动板框压滤机；自动出渣离心机等。

从过滤设备发展趋势来看，目前正朝着自动化、连续化、高效率的方向发展。

3. 不过滤提取

发酵液过滤是抗生素生产中长期以来的薄弱环节。过滤时由于机械损失及破坏等原因，有的效价损失可达 10%～20%。故通过实践提出不过滤，只进行预处理然后直接进行提取，或用振荡筛筛去菌丝后进行提取的方法，并用于链霉素、卡那霉素等的提取。这种早期的不过滤提取的办法虽有其优点，但给进一步提炼带来困难。目前生产上采用的不过滤提取法是对链霉素、庆大霉素、卡那霉素、新霉素等发酵液经水稀释后，用反吸附法（即发酵稀释液自下而上流经离子交换树脂，树脂呈沸腾状的吸附方法），并使吸附后废液悬浮菌丝一起带出交换柱外而排弃。

这种不过滤提取方法的优点是工艺简单，占地省，劳动强度低，减少废品菌丝的后处理工作，卫生条件较好等。不足之处在于水的稀释和树脂的损失。

四、抗生素的精制方法

1. 脱色和去热原质

脱色和去热原质是提炼注射用抗生素过程中不可缺少的一个单元操作。此步操作的好坏，不仅影响下道工序，更重要的是关系到成品的色级及热原试验等质量指标。

色素乃是本身有颜色并能使其他物质着色的高分子有机物质。它是在发酵过程中所产生的代谢产物，与菌种和发酵条件有关。

热原也是在发酵过程中所产生的代谢产物，与菌种和发酵条件有关。各种微生物产生的热原毒性略有不同，革兰阴性菌产生的热原毒性一般比革兰阳性菌产生的强。热原是细菌的一种内毒素，注射后人体恶寒高热，严重的甚至会引起休克。

一般是利用活性炭来除去各种色素和热原。

2. 结晶和重结晶

结晶和重结晶是制备纯物质的有效方法。因为结晶和重结晶的过程是具有选择性的，只有同类分子或离子才能结合成晶体，因此析出的晶体一般均较纯粹。

结晶是指溶质自动从过饱合溶液中析出形成新相的过程。例如制霉菌素的浓缩液在 5℃ 条件下冷却 4～6h 后，即能结晶完全，析出制霉菌素的晶体，经分离母液、洗涤、干燥、磨粉后即得制霉菌素成品。结晶有利用等电点结晶和加成盐剂结晶等方式。

重结晶是进一步纯精制抗生素的有效方法，通过重结晶方法可获得高纯度的抗生素产品。

3. 柱色谱简介

吸附柱色谱是利用混合物对固体吸附剂（固定相）吸附能力的不同而达到分离的色谱方法。例如，维生素 B_{12} 的精制是将维生素 B_{12} 的水浓缩液通入柱内后，加 3 倍量的丙酮作为溶剂通入氧化铝色谱柱。由于维生素 B_{12} 和杂质对氧化铝的吸附能力不同，移动的速度不一样，故维生素 B_{12} 呈现玫瑰红色色带"跑"在前面（柱下端红色带），其他杂质呈现棕褐色色带"跑"在后面（柱上端的棕色色带），这样就可把维生素 B_{12} 和杂质分离开。色谱分离法是近 40 年来迅速发展起来的技术，它的优点是分离效率高，设备简单，操作方便，且不包含强烈的操作条件（加热等）。

氧化铝是一种应用较广的吸附剂，尤其对亲水性强的成分具有较强的吸附作用，适用于亲脂性成分的分离。它具有分离能力强，活性可以控制，再生后能反复使用等优点。其缺点是与某些化合物能形成氢键或产生副反应等。常用的是中性氧化铝，酸性氧化铝主要用于酸性物质的分离，碱性氧化铝多用于分离对碱稳定的中性成分及碱性成分。氧化铝的粒度要求在 100～150 目，粒度大于 160 目，分离效果较差。

【练习 23】

抗生素的精制方法有 _____、_____、_____。

拓展知识

典型抗生素的生产

一、青霉素类抗生素

1. 青霉素的基本性质

青霉素是一族抗生素的总称，它们的共同化学结构见图 6-1 所示。青霉素分子中含有三个不对称碳原子，故具有旋光性。用不同的菌种，或培养条件不同，可以得到各种不同类型的青霉素，或同时产生几种不同类型的青霉素。

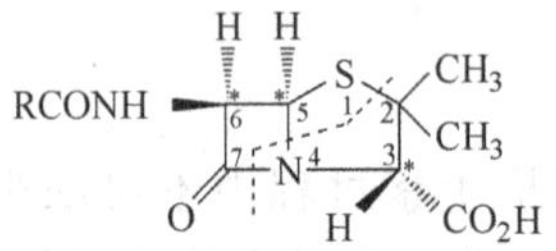

图 6-1　青霉素的结构式

目前已知的天然青霉素（即通过发酵而生产的青霉素）有 8 种，它们合称为青霉素族抗生素。其中以苄青霉素（青霉素 G）疗效最好，应用最广。如不特别注明，通常所谓的青霉素即指苄青霉素。在医疗上应用的有青霉素 G 钠盐、钾盐和普鲁卡因盐、二苄基乙二胺盐（即长效青霉素或苄基青霉素）等。

（1）青霉素的理化性质

① 溶解度。青霉素本身是一种游离酸，能与碱金属或碱土金属及有机胺类结合成盐类。青霉素游离酸易溶于醇类、醚类、酮类和酯类，但在水中溶解度很小；青霉素钾盐、钠盐则易溶于水和甲醇，微溶于乙醇，难溶或不溶于丙醇、丙酮、乙醚、氯仿和醋酸戊酯中。

② 吸湿性。青霉素的吸湿性与内在质量有关。纯度越高，吸湿性越小，也就易于存放。因此，制成的晶体就比无定形粉末吸湿性小，而各种盐类结晶的吸湿又有所不同，如钠盐的吸湿性较强，其次为铵盐，钾盐较小，因此钠盐比钾盐更不易保存。为了避免产品变质，对生产过程中分包装车间的湿度和成品的包装条件要求较高。

③ 稳定性。一般来说，青霉素的水溶液是不稳定的化合物，晶体状态的青霉素是较稳定的。影响青霉素稳定性的因素很多，有内在的因素如纯度和吸湿性；有外界的因素如温度、湿度和溶液的酸碱度等都有很大关系。

④ 酸碱性。青霉素分子结构中的羧基有相当强度的酸性，其 pK_a 为 2.76(25℃)。它能和一些无机盐或有机碱形成盐。在医疗上应用的有钠盐、钾盐和普鲁卡因盐、二苄基乙二胺盐等。

（2）青霉素的抗菌作用和用途　青霉素是第一个临床应用的抗生素，从 1940 年开始用于治疗人类疾病以来，已有 60 多年的历史，至今仍为临床上应用甚广的抗生素。青霉素对大多数革兰阳性细菌、部分革兰阴性细菌、各种螺旋体及部分放线菌有较强抗菌作用。青霉素仍是治疗敏感细菌所致感染的首选药物。它在临床上主要用于敏感金黄色葡萄球菌、链球菌、肺炎球菌、淋球菌、脑膜炎双球菌、螺旋体等所引起的严重感染如败血症、脑膜炎和肺炎等。

青霉素的毒性低微，但在临床应用青霉素时也可能有副作用或引起过敏反应，特别是过敏性休克反应，如不及时抢救，往往危及生命。因此凡应用青霉素药物都必须先做皮试，皮试阳性者禁用。

2. 青霉素的发酵工艺及过程

（1）菌种 最早发现产生青霉素的原始菌种是点青霉菌，生产能力很低，表面培养只有几个单位，远不能满足工业生产的要求。以后找到另一种适合深层培养的产黄青霉菌，并经一系列诱变、杂交、育种，得到了效果更好的菌种。

青霉素的生产菌种按其在深层培养中菌丝的形态分为丝状菌和球状菌两种。目前生产上用的产黄青霉菌的变种有绿色丝状菌和白孢子球状菌。现在国内青霉素生产厂大都采用绿色丝状菌。球状菌发酵单位虽高，但对发酵原材料和设备的要求较高，且提炼收率也低于丝状菌。

（2）青霉素的发酵工艺流程有如下两种。

① 丝状菌三级发酵工艺流程。

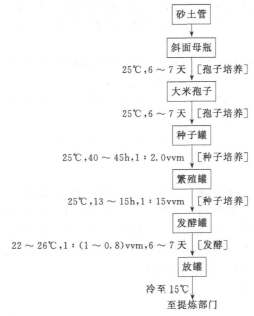

② 球状菌二级发酵工艺流程。

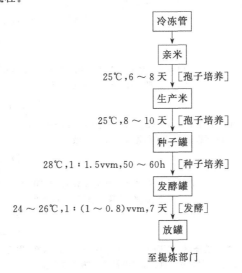

（3）培养基

① 碳源。青霉菌能利用多种碳源如乳糖、蔗糖、葡萄糖、淀粉、天然油脂等。乳糖由于它能被产生菌

缓慢利用而维持青霉素分泌的有利条件，为青霉素发酵最佳碳源，但因货源少、价格高，普遍使用有困难。目前生产上所用的主要碳源是葡萄糖母液和工业用葡萄糖，最为经济合理。

② 氮源。早期青霉素生产由于采用玉米浆使产量有很大提高，至今它仍是国外青霉素发酵的主要氮源。玉米浆是淀粉生产的副产物，含有多种氨基酸，如精氨酸、组氨酸、丙氨酸、谷氨酸、苯丙氨酸以及 β-苯乙胺等，后者为苄青霉素的生物合成提供侧链的前体。目前生产上所采用的氮源是花生饼粉、麸质粉、玉米胚芽粉和尿素等。

③ 前体。国内外青霉素发酵生产作为苄青霉素生物合成的前体有苯乙酸（或其盐类）、苯乙酰胺等，它们一部分直接结合到青霉素分子中，另一部分是作为养料和能源被利用，即被氧化为二氧化碳和水。

④ 无机盐。

a. 硫和磷。青霉菌液泡中含有硫和磷，此外青霉素的生物合成也需要硫。据国外报道，硫浓度降低时青霉素产量减少 3 倍，磷浓度降低时青霉素产量减少 1 倍。

b. 钙、镁和钾。青霉素生物合成中合适的阳离子比例以钾 30％、钙 20％、镁 41％为宜。

c. 铁离子。铁易渗入菌丝内，在青霉素分泌期铁离子总量的 80％是在胞内，它对青霉素发酵有毒害作用。

（4）培养条件控制 产黄青霉菌生产过程可分为三个不同的代谢时期。

① 菌丝生产繁殖。培养基中糖及含氮物被迅速利用。

② 青霉素分泌期。菌丝生长趋势减弱，间隙添加葡萄糖作碳源和间隙加入花生饼粉、尿素作氮源。

③ 菌丝自溶期。菌体衰老自溶。

（5）球状菌发酵的注意点 染菌的异常情况处理，若发酵罐前期染菌或种子带菌，一般可采用重新消毒并补入适量的糖、氮成分。

3. 青霉素的提炼工艺及过程

青霉素发酵由于新的高产菌种不断取代低产菌种，发酵工艺也不断改进，发酵单位已提高到 25000～40000U/ml 的水平。但发酵液中青霉素的浓度仍很低，折合重量计算仅含 1.5％～2.5％，需经浓缩很多倍才能用于结晶，而且发酵液中尚含有大量杂质，应先将其去除。从发酵液中提取青霉素的方法有几种：早期曾使用活性炭吸附法，目前所采用的多为溶剂萃取法，此外也试验过沉淀法或离子交换法，但后两种方法都未应用于生产。青霉素的提炼工艺有如下两种。

（1）工业钾盐生产工艺流程

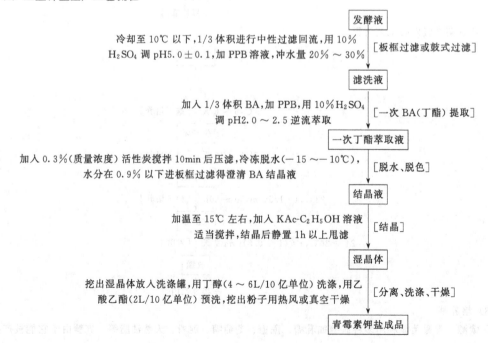

（2）注射用钾盐生产工艺流程

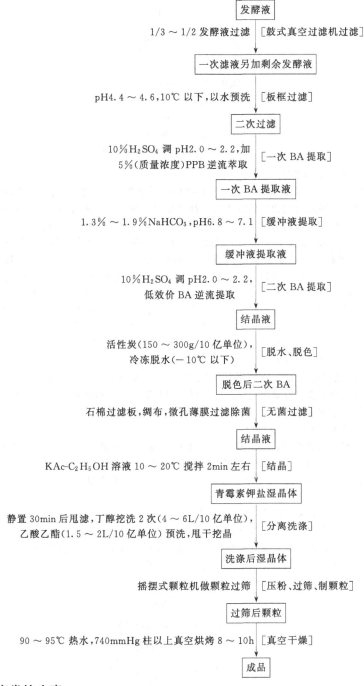

二、四环素类抗生素

四环素类抗生素是金霉素、土霉素、四环素及其衍生物的一类抗生素的总称。金霉素、土霉素等四环素类抗生素的共同化学结构如图 6-2 所示。这类抗生素在结构上的特点是，都含有四并苯的基本母核，但由于环上基团的不同或位置的不同而有许多种类。临床上应用较广的是四环素、氧四环素（即土霉素）、氯四环素（即金霉素）等，此外还有半合成的四环素类抗生素如强力霉素、甲烯土霉素、二甲胺四环素和去甲基金霉素等。这类抗生素具有宽广的抗菌谱，能抑制很多革兰阳性及阴性细菌，某些立克次体，较大的病毒和一部分原虫。

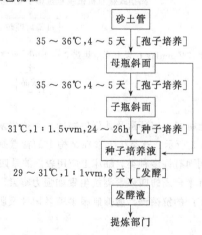

$R' = R''' = H, R'' = CH_3$ 四环素

$R' = OH, R'' = CH_3, R''' = H$ 土霉素(氧四环素)

$R' = H, R'' = CH_3, R''' = Cl$ 金霉素

$R' = R''' = H, R''' = Cl$ 去甲金霉素

图 6-2 四环素类抗生素的结构式

1. 四环素类抗生素的基本性质

① 四环素类抗生素一般呈黄色的结晶，在紫外线辐射下可产生黄色光。它们都具有吸湿性。由于这类抗生素具有共同的母核，因此它们的紫外线吸收峰都很相似。固体四环素类抗生素很稳定，但对各种氧化剂，包括空气中的氧气在内，都是不稳定的。其碱性水溶液特别容易氧化。四环素类抗生素的水溶液在不同 pH 下的稳定性差别很大。例如，金霉素在碱性条件下很不稳定，四环素在酸性条件下较稳定。

② 四环素类抗生素在临床上的应用。四环素、金霉素、土霉素三种抗生素都是广谱抗生素，对多数革兰阳性菌（如肺炎球菌、溶血性链球菌、草绿色链球菌以及部分葡萄球菌、破伤风杆菌、梭状芽孢杆菌、炭疽杆菌等）和革兰阴性菌（如大肠杆菌、产气杆菌、肺炎杆菌、百日咳杆菌、流感杆菌）均有抗菌作用。此外还能抑制立克次体和砂眼病毒及淋巴肉芽肿病毒。四环素类抗生素的抗菌作用主要在于抑制细菌的生长，但在较高浓度时，也具有杀菌作用，其作用机制是干扰蛋白质的合成。细菌对四环素类抗生素能产生耐药性，盐酸四环素、酸性土霉素及盐酸金霉素三者之间有交叉抗药性。临床上主要用于肺炎、败血症、斑疹伤寒、淋巴肉芽肿、砂眼及其他细菌性感染等。

四环素类抗生素一般毒性较低。在临床上出现的副作用有呕吐、恶心、上腹不适、胃肠充气、腹泻等胃肠道反应，偶有发热和皮疹等过敏反应；静注也可引起静脉炎和血栓形成；长期口服或大剂量静脉注射则可引起肝脏损害及二重感染等。

2. 四环素类抗生素的发酵工艺及过程

四环素和金霉素的产生菌相同，仅是培养基中金霉素发酵使用氯化钠，而四环素发酵时需加入抑氯剂，使氯原子不能进入分子结构，最后获得 95％以上的四环素。目前生产上采用的抑氯剂是溴化钠和 M-促进剂（2-巯基苯骈噻唑）。现用菌种不加抑氯剂在发酵终了金霉素含量在 85％～90％；加抑氯剂后四环素的产量在 97％～99％。

(1) 菌种 最早的金霉素菌种是在 1948 年发现的金色链霉菌。随后陆续发现许多能产生金霉素和四环素的菌株，经不断选育，加上重视筛选方法等研究及诱变因子的选择，结合工艺改进，发酵单位可达每毫升 3 万单位以上。抗噬菌体株的选育成功和使用，可在污染噬菌体的情况下避免停产。土霉素的产生菌与金霉素、四环素不同，土霉素是龟裂链霉菌在发酵过程中的产物。

(2) 四环素类抗生素的发酵工艺流程

<pre>
              砂土管
35～36℃,4～5 天 ↓ [孢子培养]
             母瓶斜面 ──────┐
35～36℃,4～5 天 ↓ [孢子培养] │
             子瓶斜面   │
31℃,1:1.5vvm,24～26h ↓ [种子培养] │
            种子培养液 ←───────┘
29～31℃,1:1vvm,8 天 ↓ [发酵]
             发酵液
                ↓
             提炼部门
</pre>

（3）培养基

① 氮源。四环素发酵培养基是以茼饼粉、花生饼粉、酵母粉、蛋白胨、玉米浆为有机氮源，硫酸铵及氨水为无机氮源。

② 碳源。生产上曾以单糖——葡萄糖、双糖——饴糖及多糖、籼米粉酶解液作为四环素发酵的主要碳源。其中葡萄糖利用较快，加入量过多会引起发酵液 pH 下降，造成代谢异常。

③ 抑氯剂。为了抑制氯原子进入四环素分子结构，减少金霉素的含量，一般加入溴化钠作为竞争性的抑氯剂，由于它的抑氯效果不高，通常还加入 M-促进剂作抑氯剂。

④ 无机盐

a. 磷酸盐。磷酸盐浓度对放线菌的生长和抗生素的合成影响很大，因此发酵配方中磷酸盐的浓度需严格控制。

b. 碳酸钙。培养基中加入 0.4%～0.5% 碳酸钙作缓冲剂，要求氧化钙含量低于 0.05%。在四环素培养液中它还起络合剂的作用，使菌丝分泌的四环素与钙离子络合成水中溶解度很低的四环素钙盐，从而在水中析出，降低了水中可溶性四环素的浓度促进菌丝体进一步分泌四环素。

c. 硫酸镁。培养基中加入微量硫酸镁（一般 0.002%），起激活酶的作用。

3. 土霉素发酵工艺及过程

斜面孢子培养基与四环素相同，由麸皮和琼脂组成，用水配制。斜面孢子在 36.5～36.8℃ 培养，不得高于 37℃。若 38℃ 超过 2h 则生产能力明显下降，不可用于生产。而且在孢子培养过程中还需保持一定相对湿度，一般在 50% 左右。

种子培养基成分基本上与发酵培养基相近。它们的培养温度都是 30℃，30h 左右培养液可趋于浓厚，并转为黄色。种子培养液的 pH 一般在 6.0～6.4 时可移入繁殖罐。当繁殖罐移入发酵罐时其 pH 大于 6.0，效价在 800U/ml 左右。

土霉素的发酵周期为 190h 左右，在菌丝接近自溶期前放罐。

4. 四环素类抗生素的提炼工艺及过程

根据四环素类抗生素的理化性质，从发酵液中提取可以采用沉淀法、溶剂萃取法或离子交换法。由于近 10 多年来发酵单位的显著提高，各生产单位现多采用沉淀法或者沉淀法与溶剂法相结合（即先沉淀得粗品，再用少量溶剂加以精制提纯）的方法。

（1）四环素碱的工艺流程有如下两种。

一种是：

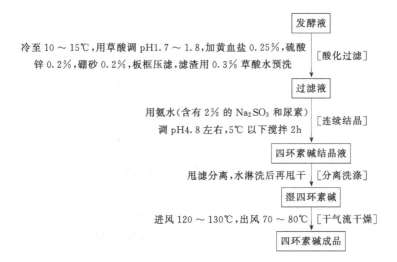

另一种是：

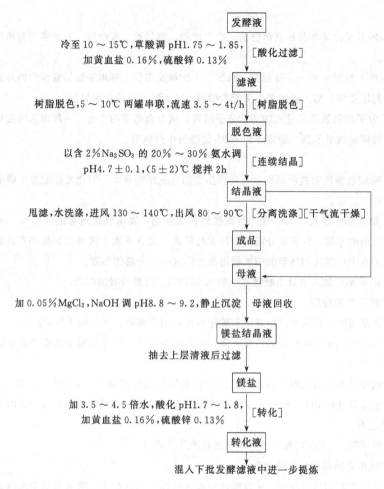

发酵液

冷至 10～15℃,草酸调 pH1.75～1.85,　　[酸化过滤]
加黄血盐 0.16％,硫酸锌 0.13％

滤液

树脂脱色,5～10℃ 两罐串联,流速 3.5～4t/h [树脂脱色]

脱色液

以含 2％Na₂SO₃ 的 20％～30％ 氨水调　[连续结晶]
pH4.7±0.1,(5±2)℃ 搅拌 2h

结晶液

甩滤,水洗涤,进风 130～140℃,出风 80～90℃ [分离洗涤][干气流干燥]

成品

母液

加 0.05％MgCl₂,NaOH 调 pH8.8～9.2,静止沉淀　母液回收

镁盐结晶液

抽去上层清液后过滤

镁盐

加 3.5～4.5 倍水,酸化 pH1.7～1.8,　[转化]
加黄血盐 0.16％,硫酸锌 0.13％

转化液

混入下批发酵滤液中进一步提炼

(2) 盐酸四环素的工艺流程有如下两种。

一种是:

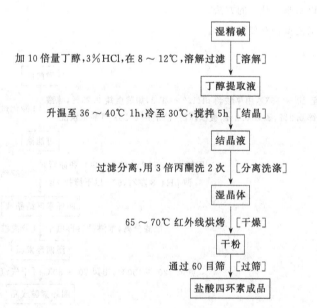

湿精碱

加 10 倍量丁醇,3％HCl,在 8～12℃,溶解过滤 [溶解]

丁醇提取液

升温至 36～40℃ 1h,冷至 30℃,搅拌 5h [结晶]

结晶液

过滤分离,用 3 倍丙酮洗 2 次 [分离洗涤]

湿晶体

65～70℃ 红外线烘烤 [干燥]

干粉

通过 60 目筛 [过筛]

盐酸四环素成品

另一种是:

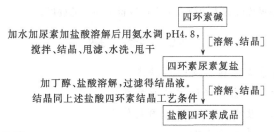

四环素碱

加水加尿素加盐酸溶解后用氨水调 pH4.8，搅拌、结晶、甩滤、水洗、甩干　［溶解、结晶］

四环素尿素复盐

加丁醇、盐酸溶解，过滤得结晶液。结晶同上述盐酸四环素结晶工艺条件　［溶解、结晶］

盐酸四环素成品

三、大环内酯类抗生素

大环内酯类抗生素的结构特点是分子内含有大的内酯环。属于这类抗生素的有红霉素、螺旋霉素、麦迪霉素、酒霉素、碳霉素、柱晶白霉素、交沙霉素、竹桃霉素等。它们的结构相似，均由两部分组成：一为非糖部分即具有 12～16 元骨架的大环内酯部分；另一为糖基部分，一般含有 1～3 个糖或氨基糖。由于具有相似的化学结构，因此大环内酯类抗生素在某些方面也具有共同的特性：均为无色碱性化合物；主要抗革兰阳性菌及某些革兰阴性菌；细菌对此类抗生素和许多临床常用抗生素之间无交叉耐药性，因此这类抗生素对耐药菌有较好疗效，但细菌对同类药物之间有不完全交叉耐药性；无严重的不良反应，毒性较低，可用于对青霉素耐药及过敏的病人。这类抗生素中发现最早的是红霉素，其抗菌作用最强，研究和应用也最为普遍。

1. 红霉素类抗生素的基本性质

红霉素从化学结构上划分也属于氨基糖苷类抗生素，但由于分子内含有多羟基的大环内酯，所以又不同于一般的氨基糖苷类抗生素。红霉素是广谱抗生素，但以抗革兰阳性菌为主（如对葡萄球菌、链球菌、肺炎球菌、白喉杆菌、炭疽杆菌、梭状芽孢杆菌等有强大的抗菌作用），其抗菌谱类似青霉素，对某些革兰阴性菌（如脑膜炎双球菌、百日咳杆菌、流感杆菌、布氏杆菌等）亦有效。红霉素在临床上的特点是对青霉素耐药的金黄色葡萄球菌也敏感，因此常用于各种耐青霉素的葡萄球菌感染或对青霉素过敏的病人。此外，红霉素对某些螺旋体、放线菌、溶组织阿米巴原虫、立克次体等也具有抑制作用。

红霉素的毒性极低，临床应用后易为一般病人所耐受，很少发生由于毒性反应而需要停止服药的情况，长期或大剂量服用时可引起恶心、呕吐、腹痛、腹泻等。

2. 红霉素的发酵工艺及过程

（1）菌种　红霉素的产生菌是红色链霉菌，具有抗噬菌体的特性，且生产能力较高。

（2）发酵工艺及过程

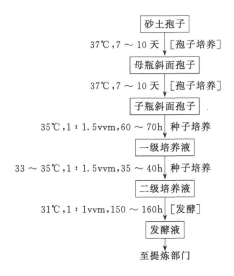

砂土孢子

37℃,7～10 天［孢子培养］

母瓶斜面孢子

37℃,7～10 天［孢子培养］

子瓶斜面孢子

35℃,1：1.5vvm,60～70h 种子培养

一级培养液

33～35℃,1：1.5vvm,35～40h 种子培养

二级培养液

31℃,1：1vvm,150～160h［发酵］

发酵液

至提炼部门

3. 红霉素的提炼方法

红霉素的提炼方法有溶剂萃取法和离子交换法两种。溶剂萃取法又有溶剂反复萃取、溶剂萃取结合中间盐沉淀以及薄膜浓缩结合溶剂萃取三条途径。离子交换法中又分为阳离子交换及大孔树脂吸附两条途径。由于采用溶剂萃取法有许多不足之处，如需用大量溶剂、设备和操作复杂、精制收率不够高等，为了

克服这些缺点，离子交换法提炼红霉素的研究和生产取得了一定的进展。

思 考 题

1. 什么叫抗生素？抗生素工业生产有哪些特点？

2. 菌种保藏的原理是什么？主要保藏方法有哪些？

3. 培养基的种类及其在抗生素发酵中的功用是什么？

4. 灭菌的概念是什么？主要方法有哪些？

5. 发酵工艺控制包括哪些主要内容？

6. 发酵过程中为什么要严格控制发酵温度和 pH？

7. 搅拌的功用有哪些？

8. 发酵代谢控制项目有哪些？

9. 泡沫产生的原因有哪些？如何控制？

10. 发酵液预处理的目的是什么？

11. 去除发酵液中钙、镁、铁离子的方法有哪些？

12. 为什么要去除发酵液中的蛋白质？有哪几种方法？

第七章 药材炮制技术

【学习目标】

通过学习本章，学习者能够达到下列目标：

1. 熟记中药炮制的目的。熟记炮炙常用的辅料。能说明炮制品的质量要求。

2. 解释中药材净制的概念。能举例说明各种中药的采收原则。熟记清除杂质的方法。能举例说明常见非用药部分的分离方法。

3. 熟记饮片的类型、规格要求及切制方法。能举例说明中药炮制中常用的加工方法及其技术要求。

4. 叙述中药的加工过程，并指出各个步骤的作用。

第一节 概 述

中药材必须经过炮制成饮片之后才能入药，这是中医临床用药的一个特点，也是中医药学的一大特色。

一、炮制与临床疗效

药材炮制系指将药材经净制、切制、炮制处理，制成一定规格的饮片，以适应医疗要求及调配、制剂的需要，保证用药安全和有效。历史上又称"炮炙"、"修制"、"修治"、"修事"。它是中药应用的第一道重要工序。炮制的任务是按照有关规范，应用科学的传统工艺以及现代先进工艺加工出形、色、气、味俱佳的中药饮片，确保用药安全、有效。

实践证明，炮制与临床疗效密切相关。宋代《太平圣惠方》一书中曾论及中药"炮制失其体性，……，虽有疗疾之名，永无必愈之效，是以医者，必须殷勤注意"。这里说的是中药炮制与医疗的关系。中药饮片若炮制不合法，失去应有性能，对医疗来说，等于有名无实，是起不到治病作用的，因此是当医生者必须十分注意的事。清代《本草从新》"药品修制，务必如法……制治乖方，断不可用"，则说的是，医生辨证用药，医靠药助，医药配合，才能药到病除。因此，要炮制出高质量的饮片，要求炮制人员应有高度的责任心，严格执行中药炮制规范，按药材加工炮制工艺操作，特别是毒副作用强的药材加工，必须一丝不苟地按要求加工，以防止发生医疗事故。

拓展知识

中药炮制的起源和发展

中药炮制是随着中药的发现而产生的，其历史可追溯到原始社会。药食同源，在周代以前即已形成。火、酒的应用则丰富了炮制的内容。

南北朝时期，我国第一部炮制专著《雷公炮炙论》问世，作者雷敩。全书分三卷，收载了300种药物的炮制加工方法。该书介绍的炮制方法，其中许多具有科学道理，至今仍在应用，它对炮制的发展起了奠基作用。

明代1565年，《本草蒙筌》12卷，现存，作者陈嘉谟。该书载药742种，每药介绍气味、产地、采收加工、辨别、主治等方面，按声律写成对偶句，以便诵记。如他谈到"凡药制造，贵在适中，不及则功效难求，太过则气味反失。火制四，有煅有炮有炙有炒之不同；水制三，或渍或泡或洗之弗等；水火共制者，若蒸若煮而有二焉。余外制虽多端，总不离此二者，匪故弄巧，各有意存。酒制升提，姜制发散，入盐走肾脏仍仗软坚，用醋注肝经且资住痛，童便制除劣性降下，米泔制去燥性和中，乳制滋润回枯助生阴血，蜜炙甘缓难化增益元阳，陈壁土制窃真气骤补中焦，麦麸皮制抑酷性勿伤上膈，乌豆汤、甘草汤渍曝并解毒致令平和，羊酥油、猪脂油涂烧，咸渗骨容易脆断，有剜去瓢免胀，有抽去心除烦……"。这些论述，为后世研究炮制分类方法及其辅料作用原理，提供了宝贵经验。

明代李时珍《本草纲目》载药1892味，列有修治项。

明代1622年缪希雍的《炮炙大法》是第二部炮制专著，收载了439种药物的炮制方法。在其卷首将当时沿用的炮制方法归纳为"雷公炮炙十七法"，即"按雷公炮制法有十七曰炮 曰爁 曰煿 曰炙 曰煨 曰炒 曰煅 曰炼 曰制 曰度 曰飞 曰伏 曰镑 曰摋 曰曒 曰曝 曰露是也，用者宜如法，各尽其宜"。

清代张睿著的《修事指南》是第三部炮制专著，该书一卷本，首为炮制论，总论制药之法，其次分论232种药物的炮制方法。他说"炮制不明，药性不确，则汤方无准而病症无验也"。他还对辅料作用的原理有所发挥，如"吴茱萸汁制抑苦寒而扶胃气，猪胆汁制泻胆火而达木郁，牛胆汁制去燥烈而清润，秋石制抑阳而养阴，枸杞汤制抑阴而养阳……"，以及"炙者取中和之性，炒者取芳香之性，……"等。

中华人民共和国成立后，国家颁发了各版《中华人民共和国药典》（以下简称《中国药典》），其一部附录列有药材炮制通则。人民卫生出版社出版的《中药炮制经验集成》，收载常用中药501种，专论不同炮制方法。

我国中药炮制已形成专业化、现代化的工业生产，制订了炮制规范和操作规程，药物质量逐步提高。

炮制的实用性和技术性很强。由于遵循不同，经验不同，各地方法也不甚统一。2001年2月28日第九届全国人民代表大会常务委员会第二十次会议修订的《中华人民共和国药品管理法》第十条明确规定"中药饮片必须按照国家药品标准炮制，国家药品标准没有规定的，必须按照省、自治区、直辖市人民政府药品监督管理部门制定的炮制规范炮制"。即《中国药典》和《炮制规范》是中药炮制所必须遵守的法规。

总之，中药炮制的发展经历了四个时期：

① 春秋战国至宋代是中药炮制技术的起始和形成时期；

② 金、元、明时期是炮制理论的形成时期；

③ 清代是炮制品种和技术的扩大应用时期；

④ 现代是炮制振兴发展时期。

二、炮制目的

炮制一种药材或一种炮制方法，往往同时具有几方面的目的，现将炮制的主要目的归纳如下。

1. 使药材清洁，保证质量

药材中常混有泥沙、虫卵、霉变品及其他非药用部位，入药前需挑除。如种子类药要去泥土、杂质，根类药去芦头，皮类药去粗皮等均是为了使药洁净，用量准确，疗效可靠；另外花椒应除椒目、麻黄应除根、莲子要去心等均是为了分离不同药用部位，确保药物质量。

2. 降低或消除药物的毒性或副作用

对于有毒性和刺激性的中药，通过炮制以减缓其毒副作用，特别是对乌头、附子、马钱子、半夏、巴豆、斑蝥、大戟、甘遂、芫花等毒性大和副作用剧烈的药材，以保证用药安全和有效。

3. 增强药物疗效

常言道："知母，贝母，款冬花，专治咳嗽一把抓。"款冬花、紫菀等化痰止咳药经蜜炙后，增强了润肺止咳作用，是由于蜂蜜甘缓益脾、润肺止咳，作为辅料与药物起协同作用而增强疗效。延胡索经醋制止痛效果明显增强。

4. 改变或缓和药物的性能

蒲黄生用活血化瘀，炒用止血；生甘草清热解毒，蜜炙则补中益气，故有"补汤宜用熟，泄药不嫌生"之说。再如麻黄生用辛散解表作用较强，蜜炙后辛散作用缓和，止咳平喘作用增强。因此，生用熟用各有其功。"生升熟降、生泄熟补、生猛熟缓、生毒熟减、生效熟增、生行熟止"是临床经验的总结。

5. 改变或增强药物作用的部位和趋向

中医对疾病的部位通常以经络、脏腑归纳，对药物作用趋向以升降浮沉来表示。炮制可以引药入经及改变作用部位和趋向。如大黄苦寒，其性沉而不浮，其用走而不守，酒制后能引药上行，能在上焦产生清降热邪的作用，治疗上焦实热引起的牙痛等症。前人从实践中总结出一些规律性的认识，即"酒制升提，姜制发散，醋制入肝，盐制入肾"。

6. 便于调剂和制剂

植物药切成片、段、块、丝等便于调剂时分剂量和配方。矿物、贝壳、动物骨骼类经煅、煅淬、砂烫等炮制方法处理使质地变酥脆，易于粉碎，而且使有效成分易于煎出。

7. 利于贮藏，防止霉变，保存药效

某些昆虫类、动物类药物如桑螵蛸经蒸制或炒制能杀死虫卵，防止孵化；种子类药经加工处理如蒸、炒、燀等，能终止种子发芽；某些含苷类药经加热处理"破酶保苷"避免成分被酶解损失，如黄芩、杏仁；一般药在加工过程中都经过干燥处理，使药含水量降低，避免霉烂变质，利于久存。

8. 矫味矫臭，利于服用

动物类或其他有特异不快臭味的药物，往往难以口服或服后出现恶心、呕吐、心烦等不良反应，常采用漂洗、酒制、醋制、蜜炙、麸炒等方法处理，如麸炒僵蚕，醋制乳香、没药等。另外一些粪便类药如五灵脂，《中国药典》现行版已将其淘汰。

9. 制备新药，扩大用药范围

如谷芽、麦芽、豆卷、神曲、蛋黄馏油、血余炭等的制备，使药物改变其原有性能，增强或产生新功效，扩大用药品种，以适应临床多方面的要求。

【练习1】

1. 麻黄入药，应去（ ）

A. 根 　　　 B. 椒目 　　　 C. 心 　　　 D. 果实

2. 有毒的是（ ）

A. 大黄 　　　 B. 款冬花 　　　 C. 延胡索 　　　 D. 生巴豆

3. 请在题后的括号内填上正确的备选答案。

A. 降低毒性 　　 B. 引药归经 　　 C. 增强疗效

D. 矫味矫臭 　　 E. 制备新药，产生疗效

（1）蜜炙款冬花的目的是（ ）

（2）煅血余炭的目的是（ ）

（3）川乌炮制的目的是（ ）

（4）麸炒僵蚕的目的是（ ）

（5）醋炙柴胡的目的是（ ）

拓展知识

毒性中药的炮制方法

1. 毒性中药的范围

《医疗用毒性药品管理办法》所列毒性中药共28种：砒石（红砒、白砒）、砒霜、水银、生马钱子、生

川乌、生草乌、生白附子、生附子、生半夏、生南星、生巴豆、斑蝥、青娘虫、红娘虫、生甘遂、生狼毒、生藤黄、生千金子、生天仙子、闹羊花、雪上一枝蒿、红升丹、白降丹、蟾酥、洋金花、红粉、轻粉、雄黄。

《中华人民共和国药典》2010 年版第一部共收载毒性中药材 78 种，分为 3 类，其中"大毒"8 种、"小毒"30 种、"有毒"40 种。

"大毒"类有：川乌、马钱子（含马钱子粉）、天仙子、巴豆（含巴豆霜）、红粉、闹羊花、草乌、斑蝥。

"小毒"类有：丁公藤、九里香、土鳖虫、大皂角、川楝子、小叶莲、飞扬草、水蛭、艾叶、北豆根、地枫皮、红大戟、两面针、吴茱萸、苦木、苦杏仁、金铁锁、草乌叶、南鹤虱、鸦胆子、重楼、急性子、蛇床子、猪牙皂、绵马贯众（含绵马贯众炭）、紫萁贯众、蒺藜、榼藤子、鹤虱、翼首草。

"有毒"类有：三颗针、干漆、土荆皮、山豆根、千金子（含千金子霜）、制川乌、天南星（含制天南星）、木鳖子、甘遂、仙茅、白附子、白果、白屈菜、半夏、朱砂、华山参、全蝎、芫花、苍耳子、两头尖、附子、苦楝皮、金钱白花蛇、京大戟、制草乌、牵牛子、轻粉、香加皮、洋金花、臭灵丹草、狼毒、常山、商陆、硫黄、雄黄、蓖麻子、蜈蚣、罂粟壳、蕲蛇、蟾酥。

2. 毒性中药的生产

（1）凡加工炮制毒性中药，必须按照《中国药典》、部（局）颁标准或各省、自治区、直辖市制定的《炮制规范》要求进行，并经检验合格后方可供应、配方，或用于制剂生产。

（2）制剂生产单位必须对含毒性中药的制剂提出切实可行的质量标准，按品种审批规定报批后，方可生产。

（3）制剂生产中，应严格执行生产工艺操作规程。毒性中药必须在质检人员监督下准确投料，并应建立完整的生产记录以备检查。产品需经检验合格后方能出厂。除经国家有关部门批准保密的品种外，产品包装、说明书上应注明处方、用法用量及注意事项，并应有黑色"毒"字明显标记，严防与一般药品混淆。

（4）生产毒性中药的过程中产生的废弃物必须妥善处理，不得污染环境。

3. 毒性中药的炮制方法

为使用药安全和有效，毒性中药的炮制方法有以下数种。

（1）加热去毒　利用炒、煨、蒸、煮、油炸、砂烫等方法去毒。如马钱子、斑蝥、乌头类药材。

（2）加辅料去毒　毒性中药在用水浸洗过程中，加入一定的辅料，如生姜、白矾、甘草、皂角、黑豆汁、醋、石灰水等，以减低其毒性。如半夏、大戟、甘遂、芫花等。

（3）压油制霜去毒　如含脂肪油较多的巴豆、柏子仁等。

（4）水泡、漂、煮等去毒　如川乌、附子等经水泡、漂、煮，然后晾晒则毒减。

（5）净制去毒　通过除去有毒、有副作用的部位，达到去毒的目的。如蛤蚧、蕲蛇、乌梢蛇、金钱白花蛇、斑蝥、红娘子、青娘子、蜈蚣等。

（6）水飞降毒　如雄黄、朱砂等。

三、炮制所用物料

1. 炮制工具和机械

"工欲善其事，必先利其器"，饮片加工炮制，必须事先备好工具。加工炮制机械化，适合饮片批量生产，有利于提高饮片质量。

（1）炮制工具

① 大小铡刀、刨刀、切药刀及附件、笤帚、簸箕、筛子。

② 大小刮刀、剪刀、砧锤、镑刀、铁研（碾）船、石磨、乳钵、台秤。

③ 炒锅、蒸煮铁锅、蒸笼、缸、盆、桶、箩筐、铁铲、喷壶、搪瓷盘、软硬刷子等。

（2）炮制机械　在饮片炮制方面，采用了各型筛药机、去毛机、润药机、洗药机、蒸药机、切药机、炒药机、煅药机、干燥机等，基本实现了机械化，尤其是中药微机程控炒药机等的研制成功，显示出中药炮制已经走向自动化。

2. 炮制辅料

辅料是在炮制过程中，所加的其他辅助性物料。分固体辅料、液体辅料两类，如酒、醋、土、砂等。辅料类型可用歌诀表述为"固体辅料样有八，稻米白矾滑石砂，麦麸豆腐土蛤粉，用时注意不能差。液体辅料常见九，盐水米水蜜醋酒，甘草黑豆姜胆汁，鳖血油类不能丢"。

（1）固体辅料

① 米。指稻米。甘平。能补中益气，健脾和胃，除烦止渴，止泻痢。

② 麸。小麦的种皮。甘淡。能和中益脾。

③ 白矾。又名明矾，主要为含水硫酸铝钾。酸寒。能解毒，祛痰杀虫，收敛燥湿，防腐。

④ 豆腐。大豆种子经加工制成的乳白色固体。甘凉。能益气和中，生津润燥，清热解毒。

⑤ 土。洁净的灶心土或黄土，赤石脂等。辛温。能温中和胃，止血止呕，涩肠止泻。

⑥ 蛤粉。文蛤或青蛤的贝壳，经煅制粉碎后的灰白色粉末，主含氧化钙。咸寒。能清热化痰，软坚。

⑦ 滑石粉。由硅酸盐类矿物滑石制得的细粉。甘寒。能利尿，清热解暑。

⑧ 砂。筛取中等粗细的净河砂。用砂作中间传热体，使质变松脆，易于粉碎和煎出有效成分。还可破坏药物的毒性，易于除去非药用部分。

（2）液体辅料

① 酒。用粮食酿制的黄酒和白酒，浸药多用白酒，炙药多用黄酒。甘辛大热。能通血脉、行药势、散寒、矫味矫臭，也是良好的有机溶剂。

② 醋。用粮食酿制的米醋，主要成分为乙酸。味酸、苦，性温。能散瘀止血，理气止痛，行水解毒，矫味矫臭。醋能入肝经。

③ 盐水。食用盐加适量的水溶化而得的澄明液体，主含氯化钠。咸寒。能强筋骨，软坚散结，清热凉血，解毒防腐，并能矫味矫臭。

④ 生姜汁。鲜姜捣碎取汁，干姜加水共煎去渣而得的黄白色液体。辛温。能发表散寒，止呕，解毒。

⑤ 蜂蜜。为加热炼熟的蜂蜜，习称"炼蜜"。甘平。补中润燥，止痛，解毒，矫味。

⑥ 甘草汁。甘草加水煎去渣而得的黄棕色至深棕色的液体。甘平。和中缓急，润肺，调和诸药，补脾。

⑦ 黑豆汁。大豆的黑色种子，加适量水煮去渣而得的黑色混浊液体。甘平。能活血利水，滋补肝肾，养血祛风，解毒。

⑧ 米泔水。淘米时第二次滤出之灰白色混浊液体。甘寒。清热凉血，利小便。

⑨ 胆汁。为牛、猪、羊的新鲜胆汁。苦，大寒。能清肝明目，利胆通肠，解毒消肿，润燥。

⑩ 麻油。为芝麻制的油。甘微寒。能清热润燥，消炎生肌。

【练习2】

判断下列说法是否正确。

（1）炮制药材用一般的土。（　　　）

（2）炮制药材用的酒是苦酒。（　　　）

（3）酒和醋两者均去除动物的腥膻等不良气味。（　　　）

四、炮制品的质量要求与贮藏保管

1. 炮制品的质量要求

（1）净度　《中药饮片质量标准通则》（试行）规定：炮制品中的炒黄品、米炒品及炙制品中的酒炙品、醋炙品、盐炙品等，含药屑、杂质不得超过 1％；对炒焦品、麸炒品、药汁煮品、豆腐煮品、煅制品等，含药屑、杂质不得超过 2％；炒炭品、土炒品、煨制品，含药屑、杂质不得超过 3％。

（2）片型及粉碎粒度　片型要求均匀，整齐，色泽鲜明，表面光洁，无连刀片等。符合《中国药典》或《炮制规范》的规定。

（3）色泽　炮制品均显其固有色泽，若受潮、受热或存放时间过长，均可能破坏其原有的色泽。故色泽的变异，不仅影响其外观，而且是内在质量变化的标志之一。

（4）气味　炮制品不应带异味或气味散失。

（5）水分　一般炮制品的含水量宜控制在 7％～13％。《中药饮片质量标准通则》（试行）规定：蜜炙品类含水分不得超过 15％；酒炙、醋炙及盐炙品类等，含水分不得超过 13％；烫制后醋淬制品含水分不得超过 10％等。

（6）有毒成分等　《中国药典》规定：川乌炮制品、制川乌含酯型生物碱以乌头碱（$C_{34}H_{47}NO_{11}$）计，不得高于 0.15％，含生物碱以乌头碱计，不得少于 0.20％；马钱子含士的宁（$C_{21}H_{23}N_2O_2$）应为 1.20％～2.20％，其炮制品马钱子粉含士的宁应为 0.78％～0.82％；巴豆炮制品巴豆霜含脂肪油量应为 18％～20％等。

2. 炮制品的贮藏保管

（1）贮藏中的变异现象　有虫蛀、发霉、泛油、变色、气味散失、风化、潮解溶化、粘连、挥发及腐烂等。

（2）变异的自然因素　与空气、温度、湿度、日光及霉菌、虫害等有关。

（3）贮藏保管方法

① 传统的贮藏保管法。包括清洁养护法、防湿养护法、密封（闭）贮藏法及对抗同贮法。对抗同贮法是采用两种或两种以上的药物同贮起到抑制虫蛀、霉变的贮存方法。如丹皮与泽泻、山药同贮，人参与细辛同贮等。

② 现代贮藏保管技术。包括有干燥技术（远红外辐射干燥技术、微波干燥技术），气幕防潮技术，气调贮藏技术，气体灭菌技术，^{60}Co-γ 射线辐射技术，低温冷藏技术，蒸汽加热技术，中药挥发油熏蒸防霉技术及包装防霉法。其中气调贮藏技术就是在密闭的环境中采用降氧充氮气或降氧充二氧化碳气的方法，达到杀虫、防虫、防霉的目的。同时本法还具有保持药材色泽、品质等作用，是一种较理想的贮藏方法。

【练习3】

1. 一般炮制品的水分含量宜控制在_____。

2. 贮藏中的变异现象有_____

_____等。

3. 对抗同贮法是_____

_____。如泽泻、山药与_____同贮。

第二节　　净选与加工

中药材在切制、炮炙或调配制剂前，选取规定的药用部位，除去非药用部分和杂质，使之符合用药要求，称为净选与加工（净制）。经净制后的药材称"净药材"。

中药多是原生药，主要包括植物药、动物药、矿物药等，成分极其复杂，尤其是植物药材，不同的部位，不同的采收时间，其成分的质和量就有所不同。

李东垣说："凡诸草、木、昆虫、产之有地，采之有时，失其地则性味较异，失其时则气味不全。"常言道：三月茵陈四月蒿，五月六月当柴烧。故药材采收应抓紧时机，不违农时，以保证药材质量和疗效。

拓展知识

中药材的采收

一、植物药类

1. 全草类

多在茎叶茂盛或开花时采集，如荆芥、薄荷、益母草、紫苏等。麻黄、老鹳草等则在花后果实近熟时采。车前草等可连根拔起；茵陈用嫩苗；夏枯草用带叶花穗。

2. 根及根茎类

多在秋末冬初或在早春发芽前采收，如天麻、大黄、地黄等。半夏、贝母、延胡索则在夏季采收。防风在农历早春刚发芽时采挖体濡而润，质量较佳。天麻在冬季挖，冬麻未抽茎，只有芽孢，质地充实，较春麻质优。

3. 茎木及皮类

茎木类一般在秋、冬两季采收。树皮类在春夏之交环剥采收，如黄柏、杜仲、厚朴等，但川楝皮、肉桂秋冬采好；根皮类秋后采收，如牡丹皮、地骨皮等。

4. 叶类

宜在花蕾初放或盛开而果实尚未成熟时采收，如枇杷叶、大青叶、艾叶等，而霜桑叶，在深秋或初冬经霜后采集。

5. 花类

多在花蕾期或花初开放时采收，因花朵次第开放，要分次采摘，花期短注意采摘时间，以晴天清晨采者佳，如金银花、槐花、辛夷宜采花蕾；月季花在刚开放时采摘；红花宜在花冠由黄变成橙红时采摘；蒲黄、松花粉以花粉入药，须在花朵盛开时采收。

6. 果实、种子类

宜在成熟或近成熟时采摘，如山楂、瓜蒌、马兜铃在完全成熟时摘取；而牵牛子、急性子、青葙子宜在开始成熟时采，以防种子散落开裂；青皮、枳实采幼果。

7. 树脂类

在干燥季节或三月中旬采收。如乳香、没药。

8. 藻、菌、地衣类

海藻在夏秋两季采捞；茯苓在立秋后采收；冬虫夏草在夏初子座出土孢子未发散时采收；松萝全年均可采收。

二、动物药类

因原动物种类和药用部位不同，采收时间也不相同。

1. 昆虫类

桑螵蛸需在深秋至三月中旬前虫卵未孵化时采收；土鳖虫应在活动期捕捉；斑蝥宜在清晨露水未干时捕捉。

2. 两栖类、爬行类

多数在夏秋两季捕捉，如蟾蜍、各种蛇类；中国林蛙（蛤蟆油）在进入冬眠时捕捉。

3. 脊椎动物

多数全年均可采收，如龟甲、鸡内金、牛黄、马宝等；鹿茸在鹿脱花盘后45～60天锯取，过迟则骨化；麝香活体取香多在 10 月进行；驴皮以冬季为好，皮厚脂多。

三、矿物药类

全年均可采挖，但必须按国家有关政策进行。

中药材采集后可在产地进行削皮、熏蒸、煮、烫、热焖、阴干、烘干、晒干等简单加工。加工后因运输、贮藏等易混入杂质，而药物在切制、炮炙或调配、制剂时，均应使用净药材。亦即必须通过净制，使药材达到一定的净度和纯度标准。有些药净制后可直接入药，更多的则是进一步为切制和炮炙做准备，故净制是初加工过程。

汉代名医张仲景在医疗实践中就很重视"净制"，在其著作《金匮玉函经》中指出：药物"或须皮去肉，或去皮须肉，或须根去茎，又须花须实，依方拣采，治削，极令净洁"。

下面分清除杂质、分离和除去非药用部位及其他加工三个方面来介绍中药材的净制。这些方法在实际操作中往往是相互联系，相互渗透的，如有的药物在清除杂质的同时也除去非药用部位。

一、清除杂质

1. 杂质

（1）来源与规定相同，但其性状或部位与规定不符　如麻黄入药用草质茎，可发汗，应除去根，根止汗。

（2）来源与规定不同的物质　花椒入药用果皮，能温中散寒、止痛、杀虫，应除种子，种子叫椒目，能利水、平喘。有的原药材中还可能混有外形相似的其他有毒药物，如八角茴香中混有莽草，黄芪中混有狼毒，贝母中混入光菇子，沙苑子中掺有天仙子，天花粉中混入王瓜根等，这些异物若不拣去，轻则中毒，重则造成死亡。

（3）无机杂质　如砂石、泥块、尘土等。这些杂质若不除去，则影响药物剂量的准确。

2. 除杂方法

净制药材可根据其具体情况，分别选用挑选、风选、水选、筛选、剪、切、刮削、剔除、刷、擦、碾串、火燎及泡洗等方法，以达到净度要求。

（1）挑选　有两个目的，一是挑去混在药物中的杂质、霉变品等，使其洁净。二是进行"分档"，即将药物按大小、粗细等进行分类，以便在水处理和加热过程中分别处理，使其均匀一致。如莱菔子去杂；枸杞子、百合除霉变品；天南星、半夏、白附子等分档，以便分别浸润或煮制；穿山甲分三档或四档，砂烫时便于控制火候。在实际操作中，挑选往往配筛簸交替进行。

（2）筛选　是根据药物和杂质的体积大小不同，选用不同规格的筛和箩，以筛除杂质或将其按大小分开，或筛去药物在炮制中的辅料，如麦麸、河砂及土粉等。目前，许多地区采用机器筛选，如振荡式筛药机等。

（3）风选　是利用药物和杂质的轻重不同，借风力将杂质除去。可利用簸箕或风车通过扬簸或扇风，使药杂分离，如车前子。

（4）水选　是将药物通过水洗或漂除去杂质的常用方法。炮制药材的用水，应为可以饮用的净水。有些药物常附有泥沙、盐分或不洁之物，用水洗或漂，以使药物洁净。如山茱萸、蝉蜕洗泥土，昆布、海藻等漂去盐分。洗漂应掌握时间，勿使药物在水中浸漂太久，以免损失药效，并注意及时干燥，防霉变和降低药效。

3. 净度

净度指炮制品的纯净度，亦即炮制品中所含杂质及非药用部位的限度。

表 7-1 为 2010 年版《中国药典》检查项下杂质限量的整理结果。

表 7-1　2010 年版《中国药典》中规定的具体品种的杂质限量

杂质限量	药 物 例 举
1%	五味子、豆蔻（原豆蔻）、南五味子、茼麻子等
2%	大蓟、广藿香、小蓟、瓦松、布渣叶、龙脷叶、老鹳草、合欢花、红花、豆蔻（印尼豆蔻）、连钱草、青葙子、苦地丁、乳香（乳香珠）、狼毒、银杏叶、商陆、锁阳、鹅不食草、蔓荆子、罂粟壳、槲寄生、薏苡仁等
2.5%	鸦胆子
3%	三白草、山茱萸、女贞子、石韦、白蔹、地锦草、巫山淫羊藿、连翘（青翘）、荜茇、荠苨、淫羊藿、黑芝麻、僵蚕、颠茄草中直径超过 1cm 的颠茄茎等
3.5%	飞扬草
4%	丁香、小茴香、仙茅、白薇、沙棘、穿山甲、颠茄草中颜色不正常（黄色、棕色或近黑色）的颠茄叶等
5%	土鳖虫、升麻、北豆根、补骨脂、草乌、急性子、麻黄、黑种草子、酸枣仁等
6%	石榴皮、地龙、侧柏叶、番泻叶等
7%	吴茱萸
8%	金钱草
9%	连翘（老翘）
10%	蒲黄、没药（天然没药）、乳香（原乳香）等
15%	没药（胶质没药）

二、分离和除去非药用部位

1. 除残根

广藿香、马鞭草、木贼、石斛、茵陈、益母草、藕节等需除去残根等非药用部位，另外麻黄应除木质茎和残根。

2. 除残茎

山豆根、川木香、丹参、地榆、鸡冠花、南沙参等应除残茎。

3. 除皮壳

清代《修事指南》谓"去皮者免损气"。如生姜皮辛散耗气，不宜过多服用。

（1）去粗皮　如广防己、肉桂、杜仲、厚朴等可用刀刮去栓皮、苔藓及其他不洁之物。知母应趁鲜去皮，干后就不易刮除。常言道"知母好刨，就怕拔毛"，"知母毛不尽，吞下一把刀"。

（2）去果壳、种皮　如木鳖子、火麻仁、巴豆、白果仁、苦杏仁、使君子、柏子仁、草果、鸦胆子、益智、娑罗子、蓖麻子、榧子、酸枣仁等可砸破皮壳，去壳取仁。桃仁、杏仁可燀去皮。大量生产用去皮机去皮，小量生产用手搓去皮。

4. 除毛

有些药物表面或内部，常着生许多绒毛，服后能刺激咽喉引起咳嗽或其他有害作用，故必须除去，即去毛免咳。

根据不同的药物，可分别采取下列方法。

（1）刷去毛　如枇杷叶、石韦等叶背面密生许多绒毛，少量者用毛刷刷除，大量者可用去毛机刷去。

（2）挖去毛　如金樱子，在果实内部生有淡黄色绒毛，略浸，润透，去毛刺、核，干燥。

（3）烫去毛　骨碎补、狗脊、马钱子等，表面生有黄棕色绒毛，可用砂烫法将毛烫焦，取出稍晾后，再撞去毛即可。

（4）撞去毛　将香附和瓷片放进竹笼中来回撞去毛。

（5）刮去毛　如鹿茸表面的茸毛，用火将毛熏燎后，再用刃器刮净。

5. 除心

心一般指根类药物的木质部或种子的胚芽。清代《修事指南》谓"去心者免烦"。

现在去心有两个方面的作用。一是除去非药用部位，如牡丹皮、地骨皮、五加皮、巴戟天等。巴戟天可清蒸或盐蒸透，去心。二是分离药用部位，如莲子心（胚芽）和肉作用不同，莲子心（胚芽）能清心火，而莲子肉能补脾涩精，故需分别入药。将新鲜的莲子用竹签插出莲子心，分别晒干。

6. 除芦

芦又称"芦头"，一般指药物的根茎、叶基等部位。《修事指南》谓"去芦头者免吐"。如川牛膝、牛膝、西洋参等均去芦头。

7. 除核

《修事指南》谓"去核者免滑"。去核药有大枣、山茱萸、山楂、乌梅、诃子肉等。

（1）山茱萸　果核分量较重，无治疗作用。且古人认为核能滑精，故需除去。可洗净润软或蒸后将核剥去，晒干。

（2）山楂（北山楂）　为了增强果肉的疗效，常筛去脱落的瓤核。

（3）乌梅　核的分量较重，需除去。去核方法：质地柔软者，可砸破，剥取果肉去核；质地坚韧者可用温水洗净润软，再取肉去核。

（4）诃子　诃子肉为酸涩收敛药，能敛肺涩肠，治久咳久泻久痢等症，诃子核少用，故皆去之。其法可将诃子浸后润软轧开，除去核，将肉晒干。

8. 除瓤

《修事指南》载"去瓤者免胀"。如枳壳，可切薄片，干燥后筛去碎落的瓤核。

9. 除荚果

如鸡骨草，除杂质及荚果，切段入药。

10. 除枝梗

花椒、柿蒂、旋覆花、款冬花、艾叶、侧柏叶、桑叶、紫苏叶等果实、花、叶类药物，非药用部位的枝梗，一般用挑选、切除等方法去除。

11. 除皮肉

如龟甲、鳖甲等可置蒸锅内，沸水蒸 45min，取出，放入热水中，立即用硬刷除净皮肉、洗净晒干。

12. 除头尾足翅等

一些动物类或昆虫类药物，有的需要去其头尾。如乌梢蛇、蕲蛇等去头、鳞片；斑蝥要去头、足、翅；蛤蚧要去头、足及鳞片；麝香去毛壳及杂质。

总之，有些药物入药前必须去粗皮、去果壳、去芦、去心、去核、去毛后才能入药，随着药理作用研究的深入，传统的马钱子去毛、人参去芦等去杂方法费事，现提倡直接加工入药；抽心远志、剥皮桔梗也是以前的说法，现不提倡。

三、其他加工

1. 碾捣

某些矿物、动物或植物类药物，由于质地特殊或因形体甚小，不便切制，不论生熟，均需碾碎或捣碎，以便调配或制剂，使之充分发挥药效，如三七、川贝母、芥子、雷丸、肉桂。

2. 揉搓

如竹茹、谷精草等质地松软而呈丝条状药，需揉搓成团，便于调配和煎熬。

3. 制绒

如麻黄碾成绒，则发汗作用缓和，适于年老、体弱或儿童患者服用。另如艾叶制绒，可便于调配或制成艾卷应用。

4. 拌衣

将药物表面用水润湿，加辅料黏附于上，而增强其治疗作用。

（1）朱砂拌　如朱砂拌茯苓、茯神、远志、麦冬等，以增强宁心安神的作用。

（2）青黛拌　如青黛拌灯心草，有清肝凉血的作用。

【练习4】

1. 请在题后的括号内填上正确的备选答案。

A. 刷去毛　　B. 刮去毛　　C. 挖去毛　　D. 烫去毛　　E. 撞去毛

（1）骨碎补（　　）

（2）枇杷叶（　　）

（3）鹿茸（　　）

（4）香附（　　）

（5）金樱子（　　）

2. 请在题后的括号内填上正确的备选答案。

A. 药物与杂质体积大小不同　　　B. 药物与杂质轻重不同

C. 两者均可　　　　　　　　　　D. 两者均不可

1. 风选应用于（　　）

2. 筛选应用于（　　）

第三节　饮片切制

饮片切制是将净选后的药物进行软化，切成一定规格的片、段、块、丝等的炮制工艺，是炮制的重要工艺之一。药物经切制，则便于有效成分的煎出，也利于调配、炮炙和制剂，此外，还利于组织鉴别。

"饮"为汤剂之别称，指汤水。"片"为将药切开之意。中药饮片是指在中医药理论指导下，根据辨证施治和调剂、制剂需要，对药材进行特殊加工炮制后的制成品。具体是指经过不同加工处理而成片、段、块、丝等形状的药物，便于煎汤饮服。优质饮片要求质量好、疗效高、卫生洁净、美观悦目，有一定的形、色、气味。

药材切制时，除石斛、佩兰等鲜切，通草等干切外，其他需经浸润使其柔软者，应少泡多润，防止有效成分流失。软化处理的方法有：喷淋、抢水洗、浸泡、润、漂、蒸、煮等。并应按药材的大小、粗细、软硬程度等分别处理，注意掌握气温、水量、时间等条件，切后应及时干燥，以保证质量。

一、切制前的水处理

药物在切制前还需进行适当的水处理，以使其吸收一定量水分，由硬变软，便于切制。

1. 常用水处理方法

（1）淋法（喷淋法）　淋法即用清水喷淋药物至湿润。本法多适宜于草药类，如佩兰、荆芥、陈皮等。近年来有些药材已在产地加工，如藿香、益母草、青蒿等。

（2）淘洗法（抢水洗）　用清水洗涤或快速洗涤药物的方法。适用于质地疏松、水分易渗入及有效成分易溶于水的药材，如秦艽、瓜蒌皮、龙胆等。在大生产中现多采用洗药机洗涤药物。

(3) 泡法　是将质地较坚硬的药物在清水中浸泡一定时间，使其吸收适量水分，以便润软切片。泡时水要一次加足。质地坚硬、体积大者，如白术、泽泻泡的时间应长些；质轻、体积细小者，如枳实、青皮泡的时间宜短些。如药漂浮于水面，则需在上面压以重物或搅动，使之吸水均匀。冬春季泡的时间宜长些，夏秋季泡的时间宜短些。总之，应以"少泡多润，药透水尽"为原则，防止有效成分流失而降低药效，并应防止伤水。实践证明，苍术伤水一把筋，枳壳伤水起毛边，白芍、郁金伤脱圆。

(4) 漂法　将药物在宽水或长流水中停留一定时间，并经常换水，反复清洗的方法，称为漂法。本法适用于毒性药材、用盐腌制过的药物及具腥臭异常气味的药材。如川乌、海藻、紫河车等。

(5) 润法　药物经淘洗、泡漂等水处理后，闷润适当时间，使水分缓缓渗入组织内部，至内外软硬均匀，以达到既无损药效，又便于切制的目的，即为润法。除此之外，也有蒸、煮、酒浸等软化法。

2. 水处理效果的检查方法

常用检查方法如下。

(1) 弯曲法　长条状药物软化至握于手中，大拇指向外推，其余手指向内缩，药材略弯曲，而不易折断为合格，如白芍、木香等。

(2) 指掐法　团块状药材软化至手指能掐入表面为宜，如白芷、泽泻、天花粉等。

(3) 穿刺法　粗大的块状药材，润至以铁钎能刺穿而无硬心感为宜，如大黄、虎杖等。

(4) 手捏法　不规则的根及根茎类药、果实、菌藻类药，润至手捏粗的一端感到较为柔软为合格，或手握无吱吱响声或无坚硬感时为宜。如当归、独活、延胡索、枳实、雷丸等。

目前，随着医药行业的发展，药物的需求量不断增加，为缩短切制工艺的生产周期，提高饮片质量，降低成本，减少损耗，国内有关单位采用了"真空加温润药机"和"减压冷浸法"，收到较好的效果。

二、饮片类型及切制方法

1. 饮片类型及选择原则

饮片类型，取决于药材的自然状况如质地、形态等，还取决于各种不同的需要，如炮炙、鉴别、用药要求等。其中，药材的自然状况，对于决定饮片类型具有重要意义，它直接关系到饮片切制的操作和临床疗效。

(1) 常见的饮片类型及其规格　切制品有片、段、块、丝等，其规格厚度通常为：

片　极薄片 0.5mm 以下，薄片 1~2mm，厚片 2~4mm；

段　短段 5~10mm，长段 10~15mm；

块　8~12mm 的方块；

丝　细丝 2~3mm，粗丝 5~10mm。

其他不宜切制者，一般应捣碎或碾碎使用。

(2) 饮片类型的选择原则

① 质地致密、坚实者，宜切薄片。如黄芩、槟榔等。

② 质地松泡、粉性大者，宜切厚片。如山药、茯苓等。

③ 为了突出药材的鉴别特征，使外形美观或方便操作，凡肥大致密、色艳的切直片，

如白术、何首乌；条长、纤维性强者切斜片，如甘草、黄芪等。

④ 凡药材形态细长，内含成分易煎出的，可切制一定长度的段。如益母草、薄荷（5～8mm 的短段）。

⑤ 皮类药材和宽大的叶类药材，可切制成一定宽度的丝。如荷叶、黄柏等。

⑥ 为了对药材进行炮制（如酒蒸），切制时，可选择一定规格的块或片。如大黄、地黄、商陆等。

⑦ 木质类、骨骼类、角质类可镑片、捣末或切小块。如沉香、羚羊角等。

2. 饮片的切制方法

现基本上采用机械化生产，并逐步向联动化生产过渡，某些环节手工切制仍在使用。

（1）机器切制　目前，全国各地生产的切药机种类较多，功率不等，基本特点是生产能力大，速度快，节约时间，减轻劳动强度，提高生产效率。但目前看来，更新改进现有的切药机器，使之能生产多种饮片类型是机器切制亟待解决的问题。

操作时，将软化好的药材整齐地置输送带上或药斗中，压紧，随着机器的转动，药材被送至刀口，运动的刀片将其切制成一定规格的饮片。

切药机有剁刀式切药机、旋转式切药机、多功能切药机等。

（2）手工切制　用铡刀或片刀切。可将润软的药物如杜仲整理成把切制，或一个一个切。有些颗粒状药物，如槟榔、郁金等，可用"蟹爪钳"夹紧向前推送。

（3）其他切制

① 镑片。用镑刀镑片，适合切制木类药材，如苏木、檀香以及动物角类药物，如鹿角等。

② 刨。用刨刀将木质类药物刨成薄片，如檀香、降香、松节、苏木等。

③ 锉。有些药材，习惯上用其粉末。但由于用量少，一般是随处方加工。如水牛角、羚羊角、马宝等。临用时，用钢锉将其锉为末，便于吞服或冲服。

④ 劈。用斧类工具将动物骨骼类或木质类药物劈成块或厚片，如降香、松节等。

三、饮片的干燥

药材经水处理切成饮片后，为保存药效，防发霉，便于贮存，必须及时干燥，否则影响饮片的质量。

如果药材外观色泽变化，则往往意味着药物化学成分及临床疗效发生了改变。例如大黄变黑，黄芩变绿，槟榔、白芍泛红等外观色泽改变，均是质变的标志。

常用干燥方法有自然干燥和人工干燥两种。

1. 自然干燥

自然干燥是指将切制的饮片置日光下晒干或置于阴凉通风处晾干。一般饮片均用晒干法。

对于气味芳香、含挥发油成分较多的药物，如荆芥、薄荷等；色泽鲜艳和受日光照射易变色、走油等类药物，如槟榔、红花等，不宜曝晒，通常采用阴干法。

2. 人工干燥

人工干燥的温度应视药物性质而灵活掌握，一般以不超过 80℃为宜，含芳香挥发性成分的药材以不超过 50℃为宜。如泽泻、生地黄、红花、玫瑰花等宜烘干。

干燥后的饮片需放凉后再贮存，否则，余热能使饮片回潮，易于发生霉变。干燥后的饮片含水量以控制在 8％～12％为宜。

近年来，全国各地饮片加工厂，在生产实践中，设计并制造出各种干燥设备如翻板式干燥机、热风式干燥机，还有远红外辐射干燥技术、微波干燥技术、太阳能集热器干燥技术，使干燥能力与干燥效果不断提高。

【练习5】

1. 选择题

(1) 切制前水处理中的漂法，多适用于（　　　）

A. 质地坚硬的药材　　　　　　　　B. 质地疏松的药材

C. 盐腌制过的药材　D. 毒性药材　　E. 具腥臭异常气味的药材

(2) 药材常用的水处理方法有（　　　）

A. 泡法　　　　　　B. 润法　　　　　　C. 水飞法

D. 淋法　　　　　　E. 提净法

(3) 药材软化程度的检查方法为（　　　）

A. 弯曲法　　　　　B. 穿刺法　　　　　C. 指掐法

D. 手捏法　　　　　E. 煮法

2. 改错题

(1) 段的长度为 8～15mm。

(2) 色泽类药材宜采用日晒法和烘焙法进行干燥。

(3) 人工干燥的温度以不超过 50℃为宜。

第四节　炮　　制

大多数药物经过比较简单的加工方法——净制和切制后，还需进一步炮制，以改变其性味和功效。炮制的方法有炒、炙、制炭、煅、蒸、煮、炖等方法。除另有规定外，常用的炮制方法和要求如下。

一、炒

炒制分清炒和加辅料炒。需烧制者应为干燥品，且大小分档。炒时火力应均匀，不断翻动。应掌握加热温度，炒制时间及程度要求。

1. 清炒

不加辅料的炒法称清炒法，包括炒黄、炒焦和炒炭。由于炭药能止血，故把炒炭和煅炭放在一起归在制炭中介绍。

(1) 炒黄（包括炒爆）　将净选或切制后的药物，置炒制容器内，用文火或中火加热，炒至表面呈黄色，或较原色加深，或发泡鼓起，或种皮爆裂并透出药物固有的气味称为炒黄（或炒爆）。

炒黄以文火为主，少数药物用中火，加热时间相对较短。

其主要目的是增强疗效，缓和药性，降低毒性，破酶保苷。

炒黄的品种有：九香虫、王不留行、牛蒡子、火麻仁、白果仁、白扁豆、瓜蒌子、决明子、花椒、芥子、苍耳子、使君子、莱菔子、桑枝、常山、葶苈子、紫苏子、黑芝麻、蒺藜、酸枣仁、郁李仁、蔓荆子、水红花子、莲子、青葙子等。

王不留行

【处方用名】　王不留行、王不留、炒王不留行、炒王不留。

【来源】　石竹科植物麦蓝菜的干燥成熟种子。

【炮制方法】

① 王不留行。除去杂质。

② 炒王不留行。取净王不留行，置预热的炒制容器内，用中火加热，炒至大多数爆开白花，取出晾凉。

【炮制作用】　炒后泡，易于煎出有效成分；长于活血通经，下乳，通淋。

【性味与归经】　苦、平。归肝、胃经。

【功能与主治】　活血通经，下乳消肿。用于乳汁不下，经闭，痛经，乳痈肿痛。

【用法与用量】　5～10g。

【注意事项】

① 应先将炒制容器预热，以易于爆花。

② 炒制王不留行，温度要适中，过低易炒成"僵子"，过高又易炒焦。

③ 每次炒制的量不宜过多，否则受热不匀，爆花率很低。

④ 炒爆的标准以完全爆花者占80%以上为宜。

苍　耳　子

【处方用名】　苍耳子、苍耳、炒苍耳子。

【来源】　菊科植物苍耳的干燥成熟带总苞的果实。

【炮制方法】

① 苍耳子。除去杂质。

② 炒苍耳子。取净苍耳子，置炒制容器内，用中火加热，炒至黄褐色，去刺，筛净。用时捣碎。

【炮制作用】　苍耳子生品消风止痒力强。常用于皮肤痒疹，疥癣及其他皮肤病。炒后可降低毒性，长于通鼻窍，祛湿止痛。多用于鼻渊头痛，风湿痹痛。

【炮制研究】　本品含毒性蛋白质、苍耳子苷和生物碱。毒性蛋白质是一种细胞原浆毒，其毒性可影响到机休的各个系统，常损害肝、心、肾等内脏实质细胞，出现黄疸、心律不齐、蛋白尿。尤以损害肝脏为甚，能引起肝昏迷而迅速死亡，即使治愈，也易留下肝脾肿大的后遗症。通过加热，能破坏其毒性。

【性味与归经】　辛、苦，温；有毒。归肺经。

【功能与主治】　散风寒，通鼻窍，祛风湿。用于风寒头痛，鼻渊流涕，风疹瘙痒，湿痹拘挛。

【用法与用量】　3～10g。

牵　牛　子

【处方用名】　牵牛子、二丑、黑白丑、炒牵牛子、草金零、草金铃。

【来源】　为旋花科植物裂叶牵牛或圆叶牵牛的干燥成熟种子。

【炮制方法】

① 牵牛子。除去杂质。用时捣碎。

② 炒牵牛子。取净牵牛子，置锅内，用文火炒至有爆裂声，稍鼓起，取出晾凉。用时捣碎。

【炮制作用】　牵牛子内含牵牛子苷，为峻泻药，内服可引起胃肠炎症，导致剧烈吐泻，大量服用，对肾脏有刺激性，使肾脏充血，发生血尿。炒后可降低毒性，缓和药性。

【性味与归经】　苦、寒；有毒。归肺、肾、大肠经。

【功能与主治】 泻水通便,消痰涤饮,杀虫攻积。用于水肿胀满,二便不通,痰饮积聚,气逆喘咳,虫积腹痛,蛔虫、绦虫病。

【用法与用量】 3～6g。

【附注】 孕妇禁用;不宜与巴豆、巴豆霜同用。

莱 菔 子

【处方用名】 莱菔子、萝卜子、炒莱菔子。

【来源】 十字花科植物萝卜的干燥成熟种子。

【炮制方法】

① 莱菔子。除去杂质,洗净,干燥。用时捣碎。

② 炒莱菔子。取净莱菔子,置锅内,用文火加热,炒至微鼓起,取出,晾凉。用时捣碎。

【炮制作用】 本品生用能升能散,长于涌吐风痰。炒后性降,药性缓和,长于消食除胀。

【性味与归经】 辛、甘,平。归肺、脾、胃经。

【功能与主治】 消食除胀,降气化痰。用于饮食停滞,脘腹胀痛,大便秘结,积滞泻痢,痰壅喘咳。

【用法与用量】 5～12g。

【注意事项】 本品破碎后易被虫蛀,宜少量碾碎。

葶 苈 子

【处方用名】 葶苈子、炒葶苈子。

【来源】 十字花科植物独行菜或播娘蒿的干燥成熟种子。

【炮制方法】

① 葶苈子。除去杂质及灰屑。

② 炒葶苈子。取净葶苈子,置炒制容器内,用文火炒至有爆裂声,微鼓起,并有香气逸出时,取出晾凉。

【炮制作用】 本品生用泻肺平喘,利水消肿。炒后药性缓和,同时可破酶保苷,易于煎出药效。

【性味与归经】 辛、苦,大寒。归肺、膀胱经。

【功能与主治】 泻肺平喘,行水消肿。用于痰涎壅肺,喘咳痰多,胸胁胀满,不得平卧,胸腹水肿,小便不利;肺源性心脏病水肿。

【用法与用量】 3～10g,包煎。

【注意事项】 本品不可用水洗,以免发黏。如有灰土,可用少量酒搓擦,晒干。

(2) 炒焦 炒焦是将净选或切制后的药物,置炒制容器内,一般用中火加热,炒至药物表面呈焦褐色,断面焦黄色为度,取出,放凉。炒焦时易燃者,可喷淋清水少许,再炒干。

炒焦的目的主要是增强药物消食健脾的功效或减少药物的刺激性。

炒焦的药有山楂、麦芽、谷芽、稻芽、栀子、槟榔、川楝子等。

山 楂

【处方用名】 山楂、炒山楂、焦山楂、山楂炭。

【来源】 蔷薇科植物山里红或山楂的干燥成熟果实。

【炮制方法】

① 净山楂。除去杂质及脱落的核。

② 炒山楂。取净山楂，置炒制容器内，用中火加热，炒至色变深，取出晾凉。

③ 焦山楂。取净山楂，置炒制容器内，用中火加热，炒至表面焦褐色，内部黄褐色，取出晾凉。

本品表面焦褐色，内部黄褐色。气清香，味酸、微涩。按干燥品计算，含有机酸以枸橼酸（$C_6H_8O_7$）计，不得少于 4.0%。

【炮制作用】 生山楂长于活血化瘀，用于痛经、闭经、高脂血症。炒山楂减酸不损齿，善于消食化积。焦山楂长于消食止泻。

【性味与归经】 酸、甘，微温。归脾、胃、肝经。

【功能与主治】 消食健胃，行气散瘀。用于肉食积滞，胃脘胀满，泻痢腹痛，瘀血经闭，产后瘀阻，心腹刺痛，疝气疼痛；高脂血症。

【用法与用量】 9～12g。

拓展知识

① 生山楂120g研为细末，再兑入适量红糖，每次9g，日服3次，治闭经。

② 生山楂、决明子、丹参各等份，打成粉，装入胶囊，一次9～12g，一日3次，治高脂血症。

③ 生熟山楂红白糖，治痢疾。

④ 吃肉过多消化不良，用山楂200g水煮，服食。

栀 子

【处方用名】 栀子、山栀、炒栀子、焦栀子。

【来源】 茜草科植物栀子的干燥成熟果实。

【炮制方法】

① 栀子。除去杂质，碾碎。

② 炒栀子。取净栀子，置炒制容器内，用文火加热，炒至黄褐色，取出晾凉。

③ 焦栀子。取栀子，或碾碎，置炒制容器内，用中火炒至表面焦褐色或焦黑色，果皮内面和种子表面为黄棕色或棕褐色，取出，放凉。

【炮制作用】 生栀子长于泻火利湿，凉血解毒，外用治扭挫伤痛。炒、焦栀子可缓和对胃的刺激性（易致呕吐），用于清热除烦。

【性味与归经】 苦，寒。归心、肺、三焦经。

【功能与主治】 泻火除烦，清热利尿，凉血解毒。用于热病心烦，黄疸尿赤，血淋涩痛，血热吐衄，目赤肿痛，火毒疮疡；外治扭挫伤痛。焦栀子凉血止血，用于血热吐衄、尿血崩漏。

【用法与用量】 6～10g。

【附注】

① 少数地区还有用姜汁拌炒的，该炮制品长于清热止呕，用于烦热呕吐或胃热疼痛呕吐。

② 将50g生栀子捣碎，用鸡蛋清调成糊状，涂抹患处，可治扭伤跌损。

槟 榔

【处方用名】 槟榔、大白、玉片、大腹子、焦槟榔、炒槟榔。

【来源】 棕榈科植物槟榔的干燥成熟种子。

【炮制方法】

① 槟榔。除去杂质，浸泡，润透，切薄片，阴干。

② 炒槟榔。取槟榔片，置炒制容器内，用文火炒至微黄色，取出晾凉。

③ 焦槟榔。取槟榔片，置炒制容器内，用中火炒至焦黄色，取出晾凉。

【炮制作用】 槟榔炒后可缓和药性，以免克伐太过而耗伤正气，并减少服后恶心、腹泻、腹痛的副作用。

炒槟榔和焦槟榔功用相似，长于消食导滞，炒的强，焦的弱。

【性味与归经】 苦、辛，温。归胃、大肠经。

【功能与主治】 杀虫消积，降气，行水，截疟。用于绦虫、蛔虫、姜片虫病，虫积腹痛，积滞泻痢，里急后重，水肿脚气，疟疾。

【用法与用量】 3～10g；驱绦虫、姜片虫 30～60g。

2. 加辅料炒

常用辅料炒有麸炒、米炒、土炒、砂炒、蛤粉炒、滑石粉炒等。

（1）麸炒 将净制或切制后的药物用麦麸熏炒的方法称麸炒法。炒制药物所用麦麸未制者称净麸，麦麸经蜂蜜或红糖制过者称蜜麸或糖麸。

常用麦麸炒制健脾胃或作用强烈或有腥味的药材。如麸炒山药、炒白术，麸炒苍术、芡实、枳壳、枳实，麸炒椿皮、僵蚕、薏苡仁等。

操作方法 先将炒制容器加热，至撒入麸皮即刻烟起，随即投入待炮制品，迅速翻动，炒至表面呈黄色或深黄色时，取出，筛去麸皮，放凉。

辅料用量 除另有规定外，每100kg待炮制品用麸皮 10～15kg。

注意 麸炒品一定要干燥，否则易沾焦麸末。

苍 术

【处方用名】 苍术、茅苍术、炒苍术。

【来源】 菊科植物茅苍术或北苍术的干燥根茎。

【炮制方法】

① 苍术。除去杂质，洗净，润透，切厚片，干燥，筛去碎屑。

② 麸炒苍术。取苍术片，照麸炒法炒至表面深黄色，筛去麦麸，放凉。

每100kg苍术，用麦麸 10kg。

【炮制作用】 麸炒后缓和燥性，增强健脾燥湿作用。

【性味与归经】 辛，苦，温。归脾、胃、肝经。

【功能与主治】 燥湿健脾，祛风散寒，明目。用于脘腹胀满，泄泻，水肿，脚气痿躄，风湿痹痛，风寒感冒，夜盲。

【用法与用量】 3～9g。

【附注】

① 江苏茅山产的苍术为茅苍术。

② 苍术中含挥发油，主要为苍术醇、苍术酮，对脾胃的副作用大，中医称"燥性"，麸炒、米泔水制等均可使挥发油含量下降。

僵 蚕

【处方用名】 僵蚕、白僵蚕、炒僵蚕。

【来源】 蚕蛾科昆虫家蚕4～5龄的幼虫，感染或人工接种白僵菌而发病致死的僵化干燥虫体。

【炮制方法】

① 僵蚕。淘洗后干燥，除去杂质。

② 炒僵蚕。取净僵蚕，照麸炒法炒至表面黄色，出锅，筛去麦麸，放凉。

每100kg僵蚕，用麦麸10kg。

【炮制作用】 麸炒可矫味，缓和疏散风热、解表之力，长于化痰散结。

【性味与归经】 咸、辛，平。归肝、肺、胃经。

【功能与主治】 祛风定惊，化痰散结。用于惊风抽搐，咽喉肿痛，皮肤瘙痒；颌下淋巴结炎，面神经麻痹。

【用法与用量】 5～10g。

(2) 米炒　药物与米共同拌炒的方法称米炒。

多用于炮制某些昆虫类有毒性的药物，如斑蝥。

斑　蝥

【处方用名】 斑蝥、炒斑蝥。

【来源】 芫菁科昆虫南方大斑蝥或黄黑小斑蝥的干燥体。

【炮制方法】

① 生斑蝥。除去杂质。

② 米斑蝥。取净斑蝥与米拌炒，至米呈黄棕色，斑蝥微挂火色，取出，筛出米，摊晾。除头、足、翅。

每100kg斑蝥，用米20kg。

【炮制作用】 生斑蝥毒性较大，以攻毒蚀疮为主。米炒后毒性成分斑蝥素一部分升华，一部分被米吸附，含量减少，故毒性降低。

【性味与归经】 辛，热；有大毒。归肝、胃、肾经。

【功能与主治】 破血消癥，攻毒蚀疮，引赤发疱。用于癥瘕肿块，积年顽癣瘰疬，赘疣，痈疽不溃，恶疮死肌。

【用法与用量】 0.03～0.06g，炮制后多入丸、散用。外用适量，研末或浸酒、醋，或制油膏涂敷患处，不宜大面积用。

【注意事项】

① 斑蝥质轻易碎，翻动要轻，由于系毒性中药，炒制时要注意人身防护。

② 炮制过斑蝥的米应掩埋掉，以免牲畜误食中毒，所用工具要清洗干净。

(3) 土炒　药物净制或切制后同灶心土（伏龙肝）拌炒的方法称土炒。

土炒法用来炮制补脾止泻的药物，如土白术。

白　术

【处方用名】 白术、土白术、炒白术。

【来源】 菊科植物白术的干燥根茎。

【炮制方法】

① 白术。除去杂质，洗净，润透，切厚片（或直片），干燥。

② 土白术。取白术片，用伏龙肝细粉炒至表面挂有土色，筛去多余的土。

每 100kg 白术片，用伏龙肝细粉 20kg。

③ 炒白术。将蜜炙麸皮撒入热锅内，待冒烟时加入白术片，炒至焦黄色、逸出焦香气，取出，筛去蜜炙麸皮。

每 100kg 白术片，用蜜炙麸皮 10kg。

【炮制作用】 白术生用可健脾燥湿，利水消肿。土炒后可健脾止泻，麸炒白术能缓和燥性，增强健脾作用。

【性味与归经】 苦、甘，温。归脾、胃经。

【功能与主治】 健脾益气，燥湿利水，止汗，安胎。用于脾虚食少，腹胀泄泻，痰饮眩悸，水肿，自汗，胎动不安。

【用法与用量】 6～12g。

（4）砂炒 取洁净河砂置炒制容器内，用武火加热至滑利状态时，投入待炮制品，不断翻动，炒至表面鼓起、酥脆或至规定的程度时，取出，筛去河砂，放凉。

除另有规定外，河砂以掩埋待炮制品为度。

如需醋淬时，筛去辅料后，趁热投入醋中淬酥。

鸡 内 金

【处方用名】 鸡内金、内金、炒鸡内金、醋鸡内金。

【来源】 雉科动物家鸡的干燥沙囊内壁。

【炮制方法】

① 鸡内金。洗净，干燥。

② 炒鸡内金。取净鸡内金，置热锅内文火炒至鼓起，取出，晾凉。或将油砂置锅内，用武火加热炒至灵活状态，投入大小一致的鸡内金，不断翻动，炒至鼓起取出，筛去砂，放凉。

本品表面暗黄褐色至焦黄色，用放大镜观察，显颗粒状或微细泡状。轻折即断，断面有光泽。

③ 醋鸡内金。取净鸡内金，置锅内，文火炒至鼓起，喷醋，取出，干燥。

每 100kg 鸡内金，用醋 15kg。

【炮制作用】 砂炒后能增强健脾消积的作用，醋鸡内金有疏肝健脾的作用，并矫正其气味。

【性味与归经】 甘，平。归脾、胃、小肠、膀胱经。

【功能与主治】 健胃消食，涩精止遗。用于食积不消，呕吐泻痢，小儿疳积，遗尿，遗精。

【用法与用量】 3～10g。

【注意事项】

① 应选中粗河砂油炙，试火候，以立即变软发泡而不粘砂为宜（中火），2～3min 即可出锅。

② 粘砂是因火过大，过热的砂子烫焦鸡内金而黏附其上。若砂子不匀或没用油砂或翻动不滑利，则易粘砂。

③ 出现棕黄色而不发泡的情况，是因火力过小，加热时间太长。

④ 发泡不匀是因砂量不足，砂应为药量的 2～3 倍。

鳖 甲

【处方用名】 鳖甲、制鳖甲、醋鳖甲。

【来源】 鳖科类动物鳖的干燥背甲。

【炮制方法】

① 鳖甲。置蒸锅内，沸水蒸45min，取出，放入热水中，立即用硬刷除去皮肉，洗净，晒干。

② 醋鳖甲。取净鳖甲，用砂烫至表面淡黄色，取出，醋淬，干燥。用时捣碎。

每100kg鳖甲，用醋20kg。

【炮制作用】 砂烫醋淬可使质变酥脆，易于粉碎及煎出有效成分，并能矫味矫臭。

【性味与归经】 咸、微寒。归肝、肾经。

【功能与主治】 滋阴潜阳，软坚散结，退热除蒸。用于阴虚发热，劳热骨蒸，虚风内动，经闭，癥瘕、久疟疟母。

【用法与用量】 9～24g，捣碎，先煎。

(5) 蛤粉炒 取碾细过筛的净蛤粉，置锅内，用中火加热至翻动较滑利时，投入待炮制品，翻动至鼓起或成珠、内部疏松、外表呈黄色时，迅速取出，筛去蛤粉，放凉。

除另有规定外，每100kg待炮制品，用蛤粉30～50kg。

阿 胶

【处方用名】 阿胶、阿胶珠、炒阿胶。

【来源】 马科动物驴的干燥皮或鲜皮经煎煮、浓缩制成的固体胶。

【炮制方法】

① 阿胶。捣成碎块。

② 阿胶珠。取阿胶，烘软，切成1cm左右的丁，照烫法用蛤粉烫至成珠，内无溏心时取出，筛去蛤粉，放凉。

每100kg阿胶，用蛤粉30～50kg。

【炮制规格】 本品呈长方块或小丁块，呈棕黑色或乌黑色，略显透明，气微腥。蛤粉烫后呈圆球形，发泡，外表灰白色或灰褐色，内无溏心。

【炮制作用】 蛤粉炒后降低滋腻之性，并可矫味，增强清肺化痰的作用。

【性味与归经】 甘、平。归肺、肝、肾经。

【功能与主治】 补血滋阴，润燥，止血。用于血虚萎黄，肺燥咳嗽，劳嗽咯血。

【用法与用量】 3～9g，烊化兑服。

【注意事项】

① 炒阿胶时若粉温过高，表面易焦而内面炒不透，或热时成珠球形，凉后易瘪。

② 若粉温过低，阿胶不会发泡成珠，炒成僵粒。

③ 阿胶丁要风干，否则易变形，或黏附蛤粉。

(6) 滑石粉炒 取滑石粉置炒制容器内，用中火加热至灵活状态时，投入待炮制品，翻动至鼓起、酥脆、表面黄色或至规定程度时，迅速取出，筛去滑石粉，放凉。

除另有规定外，每100kg待炮制品，用滑石粉40～50kg。

水 蛭

【外方用名】 水蛭、制水蛭、炒水蛭。

【来源】 水蛭科动物蚂蟥、水蛭或柳叶蚂蟥的干燥全体。

【炮制方法】

① 水蛭。洗净，切段，干燥。

② 烫水蛭。取滑石粉置锅内，加热炒至灵活状态时，投入水蛭段，勤加翻动，烫至微鼓起取出，筛去滑石粉，放凉。

每 100kg 水蛭，用滑石粉 40～50kg。

【炮制作用】 滑石粉炒后能降低毒性，使质酥脆易碎，多入丸、散。

【性味与归经】 咸、苦，平；有小毒。归肝经。

【功能与主治】 破血，逐瘀，通经。用于癥瘕痞块，血瘀经闭，跌扑损伤。

【用法与用量】 1.5～3g。

【注意事项】 粉碎水蛭时应戴口罩，避免粉尘吸入。孕妇禁用。

砂炒、蛤粉炒或滑石粉炒，因炒制温度高，通常称其为烫，其实也是加辅料炒。各种烫法比较见表 7-2。

表 7-2 砂烫、蛤粉烫、滑石粉烫比较表

区别点	砂 烫	蛤 粉 烫	滑 石 粉 烫
炮制目的	增强疗效,便于调剂和制剂 降低毒性 便于洁净 娇味娇臭	使质地酥脆便于制剂和调剂 降低药物的滋腻之性,娇味 可增强清热化痰之效	使质地酥脆便于粉碎和煎煮 降毒,娇味
适用范围	质地坚硬的动植物药材或一般毒性药材	胶类药	韧性大的动物类药
举例	马钱子、鸡内金、狗脊、骨碎补、龟甲、鳖甲、穿山甲等	阿胶等	水蛭、刺猬皮、象皮等
辅料使用注意事项	砂可反复使用,但需除残留杂质 炒过毒性药者不可炒他药 若用炙砂则每次需添食用植物油拌炒,出锅要迅速,防烫焦粘砂	蛤粉可反复使用两次以上至色变灰暗时更换 投入药材后温度不可偏高,防焦煳与烫死	滑石粉烫制时火力不宜过大,以免温度过高使药物焦化 操作时可酌加冷滑石粉调温

总之，烫制温度过高，可加冷辅料降温，烫至需要程度应迅速出锅，筛去辅料，以保证饮片质量；药材投入初应盖烫（埋烫）片刻，或始终埋烫（如蛤粉烫阿胶）；火力若过大易黏结，焦化，烫死。

【练习6】

1. 填空题

(1) 炒制分_____和_____炒，炒时应注意掌握_____和_____的要求。炒黄多用_____火，炒焦多用_____火。

(2) 斑蝥的毒性成分是_____。

(3) 烫制辅料有_____、_____、_____等。应将药物烫至泡酥或规定程度。

(4) 蛤粉适用于炒制_____药。

(5) 阿胶的服用方法是_____兑服。

2. 判断题

(1) "逢子必炒"是说所有的种子类药都必须经炒制后才能调剂配方。

(2) 凡炒黄的药物其成品的颜色均为黄色。

(3) 蛤粉是蛤蚧炮制后研成的细粉。

(4) 白术炒时用蜜炙麸皮最好，用量为每 100kg 白术片，用蜜炙麸皮 10kg。

(5) 处方中有鳖甲，调配时应另包，并注明先煎。

二、炙法

炙法是指将净选或切制后的药物，同定量的液体辅料拌炒，使辅料逐渐渗入到药物组织内部的炮制方法。分酒炙、醋炙、盐炙、姜炙、蜜炙、油炙等。

1. 酒炙

酒炙：取待炮炙品，加黄酒拌匀，闷透，置锅内，用文火炒至规定的程度时，取出，放凉。

酒炙时，除另有规定外，一般用黄酒，每 100kg 待炮炙品用黄酒 10～20kg。

（1）酒炙的目的

① 改变药性，引药上行。如大黄、黄连等。

② 增强活血通络作用。如当归、丹参等。

③ 矫臭去腥。如乌梢蛇、蕲蛇等。

（2）药物　酒炙法多用于活血散瘀、祛风通络的药物。如大黄、川牛膝、牛膝、乌梢蛇、丹参、白芍、当归、黄芩、黄连、蛇蜕、蕲蛇等。

大　黄

【处方用名】　大黄、生大黄、酒大黄、熟大黄、大黄炭。

【来源】　蓼科植物掌叶大黄、唐古特大黄、药用大黄的干燥根及根茎。

【炮制方法】

① 大黄。除去杂质，洗净，润透，切厚片或块，晾干。

② 酒大黄。取净大黄片，用黄酒喷淋拌匀，稍闷润，待酒被吸尽后，置炒制容器内，用文火炒干，色泽加深，取出晾凉，筛去碎屑。

每 100kg 大黄片，用黄酒 10kg。

③ 熟大黄。取净大黄块，用黄酒拌匀，闷约 1～2h 至酒被吸尽，置适宜容器内，炖或蒸至内外均呈黑色时，取出，干燥。

每 100kg 大黄块，用黄酒 30kg。

④ 大黄炭。取净大黄片，置炒制容器内，用武火加热，炒至表面焦黑色、内部焦褐时，取出，晾凉。

【炮制作用】　生大黄泻下作用峻烈，攻积导滞，泻火解毒。酒炙后，其泻下作用稍缓，并借酒升提之性，引药上行，以清上焦实热为主。熟大黄经酒蒸或炖后，泻下作用缓和，可减轻腹痛之副作用，并增强活血祛瘀之功。

【性味与归经】　苦、寒。归脾、胃、大肠、肝、心包经。

【功能与主治】　泻下攻积，清热泻火，凉血解毒，逐瘀通经，利湿退黄。用于实热便秘，积滞腹痛，外治水火烫伤；上消化道出血。

【用法与用量】　3～15g，用于泻下不宜久煎。外用适量，研末敷于患处。

【贮藏】　置通风干燥处，防蛀。

当　归

【处方用名】　当归、酒当归。

【来源】　伞形科植物当归的干燥根。

【炮制方法】

① 当归。除去杂质，洗净，润透，切薄片，晒干或低温干燥。

② 酒当归。取当归片，加入定量黄酒拌匀，稍闷润，待黄酒被吸尽后，置炒制容器内，用文火加热，炒干，取出晾凉。

每 100kg 当归片，用黄酒 10kg。

【炮制作用】　当归生品有补血作用，长于补血、调经、润肠通便。酒炙后能增强活血补血调经的作用。

【性味与归经】　甘、辛，温。归肝、心、脾经。

【功能与主治】　补血活血，调经止痛，润肠通便。用于血虚痿黄，月经不调，跌扑损伤。

【用法与用量】　6～12g。

【附注】　当归气血双补，古有"十方九归"之说，甘肃岷县的当归质佳。

黄　连

【处方用名】　黄连、酒黄连、姜黄连、吴萸连。

【来源】　毛茛科植物黄连、三角叶黄连或云连的干燥根茎。以上三种习称"味连"、"雅连"、"云连"。

【炮制方法】

① 黄连片。除去杂质，润透后切薄片，晾干；或用时捣碎。

② 酒黄连。取净黄连，加入定量黄酒拌匀，稍闷润，待酒被吸尽后，置炒制容器内，用文火加热，炒干，取出晾凉，筛去碎屑。

每 100kg 黄连，用黄酒 12.5kg。

③ 姜黄连。取净黄连，用姜汁拌匀，稍闷润，待姜汁被吸尽后，置炒制容器内，用文火加热，炒干，取出晾凉。

每 100kg 黄连，用生姜 12.5kg 或干姜 4kg 绞汁或煎汁。

④ 萸黄连。取吴茱萸加适量水煎煮，煎液与净黄连拌匀，待药液吸尽，炒干。

每 100kg 黄连，用吴茱萸 10kg。

【炮制作用】　黄连生用苦寒性较强，长于清热燥湿，泻火解毒。酒黄连能引药上行，缓其寒性，善清头目之火。姜黄连缓和过于苦寒之性，并增强止呕作用，以治胃热呕吐为主。萸黄连善清湿热，散肝胆郁火。

【性味与归经】　苦，寒。归心、脾、胃、肝、胆、大肠经。

【功能与主治】　清热燥湿，泻火解毒。用于湿热痞满、呕吐吐酸、泻痢等。

【用法与用量】　2～5g。外用适量。

2. 醋炙

醋炙：取待炮炙品，加醋拌匀，闷透，置炒制容器内，用文火炒至规定的程度时，取出，放凉。

醋炙时用米醋，除另有规定外，每 100kg 待炮炙品，用米醋 20kg，必要时，可加适量水稀释。

醋炙法多用于疏肝解郁、散瘀止痛、攻下逐水的药物。

（1）醋炙的目的

① 引药入肝，增强活血散瘀、理气止痛的作用。如延胡索等。

② 缓和药性，消减其毒副作用。如甘遂、大戟、芫花、商陆等。

③ 矫味矫臭。如乳香、没药等。

（2）醋炙的药物　有三棱、甘遂、延胡索、芫花、青皮、香附、柴胡、商陆、罂粟壳等。

甘　遂

【处方用名】　甘遂、炙甘遂、醋甘遂。

【来源】　大戟科植物甘遂的干燥块根。

【炮制方法】

① 甘遂。除去杂质，洗净，晒干。

② 醋甘遂。取净甘遂，加入定量米醋拌匀，稍闷润，待米醋被吸尽后，置炒制容器内，用文火加热，炒干，取出晾凉。用时捣碎。

每 100kg 甘遂，用米醋 30kg。

【炮制作用】　醋炙降低毒性，缓和泻下作用。

【性味与归经】　苦，寒；有毒。归肺、肾、大肠经。

【功能与主治】　泻水逐饮。用于水肿胀满，胸腹积水，痰饮积聚，气逆喘咳，二便不利。

【用法与用量】　0.5～1.5g，炮制后多入丸、散用。外用适量，生用。

延胡索（元胡）

【处方用名】　延胡索、醋元胡、醋延胡索。

【来源】　罂粟科植物延胡索的干燥块茎。

【炮制方法】

① 延胡索。除去杂质，大小分开，洗净，稍浸，润透，切厚片，干燥。或用时捣碎。

② 醋延胡索。取净延胡索，加定量米醋拌匀，稍闷润，待米醋被吸尽后，置炒制容器内，用文火加热，炒干，取出晾凉，筛去碎屑。

或取净延胡索，置煮制容器内，加入定量米醋与适量清水淹过药面，用文火加热，共煮至透心，醋液被吸尽时取出，晾至半干，堆置，待内外湿度均匀，切厚片，晒干。或用时捣碎。

每 100kg 延胡索，用米醋 20kg。

【炮制作用】　醋炙后增强行气止痛作用。

【炮制研究】

① 延胡索含多种生物碱，延胡索甲素、延胡索乙素、延胡索丑素等。但游离生物碱难溶于水，经醋炙后，延胡索中的生物碱与醋酸结合成易溶于水的醋酸盐，煎煮时易于溶出。炮制研究证明，延胡索经醋炙后，其水煎液中总生物碱含量显著增高。

② 延胡索中季铵碱（如去氢延胡索甲素等）是治疗冠心病的有效成分，加热醋炒使季铵碱含量下降，所以治疗冠心病时，以用延胡索生品为宜。

【性味与归经】　辛、苦，温。归肝、脾经。

【功能与主治】　活血，利气，止痛。用于胸胁、脘腹疼痛，经闭痛经，产后瘀阻，跌扑肿痛。

【用法与用量】　3～10g；研末吞服，一次 1.5～3g。

香 附

【处方用名】 香附、炙香附、醋香附、四制香附。

【来源】 莎草科植物莎草的干燥根茎。

【炮制方法】

① 香附。除去毛须及杂质，切厚片或碾碎。

② 醋香附。取香附片（粒），加入定量米醋拌匀，稍闷润，待米醋被吸尽后，置炒制容器内，用文火加热，炒干，取出晾凉。

每 100kg 香附，用米醋 20kg。

【炮制作用】 香附生品以理气解郁为主，醋炙后能专入肝经，增强疏肝止痛作用，并能消积化滞。

【性味与归经】 辛、微苦、微甘，平。归肝、脾、三焦经。

【功能与主治】 疏肝解郁，理气宽中，调经止痛。用于肝郁气滞，脘腹胀痛，乳房胀痛，月经不调，经闭痛经。

【用法与用量】 6～10g。

【附注】 香附有"气中血药"及"妇科之主帅"之称，为调经止痛之要药。

柴 胡

【处方用名】 柴胡、炙柴胡、醋柴胡、鳖血柴胡。

【来源】 伞形科植物柴胡或狭叶柴胡的干燥根。按性状不同分别习称"北柴胡"和"南柴胡"。

【炮制方法】

① 北柴胡。除去杂质及残茎，洗净，润透，切厚片，干燥。

② 醋北柴胡。取柴胡片，加入定量米醋拌匀，稍闷润，待米醋被吸尽后，置炒制容器内，文火加热，炒干，取出晾凉。

③ 南柴胡。除去杂质，洗净，润透，切厚片，干燥。

④ 醋南柴胡。取南柴胡片，加入定量米醋拌匀，稍闷润，待米醋被吸尽后，置炒制容器内，文火加热，炒干，取出晾凉。

醋炙时，每 100kg 柴胡片，用米醋 20kg。

【炮制作用】 柴胡生品升散作用较强，多用于解表退热。醋炙缓和升散之性，增强疏肝止痛作用。

【性味与归经】 辛、苦，微寒。归肝、胆经、肺经。

【功能与主治】 疏散退热，疏肝解郁，升举阳气。用于感冒发热，寒热往来，胸胁胀痛；子宫脱垂，脱肛。

【用法与用量】 3～10g。

乳 香

【处方用名】 乳香、炒乳香、炙乳香、醋乳香。

【来源】 橄榄科植物乳香树及同属植物树皮渗出的树脂。

【炮制方法】

① 乳香。取原药材，拣去木屑及砂粒，将大块者砸碎。

② 醋乳香。取净乳香，置炒制容器内，用文火加热，炒至冒烟，表面微熔，喷淋定量米醋，再炒至表面光亮，迅速取出，摊开放凉。

每 100kg 乳香，用米醋 10kg。

③ 炒乳香。取净乳香，置炒制容器内，用文火加热，炒至冒烟，表面熔化显油亮光泽时，迅速取出，摊开放凉。

【炮制作用】　乳香生品对胃刺激性强，易致呕吐，制后缓和刺激性，利于服用，便于粉碎。醋炙乳香还增强活血止痛，收敛生肌的功效。

【性味与归经】　辛、苦，温。入心、肝、脾经。

【功能与主治】　活血止痛，消肿生肌。用于血瘀心腹诸痛，风湿痹痛，经闭，痛经，跌打损伤；外用疮疡溃烂，久不收口。

【用法与用量】　煎汤或入丸、散，3～5g；外用适量，研末调敷。

3. 盐炙

盐炙：取待炮炙品，加盐水拌匀，闷透，置炒制容器内（个别的先将待炮炙品放锅内，边炒边加盐水），以文火加热，炒至规定的程度时，取出，放凉。

盐炙时，用食盐，应先加适量水溶解后，滤过，备用。除另有规定外，每 100kg 待炮炙品，用食盐 2kg。

盐炙法多用于补肾固精、疗疝、利尿和泻相火的药物。

（1）盐炙目的

① 引药入肾，增强补肝肾作用。一般补肾药如杜仲、巴戟天、韭菜子等盐炙后能增强补肝肾的作用。小茴香、荔枝核、橘核等药，盐炙后可增强理气疗疝的作用。益智等药盐炙后可增强缩小便和固精作用。

② 增强滋阴降火作用。如知母、黄柏等药，用盐炙可增强滋阴降火、清热凉血的功效。

③ 缓和药物辛燥之性。如补骨脂、益智等药辛温而燥，容易伤阴，盐炙后可拮抗辛燥之性，并能增强补肾固精的功效。

（2）盐炙的药物　小茴香、车前子、杜仲、沙苑子、补骨脂、知母、泽泻、葫芦巴、荔枝核、韭菜子、益智、菟丝子、黄柏、巴戟天等。

小　茴　香

【处方用名】　小茴香、茴香、盐茴香。

【来源】　伞形科植物茴香的干燥成熟果实。

【炮制方法】

① 小茴香。除去杂质。

② 盐小茴香。取净小茴香，加盐水拌匀，闷润，待盐水被吸尽后，置炒制容器内，用文火炒至微黄色，有香气透出时，取出晾凉。

每 100kg 小茴香，用食盐 2kg。

【炮制作用】　小茴香生品，常用于胃寒呕吐。盐炙后长于温肾祛寒，疗疝止痛。常用于疝气疼痛、睾丸坠痛、肾虚腰痛。

【性味与归经】　辛，温。归肝、肾、脾、胃经。

【功能与主治】　散寒止痛，理气和胃。用于脘腹胀痛，食少吐泻，睾丸鞘膜积液。盐小茴香暖肾散寒止痛。用于寒疝腹痛，睾丸偏坠，经寒腹痛。

【用法与用量】　3～6g。

车 前 子

【处方用名】 车前子、盐车前子。

【来源】 车前科植物车前或平车前的干燥成熟种子。

【炮制方法】

① 车前子。除去杂质。

② 盐车前子。取净车前子，置炒制容器内，用文火加热，炒至起爆裂声时，喷洒盐水，炒干，取出晾凉。

每 100kg 车前子，用食盐 2kg。

车前子酸不溶性灰分不得过 2.0%；膨胀度应不低于 4.0。

盐车前子表面黑褐色。气清香，味微咸。酸不溶性灰分不得过 3.0%；膨胀度应不低于 5.0。

【炮制作用】 盐炙后泄热利尿而不伤阴，能益肝明目，且有效成分易煎出。

【性味与归经】 甘，寒。归肝、肾、肺、小肠经。

【功能与主治】 清热利尿通淋，渗湿止泻，明目，祛痰。用于水肿胀满，热淋涩痛，暑湿泄泻，目赤肿痛，痰热咳嗽。

【用法与用量】 9～15g，包煎。

【注意事项】 盐炙时，车前子不宜先与盐水拌和，否则易粘连。

杜 仲

【处方用名】 杜仲、盐杜仲。

【来源】 杜仲科植物杜仲的干燥树皮。

【炮制方法】

① 杜仲。刮去残留粗皮，洗净，切块或丝，干燥。

② 盐杜仲。取杜仲块或丝，加盐水拌匀，稍闷，待盐水被吸尽后，置炒制容器内，用中火炒至断丝，表面焦黑色时，取出，晾凉。

每 100kg 杜仲块或丝，用食盐 2kg。

本品为块或丝。表面呈黑褐色，内表面褐色，折断时胶丝弹性较差。味微咸。

【炮制作用】 盐炙后能增强补肝肾的作用。

【性味与归经】 甘，温。归肝、肾经。

【功能与主治】 补肝肾，强筋骨，降血压，安胎。用于肾虚腰痛，筋骨无力，妊娠漏血，胎动不安；高血压。

【用法与用量】 6～10g。

【附注】 头痛吃川芎，腰痛吃杜仲。

黄 柏

【处方用名】 黄柏、盐黄柏、黄柏炭。

【来源】 芸香科植物黄皮树的干燥树皮。习称"川黄柏"。

【炮制方法】

① 黄柏。除去杂质，喷淋清水，润透，切丝，干燥。

② 盐黄柏。取黄柏丝，加盐水拌匀，稍闷，待盐水被吸尽后，置炒制容器内，用文火

加热，炒干，取出晾凉。

每100kg黄柏丝，用食盐2kg。

③ 黄柏炭。取黄柏丝，置炒制容器内，用武火加热，炒至表面焦黑色，内部深褐色，喷淋少许清水，灭尽火星，取出晾干。

【炮制作用】 黄柏生品苦燥，清热燥湿、泻火解毒作用较强。盐炙后可缓和苦燥之性，增强滋阴降火、退虚热的作用。黄柏炭止血，多用于便血、崩漏下血。

【性味与归经】 苦，寒。归肾、膀胱经。

【功能与主治】 清热燥湿，泻火除蒸，解毒疗疮。用于湿热泻痢、黄疸等。

【用法与用量】 3～12g。外用适量。

巴 戟 天

【处方用名】 巴戟天、巴戟肉、巴戟、盐巴戟、制巴戟。

【来源】 茜草科植物巴戟天的干燥根。

【炮制方法】

① 巴戟天。除去杂质。

② 巴戟肉。取净巴戟天，洗净，置蒸器内蒸透，趁热除去木心，切段，干燥。

③ 盐巴戟天。取净巴戟天，用盐水拌匀，待盐水被吸尽后，置炒制容器内，用文火炒干。或取净巴戟天，用盐水拌匀，蒸透，趁热除去木心，切段，干燥。

每100kg巴戟天，用食盐2kg。

④ 制巴戟天。取净甘草，捣碎，加水（约1：5量）煎汤两次，去渣。加入净巴戟天拌匀，用文火煮透取出，趁热除去木心，切段，干燥。

巴戟天每100kg，用甘草6kg，煎汤约50kg。

【炮制作用】 巴戟天生品祛风除湿力强，盐炙后功专补肾助阳；甘草炙后增强补益作用。

【性味与归经】 甘、辛，微温。归肾、肝经。

【功能与主治】 补肾阳，强筋骨，祛风湿。用于阳痿遗精，宫冷不孕，月经不调，少腹冷痛，风湿痹痛，筋骨痿软。

【用法与用量】 3～12g。

4. 姜汁炙

姜汁炙时，应先将生姜洗净，捣烂，加水适量，压榨取汁，姜渣再加水适量重复压榨一次，合并汁液，即为"姜汁"。姜汁与生姜的比例为1：1。如用干姜，捣碎后加水煎煮两次，合并滤液，滤过，取滤液。

取待炮炙品，加姜汁拌匀，置锅内，用文火炒至姜汁被吸尽，或至规定的程度时，取出，晾干。

除另有规定外，每100kg待炮炙品，用生姜10kg或干姜3kg。

（1）姜炙的目的

① 制其寒性，增强和胃止呕作用。如姜黄连、姜炙竹茹。

② 缓和副作用，增强疗效。如厚朴对咽喉有一定的刺激性，姜炙可缓和其刺激性，并增强温中化湿除胀的功效。

姜炙法多用于祛痰止咳、降逆止呕的药物。

（2）姜汁炙的药物 有竹茹、草果、厚朴、黄连等。

厚　朴

【处方用名】 厚朴、姜厚朴。

【来源】 木兰科植物厚朴或凹叶厚朴的干燥干皮、根皮及枝皮。

【炮制方法】

① 厚朴。刮去粗皮，洗净，润透，切丝，晒干。

本品为弯曲的丝条状或单、双卷筒状。外表面灰褐色，有时可见椭圆形皮孔或纵皱纹。内表面紫棕色或深紫褐色，较平滑，具细密纵纹，划之显油痕。

② 姜厚朴。取厚朴丝，加姜汁拌匀，闷润，待姜汁被吸尽后，置炒制容器内，用文火加热，炒干，取出晾凉。

每100kg厚朴丝，用生姜10kg。

【炮制作用】 厚朴生品辛辣峻烈，对咽喉有刺激性。姜制后可清除对咽喉的刺激性，并可增强宽中和胃的功效。

【性味与归经】 苦、辛，温。归脾、胃、肺、大肠经。

【功能与主治】 燥湿消痰，下气除满。用于湿滞伤中，脘痞吐泻，食积气滞，腹胀便秘，痰饮喘咳。

【用法与用量】 3～10g。

5. 蜜炙

蜜炙时，应先将炼蜜加适量沸水稀释后，加入待炮炙品中拌匀，闷透，置炒制容器内，用文火炒至规定程度时，取出，放凉。

蜜炙时，用炼蜜。除另有规定外，每100kg待炮炙品，用炼蜜25kg。

(1) 蜜炙目的

① 增强润肺止咳作用。如百合、款冬花、紫菀、百部等药，蜜炙后均能增强润肺止咳作用。

② 增强补脾益气的作用。如黄芪、甘草、党参等药，蜜炙能起协同作用，增强其补中益气的功效。

③ 缓和药性。如麻黄发汗作用较猛，蜜炙后能缓解其发汗力，并可增强其止咳平喘的功效。

④ 矫味和消除副作用。如马兜铃，其味苦劣，对胃有一定刺激性。蜜炙除能增强其本身的止咳作用外，还能矫味，以免引起呕吐。

蜜炙法多用于止咳平喘、补脾益气的药物。

(2) 蜜炙的药物　有马兜铃、甘草、白前、百合、百部、红芪、枇杷叶、前胡、桑白皮、黄芪、旋覆花、麻黄、款冬花、紫菀、槐角、罂粟壳等。

甘　草

【处方用名】 甘草、炙甘草、蜜甘草。

【来源】 豆科植物甘草、光果甘草或胀果甘草的干燥根及根茎。

【炮制方法】

① 甘草。除去杂质，洗净，润透，切厚片，干燥。

② 炙甘草。取炼蜜，加适量开水稀释后，淋入净甘草片中拌匀，闷润，置炒制容器内，用文火加热，炒至黄色至深黄色，不粘手时取出，晾凉。

每 100kg 甘草片，用炼蜜 30kg。

【炮制作用】 甘草生品长于泻火解毒，化痰止咳。蜜炙后以补脾和胃，益气复脉力胜。

【炮制研究】 甘草中主要成分为甘草酸，常以钾盐或钙盐的形式存在，称为甘草甜素，易溶于水。故软化时宜"少泡多润"。甘草酸和它的钙盐有较强的解毒作用。解毒机制是多方面的，在人体内通过化学、物理方式的沉淀、吸附和结合，加强肝脏解毒机制。甘草酸的水解产物葡萄糖醛酸也是解毒作用的有效成分。

【性味与归经】 甘，平。归心、肺、脾、胃经。

【功能与主治】 补脾益气，清热解毒，祛痰止咳，缓急止痛，调和诸药。用于脾胃虚弱，心悸气短，咳嗽痰多，脘腹、四肢挛急疼痛，缓解药物毒性、烈性。

【用法与用量】 2～10g。

百 合

【处方用名】 百合、炙百合、蜜百合。

【来源】 百合科植物卷丹、百合或细叶百合的干燥肉质鳞叶。

【炮制方法】

① 百合。除去杂质。

② 蜜百合。取净百合，置炒制容器内，用文火加热，炒至颜色加深时，加入用适量开水稀释过的炼蜜，迅速翻炒均匀，并继续用文火炒至黄色、不粘手时，取出，晾凉。

每 100kg 百合，用炼蜜 5kg。

【炮制作用】 百合生品清心安神力胜，蜜炙后润肺止咳。

【性味与归经】 甘，寒。归心、肺经。

【功能与主治】 养阴润肺，清心安神。用于阴虚久咳，痰中带血，虚烦惊悸，失眠多梦，精神恍惚。

【用法与用量】 6～12g。

黄 芪

【处方用名】 黄芪、炙黄芪、蜜黄芪。

【来源】 豆科植物蒙古黄芪或膜荚黄芪的干燥根。

【炮制方法】

① 黄芪。除去杂质，大小分开，洗净，润透，切厚片，干燥。

② 炙黄芪。取炼蜜，加适量开水稀释后，淋于净黄芪片中拌匀，闷润，置炒制容器内，用文火加热，炒至深黄色、不粘手时，取出晾凉。

每 100kg 黄芪片，用炼蜜 25kg。

【炮制作用】 蜜炙增强补中益气作用。

【性味与归经】 甘，温。归肺、脾经。

【功能与主治】 补气升阳，固表止汗，利水消肿，生津养血，行滞通痹，托毒排脓，敛疮生肌。用于气虚乏力、食少便溏等。

【用法与用量】 9～30g。

麻 黄

【处方用名】 麻黄、麻黄绒、炙麻黄、蜜麻黄绒。

【来源】 麻黄科植物草麻黄、中麻黄或木贼麻黄的干燥草质茎。

【炮制方法】

① 麻黄。除去木质茎、残根及杂质，切段。

② 蜜麻黄。取炼蜜，加适量开水稀释，淋入麻黄段中拌匀，闷润，置炒制容器内，用文火加热，炒至深黄色、不粘手时，取出晾凉。

每100kg麻黄段，用炼蜜20kg。

③ 麻黄绒。取麻黄段，碾绒，筛去粉末。

④ 蜜麻黄绒。取炼蜜，加适量开水稀释，淋入麻黄绒内拌匀，闷润，置炒制容器内，用文火加热，炒至深黄色、不粘手时，取出晾凉。

每100kg麻黄绒，用炼蜜25kg。

【炮制作用】 蜜炙增强润肺止咳作用，制绒缓和发汗作用。生麻黄多用于风寒表实证；蜜麻黄多用于表证已解，气喘咳嗽。麻黄绒适用于老人、幼儿及虚人风寒感冒；蜜麻黄绒适于表证已解而喘咳未愈的老人、幼儿及体虚患者。

【性味与归经】 辛、微苦，温。归肺、膀胱经。

【功能与主治】 发汗散寒，宣肺平喘，利水消肿。用于风寒感冒，胸闷喘咳，风水浮肿；支气管哮喘。

【用法与用量】 2～9g。

罂 粟 壳

【处方用名】 米壳、粟壳、炙粟壳。

【来源】 罂粟科植物罂粟的干燥果壳。

【炮制方法】

① 罂粟壳。除去杂质，捣碎或洗净，润透，切丝。

② 蜜罂粟壳。取蜂蜜置锅内化开，倒入净罂粟壳丝，文火炒至放凉后不粘手，取出，晾凉。

每100kg罂粟壳，用炼蜜25kg。

③ 醋罂粟壳。取净罂粟壳丝，与定量的米醋拌匀，润透，置炒制容器内，用文火炒干，取出晾凉。

每100kg罂粟壳，用米醋20kg。

【炮制作用】 蜜炙增强润肺止咳作用，醋炙长于止痢。

【性味与归经】 酸、涩，平；有毒。归肺、大肠、肾经。

【功能与主治】 敛肺，涩肠，止痛。用于久咳，久泻，脱肛，脘腹疼痛。

【用法与用量】 3～6g。

【附注】 罂粟壳按麻醉药品管理。本品易成瘾，不宜常服；儿童禁用。

6. 油炙

羊脂油炙时，先将羊脂油置锅内加热熔化后去渣，加入待炮炙品拌匀，用文火炒至油被吸尽，表面光亮时，摊开，放凉。

油炙的目的 增强温肾壮阳作用，如淫羊藿。

淫 羊 藿

【处方用名】 淫羊藿、仙灵脾。

【来源】　小檗科植物淫羊藿、箭叶淫羊藿、柔毛淫羊藿或朝鲜淫羊藿的干燥叶。

【炮制方法】

① 淫羊藿。除去杂质，摘取叶片，喷淋清水，稍润，切丝，干燥。

② 炙淫羊藿。取羊脂油加热熔化，加入淫羊藿丝，用文火炒至均匀有光泽，取出，放凉。

每 100kg 淫羊藿，用羊脂油（炼油）20kg。

【炮制作用】　淫羊藿叶祛风湿力强，多用于风寒湿痹。经羊脂油炙后，可增强温肾壮阳的作用。

【性味与归经】　辛、甘，温。归肝、肾经。

【功能与主治】　补肾阳，强筋骨，祛风湿。用于阳痿遗精，筋骨痿软，风湿痹痛，麻木拘挛；更年期高血压。

【用法与用量】　6～10g。

总之：炙法是待炮炙品与液体辅料共同拌润，并炒至一定程度的方法。我们前面学的酒炙、醋炙、盐炙、蜜炙等就是炙法中最常用的炮制方法。这些方法在实际操作中常分为先加辅料后炒药和先炒药后加辅料两种，各种炙法运用见表 7-3。

表 7-3　酒炙、醋炙、盐炙、蜜炙方法运用

其　他	种　　类			
	酒　炙	醋　炙	盐　炙	蜜　炙
操作方法及举例	先加辅料后炒药：先将净选或切制后的药物同定量的辅料拌匀、闷润，待辅料被吸尽后，置锅内，用文火炒至一定程度，取出放凉。例如酒炙大黄、黄连；醋炙延胡索、柴胡；盐炙杜仲、黄柏；蜜炙黄芪、款冬花。 先炒药后加辅料：先将净选或切制后的药物置锅内，炒至一定程度，再喷洒定量的液体辅料，用文火继续炒至微干，取出放凉。例如醋炙乳香、没药；盐炙车前子等			
注意事项	酒闷润时，容器上应加盖； 若酒的用量较小，可加入适量的水稀释，再与药物拌匀； 炒制时火力不可过大	若醋的用量少可加适量的水稀释再与药物拌匀； 树脂类和动物粪便类药物，一定不能先用醋拌润，否则黏成块或成碎块，炒制时受热不均	加水溶化食盐时，一定要控制水量； 含黏液质多的如车前子等药物不宜先与盐水拌匀，因易打团，炒不透，还易粘锅	炼蜜时，火力不宜过大； 蜜炙应用"中蜜"，炼蜜不可过老； 蜜炙时，火力一定要小，以免焦化； 蜜炙药物需凉后密闭贮存

【练习7】

1. 填空题

(1) 酒制法多用于_____、_____的药物。

(2) 醋制法多用于_____、_____的药物。

(3) 盐制法多用于_____、_____、利尿及_____的药物。

(4) 蜜炙法多用于_____、_____的药物。

(5) 根据所加辅料的不同，炙法分为_____、_____、_____、_____、_____、_____等。

(6) 姜汁法每 100kg 药材用生姜_____kg，用干姜量为生姜的_____；取姜汁可用_____法或_____法，取得姜汁_____kg，待用。

（7）车前子炮炙时采用＿＿＿＿＿＿的操作方法。

（8）醋炙法常用的炮制方法有＿＿＿＿＿＿＿和＿＿＿＿＿＿。

2. 选择题

（1）麻黄的炮制品有（　　）

A. 麻黄　　　　　　　B. 麻黄绒　　　　　　C. 蜜麻黄　　　　　　D. 蜜麻黄绒

（2）黄连的炮制方法有（　　）

A. 酒炙　　　　　　　B. 姜汁炙　　　　　　C. 吴茱萸汁炙　　　　D. 山茱萸汁炙

三、制炭

制炭时应"存性"，并防止灰化，更要避免复燃。

1. 分类

分炒炭，煅炭两类。

（1）炒炭　取待炮制品，置热锅内，用武火炒至表面焦黑色、内部焦黄色或至规定程度时，喷淋清水少许，熄灭火星，取出，晾干。

（2）煅炭　取待制炙品，置煅锅内，密封，加热至所需程度，放凉，取出。

2. 制炭目的

增强或产生止血的作用。某些药物炒炭后则止血作用比生品强，如鸡冠花、槐花、地榆、白茅根等；有些药物本无止血作用，炒炭后则具有止血作用，如荆芥、牡丹皮等。

拓展知识

1. 止血机制

炒黑止血，药物经制炭后止血作用增强与下面几方面因素有关。

（1）钙离子与碳素对止血作用的影响　绝大部分植物体内都含有钙，以草酸钙晶体的形式存在，在高温下可释放出可溶性钙离子，由于钙离子是一种促凝血剂，能促使血液凝固，故中药制炭后产生的可溶性钙离子可缩短血液凝固时间，中药制碳处理后，能够生成一定数量的碳素（活性炭），碳素具有吸附、收敛作用，亦能促进止血。

（2）鞣质对止血作用的影响　鞣质具有收敛、止血、止泻、消炎杀菌作用，是一种收敛剂，其成分为一种复杂的多元酚类化合物，能与蛋白质结合，形成不溶于水的大分子化合物，在黏膜表面起保护作用，或在血管破损的地方形成硬块，阻止血液外流，达到止血目的。某些药物炒炭后，其鞣质的含量增加，也是止血作用增强的一个原因。

（3）其他因素对止血作用的影响　止血机制可能与钙离子、碳素、鞣质等因素有关，也与它们所起的协同作用有关。其机制是降低血管通透性，收缩血管，促进凝血，缩短凝血时间等方面的作用。

2. 一般炒炭程度

（1）表面焦黑，内部焦褐　如大黄、地榆。

（2）表面焦黑，并保持固有形态　如槐花、艾叶、金银花。

（3）表面乌黑且具光泽　如侧柏叶、白茅根、茜草。

（4）外表发泡并呈焦黑　色如乌梅、炮姜。

3. 注意事项

（1）操作时要控制火候（温度和时间），以防止药材受高热而全部灰化失效或炒焦而不及，传统要求以"存性"为标准。

"存性"是指炒炭药只能部分炭化，而不能灰化，未炭化部分仍应保存药物的固有气味，花、叶、草等炒炭后仍可清晰辨别药物原形，如槐花、菊花、荆芥之类。

（2）火力　质坚的用武火，质松的片、花、花粉、叶、全草类用中火。

（3）为防止复燃，制炭出锅前需喷淋清水，灭净火星，出锅后及时摊晾凉，勤加检查，放置过夜（特别是含挥发油类药材一般要放置3～5天），待完全冷却后交库贮藏。

4. 炒炭和煅炭的药物

（1）炒炭的药物　干姜、大蓟、小蓟、乌梅、石榴皮、白茅根、地榆、鸡冠花、侧柏叶、卷柏、荆芥、茜草、贯众、槐花、蒲黄、藕节等。

（2）煅炭的药物　血余炭、灯心草、莲房、荷叶、棕榈等。

地　　榆

【处方用名】　地榆、地榆炭。

【来源】　蔷薇科植物地榆或长叶地榆的干燥根。后者习称"绵地榆"。

【炮制方法】

① 地榆。除去杂质；未切片者，洗净，除去残茎，润透，切厚片，干燥。

② 地榆炭。取地榆片，置炒制容器内，用武火加热，炒至表面焦黑色，内部棕褐色，取出，晾凉，筛去碎屑。

【炮制作用】　地榆生品以凉血解毒力胜。炒炭后长于收敛止血，常用于各种出血证，如痔疮出血。

【性味与归经】　苦、酸、涩、微寒。归肝、大肠经。

【功能与主治】　凉血止血，解毒敛疮，用于便血，痔血，血痢，崩漏，水火烫伤，痈肿疮毒。

【用法与用量】　9～15g。外用适量，研末，涂敷患处。

【附注】　常言道：家有地榆皮，不怕烧脱皮；家有地榆炭，不怕皮烧烂。地榆治烧烫伤效果好。

槐　　花

【处方用名】　槐花、炒槐花、槐花炭。

【来源】　豆科植物槐的干燥花及花蕾。前者习称"槐花"，后者习称"槐米"。

【炮制方法】

① 槐花。除去杂质及灰屑。

② 炒槐花。取净槐花，用文火炒至表面深黄色，取出，放凉。

③ 槐花炭。取净槐花用中火炒至表面焦褐色，喷水少许，取出，放凉。

【炮制作用】　槐花生品以清肝泻火，清热凉血见长。炒槐花可缓和苦寒之性，利于保存有效成分。炒炭增强止血作用。

拓展知识

【炮制研究】　大量实验结果表明，炒炭时的温度对药材中的鞣质含量影响很大，槐米炒炭温度在150～160℃时，鞣质含量增加2～3倍，升高到180℃时，鞣质含量急剧下降，当温度达到215℃时，鞣质全部消失。说明传统炮制要求的"炒炭存性"是有一定科学道理的。槐花炒炭时温度以160℃为宜，温度太高，易使药物炭化，而损失有效成分，温度太低，则达不到炮制目的。正如陈嘉谟所说"……不及则功效难求，太过则气味反失"。

【性味与归经】　苦、微寒。归肝、大肠经。

【功能与主治】　凉血止血，清肝泻火。用于便血，痔血，血痢，崩漏，吐血，衄血，肝热目赤，头痛眩晕。

【用法与用量】　5～10g。

蒲　黄

【处方用名】　蒲黄、生蒲黄、炒蒲黄、蒲黄炭。

【来源】　香蒲科植物水烛香蒲、东方香蒲或同属植物的干燥花粉。

【炮制方法】

① 蒲黄。揉碎结块，过筛。

② 蒲黄炭。取净蒲黄，置炒制容器内，用中火加热，炒至棕褐色，喷淋少许清水，灭尽火星，取出晾干。

【炮制作用】　蒲黄生行熟止，生品性滑，以行血化瘀、利尿通淋力胜；炒炭性涩，能增强止血作用。

【性味与归经】　甘，平。归肝、心包经。

【功能与主治】　止血，化瘀，通淋。用于多种出血，经闭痛经。

【用法与用量】　5～10g，包煎，外用适量，敷患处。孕妇慎用。

【注意事项】

① 蒲黄为花粉类药，先要揉碎结块，除去花丝，且杂质不得过10%。

② 炮制时火力不可过大，翻动宜快。

③ 出锅后应摊晾散热，防复燃，检查确已凉透，方可收贮，如喷水较多，则需晾干，以免发霉。

血　余　炭

【处方用名】　血余炭。

【来源】　人头发制成的炭化物。

【炮制方法】　取头发，除去杂质，碱水洗去油垢，清水漂净，晒干，装于锅内，上扣一个口径较小的锅，两锅结合处用盐泥或黄泥封固，上压重物，扣锅底部贴一白纸条，或放几粒大米，用武火加热。焖煅至白纸条或大米呈深黄色为度，离火，待凉后取出，剁成小块。

【炮制作用】　本品不生用，入药必须煅制成炭，煅后方具有止血作用。

【性味与归经】　苦，平。归肝、胃经。

【功能与主治】　收敛止血，化瘀，利尿。用于多种出血。

【用法与用量】　5～10g。

【练习8】

1. 制炭时应_____，并防止_____。

2. 蒲黄以_____入药。

3. 人头发可采用_____法煅制，煅后称_____。

四、煅

煅制时应注意煅透，使酥脆易碎。

分明煅、煅淬、煅炭三种。煅炭见制炭。

1. 明煅

取待炮制品，砸成小块，置无烟的炉火上或置适宜的容器内，煅至酥脆或红透时，取出，放凉，碾碎。

含有结晶水的盐类药材，不要求煅红，但需使结晶水蒸发尽，或全部形成蜂窝状的块状固体。

明煅的药物有：瓦楞子、石决明、石膏、白矾、花蕊石、赤石脂、牡蛎、青礞石、金礞石、珍珠母、钟乳石、蛤壳等。

白　矾

【外方用名】　白矾、明矾、枯矾。

【来源】　硫酸盐类矿物明矾石经加工提炼制成，主含硫酸铝钾 $[KAl(SO_4)_2 \cdot 12H_2O]$。

【炮制方法】

① 白矾。除去杂质，用时捣碎。

② 枯矾。取净白矾，敲成小块，置煅锅内，用武火加热至熔化，继续煅至松脆呈白色蜂窝状固体，完全干燥，停火，放凉后取出，研成细粉。

煅白矾时，应一次煅透，中途不得停火，不要搅拌，温度最好控制在 $180 \sim 260℃$，最好不要用铁锅。

【炮制作用】　煅制成枯矾后，增强了收涩敛疮、生肌、止血、化腐作用。

【性味与归经】　酸、涩，寒。归肺、脾、肝、大肠经。

【功能与主治】　外用解毒杀虫，燥湿止痒；内服止血止泻，祛除风痰。外治用于湿疹，疥癣，中耳炎；内服用于久泻不止，便血，崩漏，癫痫发狂。

【用法与用量】　$0.6 \sim 1.5g$。外用适量研末敷。或化水洗患处。

2. 煅淬

将待炮制品煅至红透时，立即投入规定的液体辅料中，淬酥（若不酥，可反复煅淬至酥），取出，干燥，打碎或研粉。

煅淬的药物有：自然铜、炉甘石、禹余粮、紫石英、磁石、赭石等。

自　然　铜

【外方用名】　自然铜、煅自然铜。

【来源】　硫化物类矿物黄铁矿族黄铁矿，主含二硫化铁（FeS_2）。

【炮制方法】

① 自然铜。除去杂质，洗净，干燥。用时砸碎。

② 煅自然铜。取净自然铜，照煅淬法煅至暗红，醋淬至表面呈黑褐色，光泽消失并酥松。

每100kg自然铜，用醋30kg。

【炮制作用】　煅红醋淬可增强散瘀止痛作用。

【性味与归经】　辛，平。归肝经。

【功能与主治】　散瘀止痛，续筋接骨。用于跌打损伤，筋骨折伤，瘀肿疼痛。

【用法与用量】　$3 \sim 9g$，多入丸、散服，若入煎剂宜先煎。外用适量。

【注意事项】

① 实践证明，煅自然铜煅至红透（$800℃$左右，$1 \sim 2h$），醋淬数次，内外均应煅至无金属光泽，松脆为度。

② 温度过高，则生成磁性氧化铁，对有效成分的溶出产生不利影响。

【练习9】

1. 煅制白矾的注意事项为（　　）

A. 中间不得停火和搅拌　　　　　　B. 最佳温度为 180～260℃

C. 不得用铁锅　　　　　　　　　　D. 宜采用扣锅煅

E. 煅时随加搅拌，让水蒸气蒸发

2. 煅法有（　　）

A. 明煅法　　　　　B. 煅淬法　　　　　C. 煅炭法

D. 炒炭法　　　　　E. 焯法

五、蒸

将净选或切制后的药物加辅料或不加辅料装入蒸制容器内隔水加热蒸透或至一定程度的方法，称为蒸法。其中不加辅料者为清蒸，加辅料者为加辅料蒸。

1. 蒸制的目的

（1）改变药物性能，扩大用药范围　如地黄。

（2）减少副作用　如大黄、黄精、何首乌。

（3）保存药效，利于贮存　如桑螵蛸、黄芩。

（4）便于软化切片　如木瓜、天麻、玄参。

（5）增强疗效　如五味子。

2. 操作方法

取待炮制品，大小分档，按各品种炮制项下的规定，加清水或液体辅料拌匀、润透，置适宜的蒸制容器内，用蒸汽加热至规定程度，取出，稍晾，拌回蒸液，再晾至六成干，切片或段，干燥。

3. 蒸制的品种

（1）清蒸　人参、川乌、天麻、木瓜、乌梅、白果、桑螵蛸、黄芩等。

（2）酒蒸或酒炖　豨莶草、大黄、山茱萸、女贞子、肉苁蓉、黄精、地黄等。

（3）醋蒸　五味子等。

（4）黑豆汁蒸　何首乌等。

（5）盐蒸　巴戟天等。

人　参

【处方用名】　人参、生晒参。

【来源】　五加科植物人参的干燥根和根茎。

【炮制方法】

① 人参。润透，切薄片，干燥，或用时粉碎、捣碎。

② 红参。取人参经蒸制处理为红参。用时可蒸软，或稍浸后烤软，切薄片，干燥。或直接捣碎，碾粉。

【炮制作用】　生晒参偏于补气生津，复脉固脱。如治气阴两伤的生麦散。红参偏温，具有大补元气，复脉固脱，益气摄血的功能。多用于体虚欲脱，肢冷脉微，气不摄血，崩漏下血者。如治气虚欲脱，汗出肢冷的参附汤。红参蒸软便于切制。

【性味与归经】　甘、微苦，平。归脾、肺、心经。

【功能与主治】　大补元气，复脉固脱，补脾益肺，生津养血，安神益智。用于体虚欲脱，脾虚食少，肺虚喘咳，久病虚羸，阳痿宫冷；心力衰竭。

【用法与用量】　3～9g，另煎兑服；也可研粉吞服，一次 2g，一日 2 次。

【贮藏】　置阴凉干燥处，密闭保存，防蛀。

拓展知识

【附注】　为保证人参的补气药效，服用人参时不宜饮茶和吃萝卜。因属补益之品，邪实而正不虚者忌用。反藜芦，畏五灵脂，恶莱菔子、皂荚。切忌同用。

人参入药不需去芦，但西洋参需去芦头；人参性温，宜冬季服用，西洋参性寒，宜夏季服用。

何　首　乌

【处方用名】　何首乌、首乌、生首乌、制首乌。

【来源】　蓼科植物何首乌的干燥块根。

【炮制方法】

① 何首乌。除去杂质，洗净，稍浸，润透，切厚片或块，干燥。

② 制何首乌。取何首乌片或块，用黑豆汁拌匀，润湿，置非铁质的适宜容器内，密闭，炖至汁液被吸尽，药物呈棕褐色时，取出，干燥。

或照蒸法，清蒸或用黑豆汁拌匀后蒸，蒸至内外均呈棕褐色，晒至半干，切片，干燥。

每 100kg 何首乌片（块），用黑豆 10kg。

实验证明，何首乌经黑豆汁拌蒸 32h，制品色泽乌黑发亮，药理作用最好。

拓展知识

黑豆汁制法：取黑豆 10kg，加水适量，煮约 4h，熬汁约 15kg，豆渣再加水煮约 3h，熬汁约 10kg，合并得黑豆汁约 25kg。

【炮制作用】　何首乌生用可解毒消肿，润肠通便。经黑豆汁拌蒸后，可补肝肾、益精血、乌须发、强筋骨，化浊降脂。

【性味与归经】　苦、甘、涩，微温。归肝、心、肾经。

【功能与主治】　解毒，消痈，润肠通便。用于肠燥便秘；高血脂。

【用法与用量】　6～12g。

黄　芩

【处方用名】　黄芩、枯芩、子芩、炒黄芩、酒黄芩。

【来源】　唇形科植物黄芩的干燥根。

【炮制方法】

① 黄芩片。除去杂质，置沸水中煮 10min，取出，闷透，切薄片，干燥；或蒸半小时，取出，切薄片，干燥（注意避免曝晒）。

本品为类圆形或不规则形薄片，外表皮黄棕色至棕褐色，切面黄棕色或黄绿色，具放射状纹理。按干燥品计算，含黄芩苷（$C_{21}H_{18}O_{11}$）不得少于 8.0%。

② 酒黄芩。取黄芩片，加黄酒拌匀，稍闷，待黄酒被吸尽后，用文火炒干，深黄色，嗅到药物与辅料的固有香气，取出，晾凉。

每 100kg 黄芩，用黄酒 10kg。

【炮制作用】　黄芩蒸制或沸水煮的目的在于使酶灭活，保存药效，又使药物软化，便于切片。

黄芩经酒制后,借酒升腾之力,而治上焦肺热及四肢肌表之湿热,同时可缓和苦寒之性。

【炮制研究】 黄芩切制前要经过加工润软,方可切片。润软的方法有冷浸法、蒸法和煮法。据研究,黄芩遇冷水浸,色变绿,故黄芩变绿说明黄芩苷已被水解。黄芩苷的水解又与酶的活性有关,以冷水浸酶的活性最大。而"蒸"和"煮"就可破坏酶,使其活性消失,有利于黄芩苷的保存。

【性味与归经】 苦,寒。归肺、胆、脾、大肠、小肠经。

【功能与主治】 清热燥湿,泻火解毒,止血,安胎。用于肺热咳嗽,胎动不安。

【用法与用量】 3~10g。

五 味 子

【处方用名】 五味子、醋五味子。

【来源】 木兰科植物五味子的干燥成熟果实,习称"北五味子"。华中五味子的成熟果实叫"南五味子"。

【炮制方法】

① 五味子。除去杂质。用时捣碎。

② 醋五味子。取净五味子,加醋拌匀,稍闷,置适宜容器内,蒸至醋尽转黑色,取出,干燥,用时捣碎。

每100kg五味子,用醋15kg。

北五味子表面乌黑色,油润,稍有光泽。果肉柔软,有黏性。种子表面棕红色,有光泽。南五味子表面棕黑色,干瘪,果肉常紧贴种子上,无黏性。种子表面棕色,无光泽。

【炮制作用】 醋蒸增强酸涩收敛之性,用于咳嗽、遗精、泄泻。

【性味与归经】 酸、甘,温。归肺、心、肾经。

【功能与主治】 收敛固涩,益气生津,补肾宁心。用于久嗽虚喘,梦遗滑精,遗尿尿频,久泻不止,自汗,盗汗,津伤口渴,短气脉虚,内热消渴,心悸失眠。

【用法与用量】 2~6g。

【附注】 古人认为五味子"入补药熟用"。

豨 莶 草

【处方用名】 豨莶草、酒豨莶草。

【来源】 菊科植物豨莶、腺梗豨莶或毛梗豨莶的干燥地上部分。

【炮制方法】

① 豨莶草。除去杂质,洗净,稍润,切段,干燥。

② 酒豨莶草。取豨莶草段,用黄酒拌匀,闷润至透,置适宜的蒸制容器内,加热蒸透呈黑色,取出,干燥。

每100kg豨莶草,用黄酒20kg。

【炮制作用】 豨莶草生品以清肝热、解毒邪为主;酒蒸后以祛风湿、强筋骨力强。

【性味与归经】 辛、苦,寒。归肝、肾经。

【功能与主治】 祛风湿,利关节,解毒。用于风湿痹痛,筋骨无力,腰膝酸软,四肢麻痹,半身不遂,风疹湿疮。

【用法与用量】 9~12g。

六、煮

取待炮制品大小分档，按各品种炮制项下的规定，加清水或规定的辅料共煮透，至切开内无白心时，取出，晾至六成干，切片，干燥。

有毒药材煮制后剩余汁液，除另有规定外，一般应弃去。

1. 煮的目的

(1) 消除或降低药物的毒性与副作用 如川乌、白附子等。

(2) 改变药性，增强疗效 如远志等。

(3) 清洁药物 如珍珠等。

2. 煮的药物

(1) 不加辅料煮的有黄芩等。

(2) 与生姜、白矾等辅料共煮的有川乌、半夏、天南星、白附子、草乌等。

(3) 加甘草共煮的有巴戟天、远志、吴茱萸等。

(4) 与豆腐共煮的有硫黄、珍珠、藤黄等。

(5) 醋煮的有延胡索、大戟、莪术等。

川 乌

【处方用名】 川乌、生川乌、制川乌。

【来源】 毛茛科植物乌头的干燥母根。

【炮制方法】

① 生川乌。除去杂质。用时捣碎。

② 制川乌。取川乌，大小个分开，用水浸泡至内无干心，取出，加水煮沸 4～6h（或蒸 6～8h）至取大个及实心者切开内无白心，口尝微有麻舌感时，取出，晾至六成干，切片，干燥。

本品含生物碱以乌头碱（$C_{34}H_{47}NO_{11}$）计，不得少于 0.20%。

【炮制作用】 生川乌有毒，多外用。用于风冷牙痛，疥癣，痈肿。制后毒性降低，可供内服。

【性味与归经】 辛、苦，热；有大毒。归心、肝、肾、脾经。

【功能与主治】 祛风除湿，温经止痛，用于风寒湿痹，关节疼痛，心腹冷痛，寒疝作痛，麻醉止痛。

【用法与用量】 一般炮制后用。1.5～3g。宜先煎、久煎。

【注意】 孕妇慎用；不宜与半夏、瓜蒌子、瓜蒌皮、天花粉、川贝母、浙贝母、平贝母、伊贝母、湖北贝母、白蔹、白及同用。

半 夏

【处方用名】 生半夏、清半夏、姜半夏、法半夏。

【来源】 天南星科植物半夏的干燥块茎。

【炮制方法】

① 生半夏。用时捣碎。

② 清半夏。取净半夏，大小分开，用 8% 白矾溶液浸泡至内无干心，口尝微有麻舌感，取出，洗净，切厚片，干燥。

每 100kg 半夏，用白矾 20kg。

③ 姜半夏。取净半夏，大小分开，用水浸泡至内无干心时，取出；另取生姜切片煎汤，加白矾与半夏共煮透，取出，晾至半干，干燥；或切薄片，干燥。

每 100kg 半夏，用生姜 25kg，白矾 12.5kg。

④ 法半夏。取半夏，大小分开，用水浸泡至内无干心，取出；另加甘草适量，加水煎煮两次，合并煎液，倒入用适量水制成的石灰液中，搅匀，加入上述已浸透的半夏，浸泡，每日搅拌 1～2 次，并保持浸液 pH 值在 12 以上，至剖面黄色均匀，口尝微有麻舌感时，取出，洗净，阴干或烘干，即得。

每 100kg 净半夏，用甘草 15kg、生石灰 10kg。

生半夏加清水浸泡时，如水面起泡沫宜加 2％白矾泡一天，不换水，起防腐作用。

【炮制作用】 半夏有毒，生品多作外用，长于化痰散结；清半夏可增强燥湿化痰作用；姜半夏减低毒性，增强止呕作用；法半夏燥湿化寒痰，多用于中成药中。

【性味与归经】 辛、温；有毒。归脾、胃、肺经。

【功能与主治】 燥湿化痰，降逆止呕，消痞散结。用于痰多咳喘，痰厥头痛，呕吐反胃，梅核气。

【用法与用量】 3～9g。

【附注】 不宜与川乌、制川乌、草乌、制草乌、附子同用。

七、炖

取待炮制品按各品种炮制项下的规定，加入液体辅料，置适宜的容器内，密闭，隔水加热，或用蒸汽加热炖透，或炖至辅料完全被吸尽时，放凉，取出，晾至六成干，切片，干燥。

主要用于滋补性药物，如山茱萸、女贞子、肉苁蓉、黄精、地黄等。

除另有规定外，一般每 100kg 待炮制品，用水或规定的辅料 20～30kg。

地　黄

【处方用名】 地黄、鲜地黄、生地、熟地。

【来源】 玄参科植物地黄的干燥或新鲜块根。将地黄缓缓烘焙至约八成干，称"生地黄"。

【炮制方法】

① 生地黄。除去杂质，洗净，闷润，切厚片，干燥。

② 熟地黄。取生地黄，酒炖至酒被吸尽，取出，晾晒至外皮黏液稍干时，切厚片或块，干燥，即得。或取生地黄，置适宜容器内，蒸至黑润，取出，晒至约八成干时，切厚片或块，干燥，即得。

每 100kg 生地黄，用黄酒 30～50kg。

【炮制作用】 生地黄性寒，清热凉血。蒸制成熟地黄后可使药性由寒转温，味由苦转甜，功能由清转补。有滋阴补血、益精填髓的功能。

【性味与归经】 甘、寒。归心、肝、肾经。

【功能与主治】 清热凉血，养阴生津，用于热病舌绛烦渴，骨蒸劳热，内热消渴，吐血，衄血。

【用法与用量】 9～15g。

【附注】 酒蒸地黄有"光黑如漆，味甘如饴糖"之说。

八、燀

取待炮制品投入沸水中，翻动片刻，捞出。有的种子类药材，燀至种皮由皱缩至舒展、易搓去时，捞出，放入冷水中，除去种皮，晒干。

1. 燁制的目的

(1) 杀酶保苷　如苦杏仁。

(2) 破坏毒蛋白　如白扁豆。

(3) 分离不同的药用部位　如分离扁豆仁和扁豆衣。

2. 药物

如苦杏仁、桃仁等。

苦　杏　仁

【处方用名】　苦杏仁、炒杏仁、杏仁。

【来源】　蔷薇科植物山杏、西伯利亚杏、东北杏或杏的干燥成熟种子。

【炮制方法】

① 苦杏仁。拣净残留的核壳及褐色油粒，除去杂质。用时捣碎。

② 燁苦杏仁。取净杏仁置 10 倍量沸水中略煮，加热约 5min，至种皮微膨起即捞起，用凉水浸泡，取出，搓开种皮与种仁，干燥，筛去种皮。用时捣碎。

③ 炒苦杏仁。取燁杏仁，置锅内用文火炒至黄色，略带焦斑，有香气，取出放凉。用时捣碎。

【炮制作用】　苦杏仁有小毒，制后可破酶保苷。燁去皮，除去非药用部位，便于有效成分煎出，提高药效。

【性味与归经】　苦，微温；有小毒。归肺、大肠经。

【功能与主治】　降气止咳平喘，润肠通便，用于咳嗽气喘，胸满痰多，血虚津枯，肠燥便秘。

【用法与用量】　5～10g，生品入煎剂宜后下。

【练习 10】

1. 宜用清蒸法炮制的药物有（　　）

A. 黄芩　　　　　　　B. 地黄　　　　　　　C. 天麻　　　　　　　D. 何首乌

2. 制苦杏仁的目的是（　　）

A. 便于调剂　　　　B. 除去非药用部位　　C. 提高氢氰酸含量　　D. 破（杀）酶保苷

3. 半夏的炮制品有（　　）

A. 清半夏　　　　　　B. 姜半夏　　　　　　C. 法半夏　　　　　　D. 制半夏

第五节　其他制法

包括发酵法、发芽法、煨法、制霜法、提净法、水飞法、豆腐制、烘焙法、干馏法等。

一、发酵法、发芽法

1. 发酵法

取待炮制品加规定的辅料拌匀后，制成一定形状，置适宜的湿度和温度下，使微生物生长至其中酶含量达到规定程度，晒干或低温干燥。注意发酵过程中，发现有黄曲霉菌应禁用。

药物：六神曲、半夏曲、淡豆豉等。

六 神 曲

【来源】 六神曲是由面粉、苦杏仁、赤小豆、鲜青蒿、鲜苍耳草和鲜辣蓼混合后经发酵而成的加工品。

【原料与用量】 面粉100kg（或面粉40kg、麦麸60kg），苦杏仁、赤小豆各4kg，鲜青蒿、鲜苍耳草、鲜辣蓼各7kg（干料各用鲜料量的1/3）。

【炮制方法】 将净杏仁和赤小豆碾成粉末（或将杏仁碾成泥状，赤小豆煮烂）与面粉混匀，再将鲜青蒿、鲜苍耳草和鲜辣蓼用清水洗净，加适量水煎汤（用水量为原药料重量的25％～30％），取汤液，陆续加入面粉混合料中，拌匀，如水分不足可增加适量沸水，反复搅拌至呈颗粒状，取出装模内，上下垫苘麻叶，模上面覆盖湿麻袋等物保温，放在30～37℃的室内，经4～6天即能发酵，待表面生出黄白色霉衣时，取出，除去苘麻叶，切成小方块，干燥。

2. 发芽法

取成熟的果实及种子，置容器内，加适量水浸泡后，取出，在适宜的温度和湿度下，使其发芽至规定程度，晒干或低温干燥。注意避免带入油腻，以防烂芽。一般芽长不超过1cm。

药物有麦芽、谷芽等。

麦 芽

【来源】 本品为禾本科植物大麦的成熟果实经人工发芽制成。

【炮制方法】 取成熟饱满的净大麦，用水浸泡至六七成透，捞出，置筐篓或适宜容器内，每日淋水2～3次，保持适宜温、湿度，待幼芽长至0.5cm左右时，晒干或低温干燥。

二、煨

取待炮制品用面皮或湿纸包裹，或用吸油纸均匀地隔层分放，进行加热处理，或将其与麸皮同置炒制容器内，用文火炒至规定程度取出，放凉。

除另有规定外，每100kg待炮制品用麸皮50kg。

药物有木香、肉豆蔻等。

肉 豆 蔻

【处方用名】 肉豆蔻、肉果、玉果、煨肉豆蔻。

【来源】 肉豆蔻科植物肉豆蔻的干燥种仁。

【炮制方法】

① 肉豆蔻。除去杂质，洗净，干燥。

② 煨肉豆蔻。取净肉豆蔻，用面粉加适量水拌匀，逐个包裹或用清水将肉豆蔻表面湿润后，如水泛丸法裹面粉3～4层，倒入已炒热的滑石粉或砂中，拌炒至面皮呈焦黄色时，取出，过筛，剥去面皮，放凉。

每100kg肉豆蔻，用滑石粉50kg。

③ 麸煨肉豆蔻。取净肉豆蔻，加入麸皮，麸煨温度150～160℃，约15min，至麸皮呈焦黄色，肉豆蔻呈棕褐色，表面有裂隙时取出，筛去麸皮，放凉。用时捣碎。

每100kg肉豆蔻，用麸皮40kg。

【炮制作用】 肉豆蔻含脂肪油较多，有滑肠之弊，并具刺激性。制后增强了固肠止泻的功能。

【性味与归经】　辛，温。归胃、脾、大肠经。

【功能与主治】　温中行气，涩肠止泻。用于脾胃虚寒，久泻不止，脘腹胀痛，食少呕吐。

【用法与用量】　3～10g。

三、制霜（去油成霜）

除另有规定外，取待炮制品碾碎如泥，经微热，压榨除去大部分油脂，含油量符合要求后，取残渣研制成符合规定的松散粉末。

药物有千金子霜、木鳖子霜、巴豆霜、柏子仁霜等。

巴　　豆

【处方用名】　生巴豆、巴豆霜。

【来源】　大戟科植物巴豆的干燥成熟果实。

【炮制方法】

① 生巴豆。曝晒或烘干后去皮取净仁。

② 巴豆霜

a. 取净巴豆仁，碾成泥状，里层用纸，外层用布包严，蒸热，用压榨器榨去油，如此反复数次，至药物松散成粉，不再黏结成饼为度。

b. 取净巴豆仁碾细后，照含量测定（具体见《中国药典》）下的方法，测定脂肪油含量，加适量的淀粉，使脂肪油的含量在18.0%～20.0%，混匀即得。

【炮制作用】　巴豆有大毒，生用仅外用蚀疮。巴豆如不去油，力大如牛。去油制霜后，能降低毒性，缓和其泻下作用，多用于寒积便秘。

【性味与归经】　辛，热；有大毒。归胃、大肠经。

【功能与主治】　外用蚀疮。用于恶疮疥癣，疣痣。巴豆霜峻下冷积，逐水退肿，豁痰利咽。用于寒积便秘，乳食停滞，腹水膨胀，二便不通，喉风，喉痹。

【用法与用量】　0.1～0.3g，多入丸、散用。外用适量。

【注意事项】

① 生巴豆有剧毒，在制霜过程中，易引起皮炎，局部出现红斑或红肿，有灼热感或瘙痒。操作时应戴手套及口罩防护。

② 工作结束时，可用冷水洗涤裸露部分，不宜用热水洗。

③ 若误尝，可用绿豆汤冷服或喝冷粥。

④ 压榨时应加热，一则易出油，二则可使毒蛋白变性而减毒。

⑤ 用过的布或纸立即烧毁，以免误用。

⑥ 按毒剧药物管理。孕妇禁用；不宜与牵牛子同用。

四、提净法

某些矿物药，经过溶解、过滤、重结晶处理除去杂质的方法称为提净法。如芒硝、硼砂等。

芒　　硝

【来源】　本品为硫酸盐类矿物芒硝族芒硝，经加工精制而成的结晶体。主含含水硫酸钠（$Na_2SO_4 \cdot 10H_2O$）。

【炮制方法】 取定量鲜萝卜，洗净，切成片，置锅中，加适量水煮透，投入适量天然芒硝（朴硝）共煮，至全部溶化，取出过滤，滤液置容器中，在阴凉处静置，至大部分结晶，即可取出，放避风处适当干燥即得。其未结晶的溶液及容器底部的沉淀物可再重复煮提，至无结晶为止。

每 100kg 朴硝，用萝卜 10kg。

五、水飞

取待炮制品，置容器内，加适量水共研细成糊状，再加水，搅拌，倾出混悬液，残渣再按上法反复操作数次，合并混悬液，静置，分取沉淀，干燥，研散。例如朱砂、炉甘石、珍珠、雄黄、滑石等。

朱 砂

【处方用名】 朱砂、辰砂、丹砂。

【来源】 硫化物类矿物辰砂族辰砂，主含硫化汞（HgS）。

【炮制方法】

朱砂粉：取朱砂，用磁铁吸去铁屑，置乳钵内，加适量清水研磨成糊状，然后加多量清水搅拌，倾取混悬液，下沉的粗粉再如上法反复操作多次，直至手捻细腻，无亮星为止，弃去杂质，合并混悬液，静置后倾去上面的清水，取沉淀晾干或 40℃ 以下干燥，再研细即可。

目前国内加工朱砂粉的方法有干研法、加水研磨法和研磨水飞法。大生产时，干研法游离汞和汞盐的含量较高，研磨水飞法游离汞和汞盐的含量低，因此研磨水飞法所得朱砂粉的毒性最小。

【炮制作用】 朱砂有毒，经水飞后可使药物达到纯净，极细，便于制剂及服用。

【性味与归经】 甘，微寒；有毒。归心经。

【功能与主治】 清心镇惊，安神，明目，解毒。用于心悸易惊，失眠多梦，癫痫发狂，小儿惊风，视物昏花，口疮，喉痹，疮疡肿毒。

【用法与用量】 0.1～0.5g，多入丸、散服，不宜入煎剂。外用适量。

【注意事项】

① 忌铁器、铜器；忌火煅。

② 因易被氧化，变为暗紫色，因此应密闭贮存。

六、豆腐制

药物经净制或切制后和辅料（豆腐）放入锅中，加适量清水共煮或蒸的方法，称为豆腐制法。也可与豆浆煮。如珍珠、藤黄、硫黄等。

珍 珠

【来源】 为珍珠贝壳动物马氏珍珠贝，蚌科动物三角帆蚌，或褶纹冠蚌等双壳类动物受刺激而形成的颗粒状珍珠。

【炮制方法】 取原药材，洗净污垢（垢重者可先用碱水洗涤，再用清水漂去碱性），用纱布包好，再将豆腐置砂锅或铜锅中，一般十两珍珠用两块半斤重的豆腐，下垫一块，然后放上珍珠，再将另一块豆腐覆盖在上面，加清水淹没豆腐寸许，煮 2～3h，至豆腐成蜂窝状为止，取出，除去豆腐用清水洗净珍珠晒干。

七、烘焙法

将药物用文火间接或直接加热，使之充分干燥，称为烘焙法。如虻虫、蜈蚣、紫河车等。

八、干馏法

药物置容器内用火烤灼（不加水）使产生液汁的方法称为干馏法。如竹沥、蛋黄油、黑豆馏油等。

【练习11】

1. 制备六神曲的原料有哪些？辅料用量是多少？
2. 写出玉果、辰砂、朴硝的正名。
3. 巴豆霜的炮制方法及炮制作用是什么？
4. 朱砂的炮制方法及炮制作用是什么？

思 考 题

1. 炮制的定义是什么？
2. 历代有哪几部炮制专著？简述各成书年代及其作者。
3. 何谓炮炙十七法？
4. 举例说明炮制的目的是什么？
5. 辅料有哪几类？常用的液体、固体辅料有哪些？
6. 何谓净选与加工？何谓净药材？
7. 净选加工的方法有几种？各有什么目的（举例说明）。
8. 举10例去皮壳的药物名？
9. 举例说明去毛的方法。
10. 山茱萸、枇杷叶、斑蝥、蛤蚧、西洋参、巴戟天、蕲蛇、杜仲、山楂、金樱子去什么非药用部位？
11. 什么叫饮片？
12. 饮片切制的一般步骤是什么？
13. 饮片的类型有哪些？选择饮片类型的原则有哪些？
14. 饮片切制后为什么要及时干燥？常用干燥方法有几种？
15. 何谓清炒法？炒时应注意什么问题？
16. 何谓炒炭存性？炒蒲黄应注意什么问题？
17. 什么叫烫制？它的特点是什么？
18. 何谓炙法？什么是酒炙、醋炙、盐炙、蜜炙？如何应用？辅料用量是多少？
19. 盐炙的目的是什么？
20. 蜜炙的药物是什么？
21. 叙述黄连、半夏的炮制方法、辅料用量和炮制目的。
22. 叙述阿胶的炮制规格。

第八章　药物制剂技术

【学习目标】

通过学习本章，学习者能够达到下列目标：

1. 区分药物与药品，区分原料药和制剂的概念，熟记制剂的分类。

2. 举例说明常用制剂（液体制剂、注射剂、片剂、胶囊剂、丸剂等）的概念，能说明它们的组成及作用。能叙述常用制剂的生产工艺流程，并能说明各个步骤的作用。

3. 区分化学灭菌法与物理灭菌法。能解释无菌操作法。

第一节　概　　述

根据《中国药典》、部（局）颁标准或其他规定的处方，将原料药物加工制成具有一定规格的药物制品称为制剂。制剂一般指某一个具体品种，有时也可以是各种剂型、各具体制剂的总称。制剂的生产一般在药厂进行，也可在医院制剂室制备。研究制剂制备工艺和理论的科学，称为制剂学。

一、常用术语

（1）药物与药品　一般用于预防、治疗或诊断疾病的物质称药物。包括原料药和药品。

药品是用于预防、治疗、诊断人的疾病，有目的地调节人的生理机能并规定有适应证或者功能主治、用法和用量的物质。包括中药材、中药饮片、中成药、化学原料药及其制剂、抗生素、生化药品、放射性药品、血清、疫苗、血液制品和诊断药品等。

一般来说，药品可直接用于临床，而药物有时需经加工后再用于临床。

（2）原料药　系指用于生产各类制剂的原料药物，是制剂中的有效成分。

（3）半成品　系指各类制剂生产过程中制得的，并需进一步加工制成的物料。

（4）成品　系指制剂过程全部结束，并经检验合格的最终产品。

（5）批号　用来表明不同生产批次产品的一种标记，用数字或文字表示。

（6）药品有效期　指药品在一定贮存条件下，能够保持质量的期限。

（7）药品的负责期　指生产单位和销售单位共商洽谈制订的，以明确药品在贮藏、销售期间彼此应负的责任期限。负责期与有效期不同，过期后如产品质量不变可继续销售使用。

（8）剂型　根据药物的性质、用药目的和给药途径，将原料药加工制成适合于医疗或预防应用的形式，称为药物剂型。如片剂、注射剂、丸剂等。

（9）非处方药（简称OTC）　系指由国家药品监督管理部门颁布的，无需凭执业医师或执业助理医师处方，消费者即可自行判断、购买和使用的药品。分甲类和乙类。一般是用以减轻某些轻微症状或治疗某些轻微疾病的药物，具有应用安全、疗效确切、质量稳定、使用方便等特点。

（10）GMP　即《药品生产质量管理规范》。GMP是药品生产和质量管理的基本准则，也是保证生产优质药品的一整套科学、合理、规范化的管理方法，还是制药企业改建、新建的主要依据。我国的GMP制度正式颁布施行于1988年。

二、剂型的分类

药物剂型种类繁多，其性质与用途也不同，为了便于研究、学习和应用，需要对剂型进行分类，剂型分类主要有以下方法。

1. 按物态分

按物态将药物剂型分为如下 4 类。

(1) **液体剂型** 如汤剂、注射剂等。

(2) **半固体剂型** 如软膏剂、糊剂等。

(3) **固体剂型** 如片剂、丸剂等。

(4) **气体剂型** 如气雾剂、吸入剂等。

这种分类法在制备、贮藏和运输上较为有用，但不能反映给药途径对剂型的要求。

2. 按分散系统分

按分散相在分散剂中的特性将剂型分为如下 7 类。

(1) **真溶液类药剂** 如芳香水剂、注射剂等。

(2) **胶体溶液类药剂** 如胶浆剂、涂膜剂等。

(3) **乳浊溶液类药剂** 如乳剂、部分搽剂等。

(4) **混悬液类药剂** 如混悬剂、洗剂等。

(5) **微粒剂型** 如脂质体、微球剂等。

(6) **气体类剂型** 如气雾剂、吸入剂等。

(7) **固体类剂型** 如散剂、片剂等。

该分类法便于应用物理化学的原理说明各类剂型的特点，但不能反映给药途径与用药方法对剂型的要求。

3. 按给药途径和方法分

(1) **经胃肠道给药的剂型** 如丸剂、片剂等经口服给药；灌肠剂、栓剂等经直肠给药。

(2) **不经胃肠道给药的剂型** 注射给药如静脉注射、肌内注射等；呼吸道给药如气雾剂、吸入剂等；皮肤给药如洗剂、搽剂等；黏膜给药如滴眼液、滴鼻剂等。

这种分类法与临床用药结合密切，能反映给药途径与方法对剂型制备的工艺要求，但同一剂型往往有多种给药途径，重复较多。

4. 按制法分类

按主要制备工序特点归类，浸出制剂是用浸出方法制备的制剂（如汤剂、浸膏剂等）；灭菌制剂是用灭菌方法或无菌操作法制备的制剂（如注射剂、滴眼剂等）。

上述分类法各有特点与不足，实际工作中常采用综合分类法。

三、药典与药品标准

1. 药典

药典是一个国家记载药品规格，质量标准的法典。大多数由国家组织药典委员会编纂，并由政府颁发施行，具有法律的约束力。药典中收载医疗必需、疗效确切、毒副作用小、质量稳定的常用药物及其制剂，规定其质量标准、制备要求、鉴别、杂质检查、功能主治及用法用量等，作为药物生产、检验、供应与使用的依据。药典在一定程度上反映了该国家药物生产、医疗和科技的水平，也体现出医药卫生工作的特点和服务方向。药典在保证人民用药安全有效、促进药物研究和生产上起着重大作用。

新中国成立后，已颁布施行的《中华人民共和国药典》（简称《中国药典》）有 1953 年版、1963 年版、1977 年版、1985 年版、1990 年版、1995 年版、2000 年版、2005 年版及 2010 年版共九版。除 1953 年版为一部，2005 年版和 2010 年版为三部外，其余均分为一部、二部两册。一部收载中药材和中药成方及单方制剂，二部收载化学药品、生化药品、抗生素、放射性药品、生物制品等各类制剂。2005 年版开始将《中国生物制品规程》并入药典，设为药典三部。《中国药典》分别由凡例、正文、附录和索引组成。

目前世界上有 38 个国家的药典及《国际药典》。我国经常参阅的主要有《美国药典》、《英国药典》和《日本药局方》等。

2. 药品标准

药品标准是国家对药品质量规格及检验方法所做的技术规定，是药品生产、供应、使用、检验和管理部门共同遵循的法定依据。

我国药品标准分为二级。《中国药典》和部（局）颁标准属国家药品标准；各省、自治区、直辖市药品监督管理部门及卫生部门批准的属地方药品标准。药品标准具有法规性质，属强制性标准。凡正式批准生产的药品及药用辅料要执行《中国药典》和部（局）颁标准。中药材、中药饮片分阶段、分品种实施，暂可参照执行省、自治区、直辖市药品监督局制定的《炮制规范》。

药品标准，英美法等国有《国家处方集》（NF），英国尚有准药典（BPC）等，日本有《日本药局方外药品成分规格》等。

四、制剂生产中常用的灭菌方法

灭菌方法系指应用物理或化学等方法杀灭或除去一切微生物的繁殖体和芽孢的方法。它是灭菌制剂生产中的主要过程，对于注射剂尤为重要。根据临床用药的要求，直接注入机体或与黏膜创面直接接触的制剂都必须进行灭菌。

1. 灭菌法

制剂生产过程中常用的灭菌法有物理灭菌法和化学灭菌法。物理灭菌法是指采用加热、辐射等物理手段达到灭菌目的的方法。常见的有加热灭菌法、滤过除菌法、紫外线灭菌法、微波灭菌法、辐射灭菌法和超声波灭菌法。化学灭菌法是借助于某些化学药品的作用抑制或杀灭细菌而不损及制品质量的灭菌方法。同一种化学药品在低浓度时呈现抑菌作用，而在高浓度时起杀菌作用。常见的有消毒剂消毒法和化学气体灭菌法。

2. 无菌操作法

无菌操作法是指药剂生产的整个过程均控制在无菌条件下进行的操作方法。

加热灭菌易致变质、变色或含量、效价降低的药品可采用该法制备。无菌操作应在无菌操作室或柜内进行。适用于注射剂、软胶囊、滴眼剂、滴丸等多种剂型。

【练习 1】

1. 属于化学灭菌法的是（　　　）

A. 湿热灭菌法　　　B. 甲醛灭菌法　　　C. 紫外线灭菌法　　　D. 干热灭菌法

2. 药典收载的品种不包括（　　　）

A. 中药材　　　B. 抗生素　　　C. 动物用药　　　D. 放射性药品

3. 根据药物的性质、用药目的和给药途径，将原料药加工制成适合于医疗或预防应用的形式，称为药物（　　　）

A. 处方药　　　B. 非处方药　　　C. 中成药　　　D. 剂型

第二节　液体制剂

液体制剂系指药物分散在液体介质中而制成的供内服或外用的一类制剂。

一、液体制剂的分类和溶剂

1. 液体制剂的分类

（1）按分散体系的粒径大小分 可分为真溶液型、胶体溶液型、乳浊液型和混悬液型等。

（2）按给药途径和用法分 可分为合剂、芳香水剂、糖浆剂、醑剂、酊剂、洗剂、搽剂、灌肠剂、涂剂、胶体溶液、混悬液和乳剂等。

2. 液体制剂的溶剂

有水、乙醇、甘油、脂肪油、液状石蜡、丙二醇、二甲基亚砜等。

二、增加药物溶解度的方法

1. 增溶

表面活性剂在溶液中形成胶团后增大了难溶性药物在水中的溶解度并形成澄清溶液的过程称为增溶。起增溶作用的表面活性剂称为增溶剂，其亲水亲油平衡值（HLB）宜在15～18。被增溶药物根据其极性大小，以不同方式与胶团结合，进入胶团的不同部位，从而使药物的溶解度增大。

2. 助溶

一些难溶于水的药物由于第二种物质的加入而使其在水中溶解度增加的现象称为助溶。加入的第二种物质称为助溶剂。难溶性药物与助溶剂形成可溶性络合物、有机分子复合物以及通过复分解反应生成可溶性盐类而产生助溶作用。

3. 制成盐类

一些难溶性弱酸、弱碱类药物，可制成盐类而增加溶解度。但应考虑成盐后对溶液 pH 的影响，以及对药物稳定性、安全性、刺激性的影响。

4. 应用混合溶剂

溶质在混合溶剂中的溶解度要比在各单一溶剂中的溶解度大的现象称为潜溶性。具有潜溶性的混合溶剂称为潜溶剂。这种现象被认为是由于组成混合溶剂的两种溶剂分别作用于溶质分子的不同部位所致。

具有潜溶性的混合溶剂常由乙醇、丙二醇、甘油、聚乙二醇 400 与水等组成。

三、液体制剂的防腐、矫味与着色

1. 常用的防腐剂

有对羟基苯甲酸酯类（尼泊金类）、苯甲酸、苯甲酸钠、乙醇、季铵盐类（洁尔灭、新洁尔灭和杜灭芬）、山梨酸与山梨酸钾、30％以上的甘油、酚类及其衍生物、洗必泰、脱水醋酸等。

2. 矫味与着色

（1）矫味剂

① 甜味剂。蔗糖、糖精钠、木糖醇等。

② 芳香剂。食用香精，如香蕉香精，一般用 0.06％即可。

③ 胶浆剂。如淀粉、阿拉伯胶、西黄芪胶、羧甲基纤维素、海藻酸钠等。

④ 泡腾剂。用碳酸氢钠与有机酸如枸橼酸、酒石酸作用，产生二氧化碳。

（2）着色剂

① 天然染料。常用的有焦糖、叶绿素、胡萝卜素、氧化铁、二氧化钛等。焦糖（糖色），其 1:1000 的溶液为澄明的淡黄色，较浓的呈棕色。

② 合成染料。目前我国准许使用的有苋菜红、胭脂红、柠檬黄、靛蓝等。

四、各类液体制剂

1. 真溶液型液体制剂

真溶液型液体制剂是药物以分子或离子状态分散在溶剂中的液体制剂，可供内服或外用。常用水、乙醇、脂肪油及其混合物作溶剂。剂型有溶液剂、糖浆剂、芳香水剂、醑剂、甘油剂、酏剂等。

（1）溶液剂　溶液剂系指一种或多种可溶性药物溶解于适宜溶剂中制成澄清溶液的液体制剂。用溶解法、稀释法和化学反应法制备。如复合维生素B溶液。

（2）糖浆剂　可分为单糖浆、芳香糖浆和药用糖浆等。用溶解法和混合法制。

（3）其他剂型

① 芳香水剂。用蒸馏法、溶解法和稀释法制备。如薄荷水、氯仿水等。

② 甘油剂。指药物的甘油溶液。如硼酸甘油、苯酚甘油等。

③ 醑剂。为挥发性药物的乙醇溶液。如复方橙皮醑。

2. 胶体溶液型液体制剂

指大小在1～100nm范围的分散相质点分散于分散介质中形成的溶液。

（1）高分子溶液（亲水胶体）的制备　取天然或合成高分子物质，加水浸泡溶胀胶溶，必要时采用研磨、搅拌或加热等方式使之溶解即得。

（2）溶胶（疏水胶体）的制备　多采用分散法和凝聚法。

① 分散法。常用的方法有研磨分散法、胶溶分散法和超声波分散法。

② 凝聚法。药物在真溶液中因物理条件的改变或化学反应而形成沉淀，控制适当的条件使形成的质点大小符合溶胶分散相质点的要求。

3. 混悬液型液体药剂

混悬液型液体药剂系指含不溶性固体药物粉末的液体制剂。粉末直径一般在 0.5～50μm。混悬液在医疗上应用较广，在口服、外用、注射等剂型中都有应用。混悬液型液体用分散法和凝聚法制。

4. 乳浊液型液体制剂

乳浊液型液体制剂，是指两种互不相溶的液体制成粒径大多在 0.1～100μm 的液滴，分散在连续相液体中，制成水包油型或油包水型乳浊液的液体药剂，也称乳剂。乳剂的类型有水包油型乳剂，简称油/水（O/W）型；或油包水型乳剂，简称水/油（W/O）型。

常用干胶法、湿胶法、新生皂法及机械法制。

（1）干胶法　水相加至含乳化剂的油相中。配制时，量取油的容器需干燥不沾水，量取水的容器不得带有油腻。本法初乳中，脂肪油：水：胶＝4：2：1，挥发油：水：胶＝2：2：1。

（2）湿胶法　将油相加至含乳化剂的水相中。湿胶法初乳的油、水、胶比例与干胶法相同（即 4：2：1），但只适用于制备脂肪油乳剂，若用挥发油制乳剂时，则油：水：胶＝（2～3）：2：1。

（3）新生皂法　在乳剂制备过程中，当油水两相混合时，在两相界面生成新生皂类乳化剂，再搅拌制成乳剂。如油相中硬脂酸与水相中三乙醇胺在一定温度（70℃以上）混合时生成硬脂酸三乙醇胺皂，可作为 O/W 型乳化剂。本法适合于乳膏的制备。

（4）机械法　将油相、水相、乳化剂混合后应用乳化机械所提供的强大乳化能来制成乳剂。

【练习2】

1. 填空

（1）一般用作增溶剂的 HLB 值宜在 ＿＿＿＿＿＿＿＿＿。

（2）采用湿胶法，用阿拉伯胶作乳化剂乳化脂肪油的油：水：胶比例是 ＿＿＿＿＿。

2. 选择题

A. 增溶　　　　　B. 乳化　　　　　C. 助溶

D. 润湿　　　　　E. 潜溶

(1) 有时溶质在混合溶剂中的溶解度要比在各单一溶剂中溶解度大，这种现象称为（　　）。

(2) 表面活性剂在溶液中形成胶团后增大了难溶性药物在水中的溶解度并形成澄清溶液的过程称为（　　）。

(3) 一些难溶于水的药物由于第二种物质的加入而使其在水中溶解度增加的现象称为（　　）。

第三节　注　射　剂

一、概述

1. 注射剂的含义与特点

注射剂系指药物与适量的溶剂或分散介质制成的供注入体内的灭菌溶液、乳浊液、混悬液及供临用前配制或稀释成溶液或混悬液的粉末或浓溶液的无菌制剂。

注射剂具有许多优点：①药效迅速，作用可靠；②适用于不宜口服的药物；③适用于不能口服给药的病人；④可产生局部定位作用。

由于具有以上独特的优点，注射剂成为使用最广泛的剂型之一。但仍存在着注射疼痛、使用不方便等缺点，并且由于一经注入人体即无法收回，故不如口服给药安全。

2. 分类

(1) 按分散系统分　分为溶液型注射剂（包括水溶液型和油溶液型注射剂）、混悬液型注射剂、乳浊液型注射剂、注射用无菌粉末四类。

(2) 按给药部位分　分为皮内注射剂、皮下注射剂、肌内注射剂、静脉注射剂、脊椎腔注射剂等。

3. 热原

(1) 热原的概念及组成　热原是一种能引起恒温动物体温异常升高的致热物质，是微生物的代谢产物，为一高分子复合物。热原由磷脂、脂多糖和蛋白质组成，多存在于细菌的细胞外膜。由革兰阴性杆菌产生的热原致热作用最强。

(2) 热原的基本性质　有水溶性、耐热性、不挥发性、滤过性、被吸附性及其他（热原能被强酸、强碱、氧化剂、超声波等破坏）。

(3) 除去热原的方法　用吸附法、超滤法、离子交换法、凝胶滤过法、反渗透法、高温法和酸碱法等方法除去。

(4) 热原的检查方法　常用家兔试验法、鲎试验法（细菌内毒素检查法）等检查。

二、注射剂的溶剂

注射剂所用溶剂包括注射用水、植物油和其他非水溶液。

1. 注射用水

我国药典规定注射用水为纯化水经蒸馏所得的水，应符合细菌内毒素试验要求。

注射用水可作为配制注射剂的溶剂或稀释剂及用于注射用容器的精洗，也可作为滴眼剂配制的溶剂。灭菌注射用水为注射用水按照注射剂生产工艺制备所得，主要用作注射用灭菌粉末的溶剂或注射剂的稀释剂。

纯化水系指饮用水经蒸馏法、离子交换法、反渗透法或其他适宜的方法制备的制药用水。可作为配制普通药物制剂用的溶剂或试验用水；还可作为中草药注射剂、滴眼剂等灭菌制剂所用药材的提取溶剂；口服、外用制剂配制用溶剂或稀释剂；非灭菌制剂用器具的精洗用水，也可作非灭菌制剂所用药材的提取溶剂。纯化水不得用于注射剂的配制与稀释。

(1) 注射用水的质量要求　注射用水的质量应符合《中国药典》二部注射用水项下的规定。

(2) 注射用水的制备　注射用水制备的一般工艺流程：

$$饮用水 \xrightarrow{蒸馏} 水蒸气 \xrightarrow{冷却} 蒸馏水 \xrightarrow{蒸馏} 水蒸气 \xrightarrow{冷却} 注射用水$$

饮用水的处理常采用离子交换法、电渗析法及反渗透法等方法，以制得纯化水。

为了保证注射用水的质量，必须随时监控蒸馏法制备注射用水的各生产环节，定期清洗与消毒注射用水制造与输送设备。经检验合格的注射用水方可收集，一般应在无菌条件下保存，并在 12h 内使用。

2. 注射用油

常用的多为由麻油、大豆油、花生油、菜籽油、茶油、杏仁油、橄榄油等经精制而成。油的榨取以冷压法为好。

注射用大豆油的质量要求：应为淡黄色的澄明液体，无臭或几乎无臭，相对密度 0.916～0.922，折射率为 1.472～1.476，酸值不大于 0.1，皂化值为 188～195，碘值为 126～140。

酸值系指中和 1g 大豆油中含有的游离脂肪酸所需氢氧化钾的质量（mg）。酸值的高低说明了油中游离脂肪酸的多少，反映出油的酸败程度。

皂化值系指中和并皂化 1g 大豆油中游离脂肪酸和所结合成酯类所需氢氧化钾的质量（mg）。皂化值反映了油中游离脂肪酸和结合成酯的脂肪酸的总量，标示着油的种类和纯度。

碘值系指 100g 大豆油充分卤化时所需的碘量（g）。碘值反映了油中不饱和键的多少，碘值高，则油中不饱和键多，易氧化，不适合注射用。

3. 其他注射用非水溶剂

有乙醇、甘油、丙二醇、聚乙二醇、二甲基亚砜等。

三、注射剂的附加剂

为增加主药的溶解度、稳定性与有效性，或减少对机体的刺激性等，常按药物的性质添加适宜的附加剂。

1. 助溶剂与增溶剂

有些药物在水中溶解度很小，为提高注射液的澄明度，常采用加入适当的助溶剂或增溶剂。除另有规定外，供静脉用的注射剂，慎用增溶剂；椎管注射用的注射液，不得添加增溶剂。

2. 抗氧剂

常用的抗氧剂如下。

(1) 抗氧剂　如亚硫酸钠、亚硫酸氢钠、焦亚硫酸钠、硫代硫酸钠等。

(2) 金属络合剂　如依地酸二钠等。

(3) 惰性气体　如 N_2 或 CO_2。

3. 抑菌剂

如苯甲醇、三氯叔丁醇等。

除另有规定外，供静脉用或椎管注射用的注射液均不得添加抑菌剂。

4. 调节 pH 的附加剂

一般注射液的 pH 允许在 4～9，大量输入的注射液 pH 应近中性。常用盐酸、枸橼酸、氢氧化钠、氢氧化钾、碳酸氢钠、磷酸盐类等调节 pH。选择时一般采用与主药有同离子的酸，或作用后能产生水的碱。避免反调，如需反调应仍用主药本身反调。

5. 局部止痛剂

常用的有 1％～2％苯甲醇，0.3％～0.5％三氯叔丁醇，0.25％～2％盐酸普鲁卡因及0.25％利多卡因等。

6. 等渗调节剂

凡与血浆、泪液具有相同渗透压的溶液称为等渗溶液。大量注入低渗溶液，可导致溶血，因此大容量注射液应用氯化钠、葡萄糖等调节其渗透压。

7. 助悬剂、乳化剂

常用的助悬剂有甲基纤维素、羧甲基纤维素钠等；乳化剂有卵磷脂、普朗尼克 F-68 等。

四、液体安瓿注射剂的制备

1. 生产工艺流程

安瓿剂系指将无菌药物或药物的无菌溶液灌封于特制的、单剂量装的玻璃小瓶（即安瓿）中的一种注射剂。

液体安瓿注射剂的生产工艺流程为：

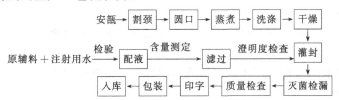

2. 容器的选择与处理

（1）注射剂容器的种类　按质地材料分为玻璃容器和塑料容器。按盛装剂量分为单剂量、多剂量和大剂量容器。

单剂量玻璃小容器，俗称安瓿，其容积通常有 1ml、2ml、5ml、10ml、20ml 等规格。

多剂量容器常用的有 5ml、10ml、20ml、30ml 及 50ml 等规格。

大剂量容器常见的为输液瓶，有 500ml 或 1000ml 等规格。

（2）注射剂容器的质量要求　注射剂容器主要由硬质中性玻璃制成。除特殊需要外，玻璃容器应达到以下要求。

① 无色透明，不得有气泡、麻点与砂粒，便于检查注射液澄明度及变质情况。

② 应具有低的膨胀系数和优良的耐热性，使其在生产过程中不易爆裂。

③ 熔点较低，易于熔封。

④ 要有足够的物理强度，能耐受热压灭菌时产生的较高的压力差，并避免在生产、贮运过程中造成破损。

⑤ 应具有较高的化学稳定性，不改变溶液的 pH，不易被药液侵蚀。

（3）安瓿的质量检查　安瓿在应用前必须经外观、清洁度、耐热、耐酸、耐碱性等检查，合格品经处理后，方能使用。

（4）安瓿的处理　安瓿的处理工序为：

切割→圆口→灌水蒸煮→洗涤→干燥与灭菌

① 安瓿的切割与圆口。空安瓿切割时，要求瓶口整齐，无缺口、裂口、双线，长短符

合要求。切割后可用火焰喷烧使截面熔融光滑。大量生产一般采用安瓿自动割圆机。目前国内使用的易折安瓿,瓶口已经处理好,不需切割与圆口。

② 安瓿的洗涤。一般采用甩水洗涤法和加压喷射气洗涤法。必要时在安瓿洗涤之前加0.1%~0.5%的盐酸溶液,100℃蒸煮30min,以除去微量的碱和金属离子。

③ 安瓿的干燥与灭菌。洗涤的安瓿应倒置在铝盘中,及时于120~140℃干燥。用于无菌操作或低温灭菌的安瓿需在200℃以上干热灭菌45min、180℃干热灭菌1.5h、170℃干热灭菌2h,以杀死微生物和破坏热原。安瓿干燥灭菌后,应密闭保存并及时应用。

3. 注射剂的配制与滤过

(1) 配制

① 稀配法。即将原料药物直接加入所需的溶剂中,一次配成所需的浓度。凡原料质量较好,小型试验澄明度合格率高,而药液浓度不高或配液量不大者,常用此法。

② 浓配法。即将全部原料药物加入部分溶剂中,再加热煮沸溶解滤过,或经冷藏等步骤再滤过,然后加水稀释至所需浓度。凡原料虽符合注射用水要求,但溶液的澄明度较差者,一般多采用此法。

(2) 滤过 滤过是配制注射剂的重要步骤之一,是影响成品澄明度的关键操作之一。它是借多孔性材料把固体微粒阻留而使液体通过,将固体微粒与液体分离的过程。注射液的滤过一般是先粗滤再精滤。

4. 注射剂的灌封

灌封包括药液灌注和安瓿熔封,大生产多使用自动安瓿灌封机。

(1) 灌注 注意装量并防止带入异物。

(2) 熔封 安瓿的熔封应严密,无缝隙,不漏气,顶端圆整光滑,无尖锐易断的尖头及易破碎的球状小泡。

5. 灭菌与检漏

(1) 灭菌 熔封后的安瓿应及时灭菌,以免细菌繁殖。灭菌时间可根据具体情况延长或缩短,一般采用100℃的流通蒸汽灭菌30~45min,对热稳定的产品可用热压法灭菌。

(2) 检漏 检漏的方法如下。

① 若药液色泽较浅,将灭菌后的安瓿趁热放入有色溶液中,有色溶液借助负压由漏气毛细孔进入安瓿内,而使药液染色;或抽取灭菌容器内空气后再放入有色溶液,有色溶液借助大气压进入漏气安瓿而被检出。

② 若药液色泽较深,可在灭菌后浸入常水或减压后灌入常水,如药液色泽变浅,即表示漏气。

6. 质量检查

(1) 澄明度检查 取供试品,置检查灯下距光源约20cm处,目视,不得有可见混浊与不溶物。

(2) 无菌检查 照《中国药典》无菌检查法项下的方法检查,应符合规定。

(3) 热原检查 供静脉注射及部分肌内注射者及中草药注射液应做热原检查。

(4) 其他 含量、装量、色泽、pH等,是衡量产品质量的重要指标,出厂前必须进行检查。鉴别、有效成分的含量测定、安全试验、不溶性微粒检查、鞣质检查、蛋白质检查、草酸盐检查、树脂检查、钾离子检查、炽灼残渣检查等项目,可根据具体品种进行检查。

7. 印字与包装

检测合格后即可印字、包装。印字内容包括品名、规格、批号及批准文号。

五、输液剂

1. 输液剂的含义和用途

输液剂系指通过静脉滴注输入体内的大剂量注射液。一次用量在数百毫升以上至数千毫升的，俗称大输液。

输液剂的主要用途有：①补充营养、热量和水分，纠正体内电解质代谢紊乱；②可维持血容量以防止休克；③调节体液酸碱平衡；④解毒，用于稀释毒素、促使毒物排泄；⑤抗生素、强心药、升压药等多种注射液加入输液剂中静脉滴注，起效迅速，疗效好，且可避免高浓度药液静脉推注时对血管的刺激。

2. 输液剂的种类

（1）电解质输液 如氯化钠注射液。

（2）营养输液 如葡萄糖输液、氨基酸输液、脂肪乳剂输液等。

（3）代血浆输液 如右旋糖酐。

3. 输液剂的制备

（1）容器及包装材料的质量要求和处理 输液剂的包装材料包括输液容器、隔离膜、胶塞、铝盖等。

输液容器常采用中性硬质玻璃制成，也有聚丙烯塑料瓶或无毒聚氯乙烯输液袋。输液容器要求其物理化学性质稳定，质量符合国家规定，洗涤用注射用水及去离子水。

（2）配制与灌封 配制方法和注射剂类似，也分浓配法和稀配法两种。输液剂在滤过时也是先粗滤，再精滤。输液剂灌封分为灌注药液、衬垫薄膜、盖胶塞、轧铝盖 4 步。

（3）灭菌 应立即灭菌，一般采用热压灭菌。

（4）检查与包装 输液剂的质量检查包括澄明度、热原、无菌、pH 及含量测定等项。应符合现行《中国药典》规定。检查合格后，按规定贴好标签进行包装。

六、注射用无菌粉末

1. 注射用无菌粉末的含义

注射用无菌粉末简称粉针剂，系指将某些对热不稳定或容易水解的药物按无菌操作法制成的供注射用的无菌干燥粉末或海绵状块状物，临用前加溶剂溶解供注射用。

2. 制备

（1）无菌粉末直接分装法 系将原料精制成无菌粉末，在无菌操作条件下直接将无菌粉末分装于注射容器中。

（2）无菌水溶液冷冻干燥法 将滤过除菌的药液，在无菌操作条件下，直接按剂量分装于注射容器中，经冷冻干燥，得干燥粉末或海绵状块状物。

七、中草药注射剂

中草药注射剂的制备，除了原料预处理、提取与精制外，其他如配制、灌封、灭菌及质量检查等都与一般注射剂生产工艺基本相同。其中原料的预处理以及提取与精制是制备中草药注射剂的关键，处理不好直接影响产品质量。

浸提方法有煎煮法、浸渍法、渗漉法、回流法、水蒸气蒸馏法、超临界流体提取法等。

分离方法有沉降分离法、离心分离法、滤过分离法等。

精制方法有水提醇沉法、吸附澄清法、大孔树脂吸附法等。

八、滴眼剂

1. 滴眼剂的概念与质量要求

（1）概念 滴眼剂系指供滴眼用的具有杀菌消炎等作用的澄明溶液或混悬液。

（2）质量要求　应无菌、澄明；pH应适宜，一般为6～8；渗透压、黏度均应适宜；另外混悬型滴眼液微粒大小应均匀，且粒径≤50μm。

2. 滴眼剂的附加剂

（1）pH调整剂　根据药物的溶解度、稳定性、刺激性来选用适当的缓冲液，常用的有磷酸盐缓冲液、硼酸缓冲液等。

（2）渗透压调节剂　渗透压应调整在0.8%～1.2%范围内，常用的调节剂有氯化钠、硼酸、葡萄糖等。

（3）抑菌剂　多剂量滴眼剂应加入适当的抑菌剂。常用的有氯化苯甲烃胺（0.01%～0.02%）、硫柳汞（0.005%～0.01%）、苯乙醇（0.5%）、三氯叔丁醇（0.35%～0.5%）、对羟基苯甲酸甲酯与对羟基苯甲酸丙酯混合物（对羟基苯甲酸甲酯0.03%～0.1%，对羟基苯甲酸丙酯0.01%）等。

（4）黏度调节剂　适当增加滴眼液的黏度，可延长药液在眼内停留的时间，降低刺激性，从而增强药效。常用的有甲基纤维素、聚乙烯醇、聚乙二醇、聚乙烯吡咯烷酮等。

（5）其他附加剂　根据主药的性质及制备的需要，还可加入抗氧剂、增溶剂、助溶剂等。

3. 滴眼剂的制备

（1）主药性质稳定的滴眼剂　一般工艺流程为：

$$主药+附加剂 \rightarrow \boxed{溶解} \rightarrow \boxed{滤过} \rightarrow \boxed{灭菌} \Big\} \boxed{无菌分装} \rightarrow \boxed{质检} \rightarrow \boxed{印字包装}$$
$$滴眼瓶（塞）\rightarrow \boxed{洗涤} \rightarrow \boxed{灭菌}$$

（2）主药性质不稳定的滴眼剂　采用无菌操作法制备。

【练习3】

1. 不能作为注射剂溶剂的是（　　　）

A. 丙二醇　　　　B. 麻油　　　　C. 甘油

D. 纯水　　　　E. 乙醇

2. 注射用大豆油的皂化值为（　　　）

A. 79～128　　　B. 188～195　　　C. 135～175

D. 128～185　　　E. 79～200

3. 注射剂的pH为（　　　）

A. 2～3　　　　B. 4～6　　　　C. 4～9

D. 7～8　　　　E. 8～10

4. 下列哪些是注射剂所用安瓿的处理过程（　　　）

A. 干燥　　　　B. 灌水蒸煮　　　　C. 圆口

D. 切割　　　　E. 洗涤

第四节　片　　剂

片剂系指药物与适宜的辅料通过制剂技术制成片状的制剂。供内服、外用和注射用。由于使用方便、质量稳定、生产的机械化程度高等多种原因，片剂已成为品种多、产量大、用途广、质量稳定的剂型之一。

一、片剂的分类

按给药途径结合制法与作用，片剂可分为以下几类。

1. 内服片

内服片系指供口服，在胃肠道崩解、吸收而发挥局部或全身治疗作用的片剂。

（1）压制片（素片）　如安胃片、葛根芩连片。

（2）包衣片　如三七伤药片、盐酸黄连素片。

（3）咀嚼片　如酵母片、乐得胃片。

（4）分散片　如复方阿司匹林分散片。

（5）泡腾片　如活血通脉泡腾片。

（6）多层片　如双层复方氨茶碱片。

2. 口腔用片

（1）口含片　如复方草珊瑚含片、桂林西瓜霜含片。

（2）舌下片　如硝酸甘油片。

此外还有口腔唇颊片、口腔贴片等。

3. 外用片

（1）阴道片　如鱼腥草素泡腾片。

（2）溶液片　如复方硼砂漱口片、白内停片。

4. 其他

如植入片，供注射的灭菌片剂。

此外尚有缓释片、控释片、微囊片、纸型片、固体分散片等。

二、片剂的赋形剂

1. 稀释剂与吸收剂

稀释剂与吸收剂又称填充剂。凡主药剂量小于 0.1g，压片有困难者，常需加入一定量的稀释剂。若原料中有较多的油类或其他液体，则需加入一定量的吸收剂。常用的有：淀粉、糊精、糖粉、乳糖、甘露醇、硫酸钙、碳酸钙、磷酸氢钙、氧化镁、活性炭等。有些兼有黏合和崩解作用。

2. 润湿剂与黏合剂

有水、乙醇、淀粉浆（糊）、糊精、糖浆、胶浆类、微晶纤维素、纤维素衍生物如羧甲基纤维素钠（CMC-Na）、羟丙基甲基纤维素（HPMC）和低取代羟丙基纤维素（L-HPC），此外还有聚乙烯吡咯烷酮（PVP）及聚乙二醇（PEG）4000 等。

3. 崩解剂

有淀粉、羧甲基淀粉钠（CMS-Na）、低取代羟丙基纤维素（L-HPC）、泡腾崩解剂、表面活性剂等。

片剂崩解剂的加入方法，主要有以下几种。

（1）内加法　即将崩解剂与主药等混合后制粒。崩解作用起自颗粒内部，一经崩解便成粉粒。但由于淀粉在制粒中已接触湿和热，因此崩解作用不强。

（2）外加法　即将崩解剂加到经整粒后的干颗粒中，崩解作用起自颗粒之间，崩解迅速。但颗粒不易崩解成粉粒，故溶出稍差。同时，增加了干颗粒的细粉量，用量较大时往往造成压片困难，片重不稳定。故常将淀粉制成空白颗粒与药物颗粒混匀后压片。

（3）内外加法　即将崩解剂用量的 50%～75% 与药物混合制颗粒，其余加在干颗粒中，当片剂遇水时首先崩解成颗粒，然后颗粒再行崩解成细粉。

比较而言，上述方法的崩解速度：外加法＞内外加法＞内加法；而溶出度：内外加法＞内加法＞外加法。

4. 润滑剂

有硬脂酸镁、滑石粉、液状石蜡、聚乙二醇（PEG）、月桂醇硫酸镁及硼酸等。

润滑剂加入的方法有两种：其一，可直接加入盛有干粒的混合器中混匀；其二是从干颗粒中用 60 目筛来筛出部分细粉，先和润滑剂充分混合后再加到干粒中进行适当混合而后压片。

三、片剂的制备

片剂的制备方法分制粒压片法和直接压片法两大类，以制粒压片法应用最多。制粒压片法根据主药性质及工艺不同，又可分为湿粒法和干粒法两种，以湿粒法应用最广，其工艺流程如下：

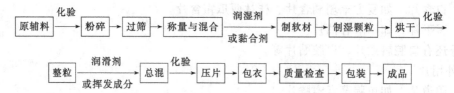

1. 制粒压片工艺

（1）湿法制粒

① 原辅料的准备与预处理。原辅料首先进行化验，合格后投料，经处理使原辅料的细度在 80~100 目，毒剧药、激素、贵重药及有色药物则应更细一些，使混合均匀、含量准确、增加药物在胃肠道内的吸收效果，并减少裂片等质量问题。

② 称量与混合。按处方准确称量各处理好的原辅料，置混合机混合。

③ 制软材。将已处理并混匀的原辅料置槽形混合机内，加入适宜的润湿剂或黏合剂，混合均匀，制成适宜软材。软材以手紧握能成团，手指轻压团块即散裂开为宜。

④ 制湿粒。将软材通过适宜的筛网即成湿颗粒。大量生产可用摇摆式制粒机。把湿粒置于手掌中簸动数次，应有沉重感、细粉少、颗粒完整、无长条。

⑤ 干燥。湿粒制成后，应立即进行干燥，放置过久易受压变形或结块。干燥温度应视主辅料性质而定，一般药物干燥温度以 50~60℃ 为宜，如洋地黄、含碘喉片等。温度过高可引起颗粒变色和药物变质，对热稳定的药物，干燥温度可提高到 80℃ 以缩短干燥时间。含结晶水的药物，干燥温度不宜高，时间不宜长。干燥过程中温度应逐步升高，否则颗粒表面易变黄，造成片面有斑点。

⑥ 整粒。操作可在颗粒机中进行，使颗粒大小一致，便于压片。

⑦ 总混。将已过筛的润滑剂、崩解剂加入混匀，挥发性成分可与颗粒中筛出的部分细粉先混匀，然后采用逐级稀释法。

（2）干法制粒 本法系指粉末的混合物通过加压而不需加热和溶剂进行制取的一种制粒法。本法的优点在于：物料不经过湿热的过程，尤其适用于对湿热易变质的药物；设备少，工时短。但本法也存在着易产生较多的细粉，并需要特殊的设备等缺点。

干法制粒可分为滚压法和重压法两种。

① 滚压法。将药物和辅料混匀后，通过滚压机，加压滚轧成所需厚度的薄片，将薄片通过摇摆式制粒机制成颗粒，加润滑剂总混后即可压片。本法制成的片剂硬度适中，不易产生松片现象。但有时由于滚筒间的摩擦常使温度上升，影响片剂质量。本法设备复杂故少采用。

② 重压法（大片法）。本法是将药物与赋形剂的混合物在较大压力的压片机上，用大于

19mm 的冲模预先加压，得到大片，然后经摇摆式颗粒机制成适宜的颗粒，该颗粒比原先混合粉末流动得更均匀，颗粒中加入润滑剂即可压片。

（3）压片

① 片重计算方法。主要有两种。

a. 测定颗粒中主药含量计算片重（理论片重）

$$片重 = \frac{每片主药含量}{干颗粒测得的主药百分含量}$$

b. 按颗粒重量计算

$$片重 = \frac{干颗粒重 + 压片前的辅料重}{应压片数}$$

② 压片机。主要有单冲撞击式和多冲旋转式两种类型。

a. 单冲压片机。由转动轮、加料斗、模圈、上下两个冲头、三个调节器（压力、片重、出片）和一个能左右移动的饲料器组成。冲模系统包括上、下两个冲头和一个模圈，是压片机的压片部分，模圈嵌入模台上，上下冲头固定于上下冲杆上。下冲在模圈内位置越低，模孔的容量越大，颗粒填充量多，片剂则重；反之片剂则轻。上冲下降的位置越低，上下冲间距离越近压力越大，所得的片剂越硬、越薄；反之则片剂越松而越厚。

b. 旋转式压片机。是目前生产中广泛使用的压片机。将合格的颗粒加入加料斗内，用手盘转试压数十片，以确定应压片重，经调节片重和压力后，启动机器再调整片重，合格后正式压片。

2. 直接压片工艺

直接压片法系指不经制粒直接将粉末药物压成片剂的方法。

（1）粉末直接压片法　常用赋形剂有微晶纤维素和微粉硅胶两种。

（2）结晶直接压片法　系指某些结晶性或颗粒状药物，具有适当流动性与可压性，如溴化钠、氯化铵等只需要通过一定的筛网筛出颗粒大小一致的晶体，加入适量赋形剂，混匀后压片。

3. 压片时可能发生的问题

（1）松片　片剂硬度不够的现象称为松片。

（2）裂片　片剂受到振动或经放置后从腰间裂开称"裂片"，从顶部脱落一层称"顶裂"。

（3）黏冲　压片时，冲头和模圈上常有细粉黏着，致片剂表面不光、不平或有凹痕，称为黏冲。

（4）片重差异超限　片剂重量差异超过药典规定的限度。

（5）崩解时间超限　片剂崩解时间超过药典规定的时限。

（6）变色或表面斑点　系指片剂表面出现花斑或色差。

（7）叠片　即两片叠压在一起。

（8）引湿受潮　中药片剂，尤其是浸膏片，由于浸膏中含有易引湿的树胶、黏液质、鞣质、蛋白质及无机盐等成分，在制备过程及压成片剂后，易引湿受潮、黏结，以致霉变。

四、片剂的包衣

1. 片剂包衣的方法

有滚转包衣法（锅包衣法）、悬浮包衣法（沸腾包衣法）、干压包衣法（压制包衣法）。其中滚转包衣法目前生产上最为常用。

2. 片剂包衣的设备与应用

（1）包衣机 由包衣锅、动力部分和加热、鼓风、除尘等设备组成。

（2）悬浮包衣机 由包衣室、喷嘴、衣料盛装器、加热滤过器及鼓风设备等组成。

（3）干压包衣机 有压片和包衣在同一或不同设备中进行两种类型，前者称联合式干压包衣机，压出的片芯立即被送至包衣机包衣，而后者没有连续性。

3. 片剂包衣物料与包衣操作

（1）包糖衣 糖衣物料有糖浆、有色糖浆、胶浆、滑石粉、白蜡等。

① 包糖衣的基本过程

片剂→包隔离衣→包粉底衣→包糖衣→包有色糖衣→打光→糖衣片

② 包糖衣操作要点

a. 必须层层充分干燥。

b. 浆粉用量应适当。如包粉衣层时，糖浆和滑石粉的用量，开始时逐层增加，片芯基本包平后，糖浆量相对稳定，滑石粉量逐层减少。

c. 干燥温度应适当，温度变化符合各工序要求。如包粉衣层，温度一般控制在 35～55℃，且应逐渐升高。而包糖衣层，锅温一般控制在 40℃左右，以免糖浆中水分蒸发过快使片面粗糙。包有色糖衣层，温度应逐渐下降至室温，以免温度过高水分蒸发过快致片面粗糙，产生花斑且不易打光。片芯颜色较深及含挥发油类的片剂应包深色衣。

③ 包糖衣过程中可能发生的问题及处理办法

a. 色泽不匀或花斑。可"加厚衣层"或"加深颜色"，操作时注意控制温度，多搅拌，勤加少上。

b. 脱壳。片芯要合乎要求，层层干燥，包糖衣时严格控制加料量和速度，注意干燥温度和程度。如发现脱壳，则洗除衣层重新包衣。

c. 龟裂。注意糖浆与滑石粉的量；干燥温度与程度；使用不含碳酸盐的滑石粉。

d. 露边或麻面。调整用量，糖浆以均匀润湿片面为度，粉料以能在片面均匀黏附一层为宜；在片剂表面不见水分时再吹风，以免干燥过快，甚至产生皱皮现象；调整包衣锅至最佳角度，露边不严重继续包数层粉衣层，以包严为止。

e. 粘锅。应控制糖浆用量，包粉衣层温度不宜过低。

f. 糖浆不粘锅。采用吹热风、电炉低温等方法，使片子和锅壁均匀升温，适当调试包衣锅角度。

g. 打不光擦不亮。原因在于片面糖晶大而粗糙；打光的片剂过干或太湿；蜡粉受潮、用量过多。应控制好包衣条件，调整衣片干湿度和蜡粉用量。

（2）薄膜衣

① 物料。羟丙基甲基纤维素（HPMC）、羟丙基纤维素（HPC）、丙烯酸树脂类聚合物、苯乙烯-乙烯吡啶共聚物、聚乙烯吡咯烷酮、增塑剂。

② 操作。可采用滚转包衣法或悬浮包衣法。其操作与包糖衣基本相同，当片剂在锅内转动或在包衣室悬浮运动时，包衣溶液均匀喷雾分散在片芯或包完粉衣层的片剂表面，溶剂挥发干燥后再包第二层，直至需要厚度。加虫蜡打光即成。

（3）肠溶衣

① 物料。丙烯酸树脂Ⅰ号、Ⅱ号、Ⅲ号；邻苯二甲酸醋酸纤维素（CAP）；虫胶（洋干漆）。

② 操作。包肠溶衣可用悬浮包衣法，滚转包衣法以及压制包衣法。常用的滚转包衣法，先将片芯用包糖衣法包粉衣层到无棱角时，加入肠溶衣溶液包肠溶衣到适宜厚度，最后再包

数层粉衣层及糖衣层。也可在片芯上直接包肠溶性全薄膜衣。悬浮包衣法系将肠溶衣液喷包于悬浮的片剂表面。此法成品光滑，包衣速度快。压制包衣法系利用压制包衣机将肠溶衣物料的干颗粒压在片芯外，形成干燥衣层。

五、片剂的质量要求

2010 年版《中国药典》制剂通则规定，片剂应符合以下要求。

1. 重量差异

取供试品 20 片，精密称定总重量，求得平均片重后，再分别精密称定每片的重量，每片重量与平均片重相比较，按表 8-1 中的规定，超出重量差异限度的不得多于 2 片，并不得有 1 片超出限度的 1 倍。

表 8-1 药片的重量要求

平均片重或标示片重	重量差异限度	平均片重或标示片重	重量差异限度
0.30g 以下	±7.5%	0.30g 及 0.30g 以上	±5%

2. 崩解时限

除含片、咀嚼片不需做崩解试验外，普通片剂为 15min，药材原粉片为 30min，浸膏（半浸膏）片、糖衣片、薄膜衣片为 1h，肠溶衣片则在盐酸液（9→1000）中 2h 不得有裂缝或崩解，再放入磷酸盐缓冲液（pH 为 6.8）中 1h 内应全部溶化或崩解。

以上各试验如有 1 片不能完全崩解，应另取 6 片重复试验，均应符合规定。

3. 发泡量

阴道泡腾片经检查，应符合规定。

4. 分散均匀性

分散片照下述方法检查，应符合规定。

取供试品 6 片，置 250ml 烧杯中，加 15～25℃的水 100ml，振摇 3min，应全部崩解并通过二号筛。

5. 微生物限度

口腔贴片、阴道片、阴道泡腾片和外用可溶片等局部用片剂照微生物限度检查法检查，应符合规定。

片剂外观检查的方法：取样品 100 片平铺于白底板上，置于 75W 白炽灯光源下 60cm 处，在距离片剂 30cm 处用肉眼观察 30s，检查结果应色泽一致。80～100 目色点应<10%；麻面<5%，并不得有严重花斑及异物；包衣片有畸形者不得超过 0.3%。

六、片剂的包装与贮存

1. 片剂的包装

片剂包装按剂量可分为单剂量（每片单个密封包装）和多剂量（数片乃至几百片包装于一个容器内）包装；按容器有玻璃瓶（管）、塑料瓶（管）包装，或以无毒铝箔为背层材料，无毒聚氯乙烯为泡罩，中间放入片剂，经热压而成的泡罩式包装，或由两层膜片经黏合或热压形成的窄带式带状包装等。

2. 片剂的贮存

药典规定片剂宜密封贮存。

【练习 4】

1. 可以作为片剂崩解剂的是（　　　）

A. 乳糖　　　　　B. 淀粉　　　　　C. 白炭黑

D. 低取代羟丙基纤维素   E. 轻质液体石蜡

2. 片剂中崩解剂的加入方法不包括 (   )

A. 内加法   B. 外加法   C. 随意加法

D. 内外加法   E. 特殊加入法

3. 崩解剂的加入方法不同片剂中药物溶出度 (   )

A. 外加法＞内加法   B. 外加法＞内加法＞内外加法

C. 外加法＞内外加法   D. 内外加法＞内加法＞外加法

E. 内加法＞外加法＞内外加法

4. 可作为片剂润滑剂的是 (   )

A. 滑石粉   B. 干燥淀粉   C. 羧甲基淀粉钠

D. 糊精   E. 液体葡萄糖

5. 在片剂中，乳糖可作为 (   )

A. 润滑剂   B. 润湿剂   C. 助流剂

D. 稀释剂   E. 干燥黏合剂

6. 请在题后的括号内填上正确的备选答案。

A. CMC-Na   B. CMS-Na   C. PVP

D. PVA   E. L-HPC

(1) 聚乙烯醇 (   )   (2) 聚乙烯吡咯烷酮 (   )

(3) 羧甲基淀粉钠 (   )   (4) 羧甲基纤维素钠 (   )

(5) 低取代羟丙基纤维素 (   )

第五节　散剂、胶囊剂

一、散剂

1. 概念与分类

(1) 概念　散剂系指一种或多种药物经粉碎并混合均匀而制成的粉末状制剂。

(2) 分类

① 散剂按药物组成可分为单方散剂 (俗称"粉"，由单味药制得，如川贝粉) 和复方散剂 (由两种以上药物制成)。

② 按医疗用途和给药途径又可分为内服散剂和外用散剂两大类。

外用散剂又可分为：撒布于皮肤和黏膜创伤表面的撒布散；使用时以酒或醋调成稠糊敷于患处或敷于脚心等穴位的调敷散；直接用于眼部的眼用散；吹入鼻喉等腔道的吹入散。此外，还有包封于布袋中的袋装散，如挂于胸前的小儿香囊，绑敷于肚脐表面的元气袋。

③ 按药物性质可分为含毒性药散剂、含液体成分散剂和含低共熔组分散剂。

④ 按剂量可分为剂量型散剂 (系将散剂分为单剂量，由患者按包服用的散剂) 和非剂量型散剂 (系以总剂量形式包装，由患者按医嘱自己分取剂量应用的散剂)。

2. 散剂的制备

制备散剂，一般包括粉碎、过筛、混合、分剂量、质量检查以及包装等工序。

(1) 粉碎与过筛　除另有规定外，一般内服散剂应通过六号筛，用于消化道溃疡病、儿科和外用散剂应通过七号筛，眼用散剂则应通过九号筛。

(2) 混合　混合系指使多种固体粉末相互交叉并达均匀分散状态的操作。

散剂的混合方法有搅拌混合、研磨混合与过筛混合 3 种，各种方法配合使用可保证混合均匀。常用的混合器械有研钵、球磨机、V 形混合筒等，应根据混合药的性质、数量及设备条件选用。配制散剂时，由于其中各组分的性质与医疗要求的不同，应分别做如下处理。

① 含有剧毒药的散剂。常采用逐级递加稀释法，加入一定量的稀释剂制成稀释散或称倍散。

② 堆密度不同组分的散剂。一般将堆密度小者先放于研钵内，再加堆密度大者，研匀。

③ 含液体药物的散剂。复方散剂中往往含有少量液体成分，可利用处方中其他成分吸收；若液体成分含量较多可另加适量吸收剂以吸收至不显潮湿为度。

④ 含低共熔组分的散剂。两种或更多的药物混合粉碎或混合时出现液化的现象称为低共熔。一些低分子化合物比例适宜时，采用先形成低共熔物，再与其他固体粉末混匀；或分别以固体粉末稀释低共熔组分，再轻轻混合均匀。

（3）分量、包装与贮存

① 分量与包装。常用的分量方法如下。

a. 目测法即估分法。

b. 重量法。按规定剂量手称或用天平逐包称量。此法剂量准确，但效率低。含毒性药及贵重细料药散剂常用此法。

c. 容量法。一般所用的散剂分量器是容量药匙。大生产用散剂自动分量机及散剂定量包装机，适用于一般散剂分剂量。必须注意粉末特性并保持铲粉条件一致，以减少误差。

生产上有散剂自动分量机、散剂定量分包机，分量与包装可在一台设备上完成。包装应选用适宜的包装材料并注意贮藏条件，常用的包装材料有光纸、玻璃纸、蜡纸、玻璃瓶、塑料瓶、铝塑袋及聚乙烯塑料薄膜袋等。

② 贮存。一般散剂应贮藏于阴凉干燥处并分类保管，定期检查。

3. 质量检查

（1）含量测定　在不同部位取样，测定主药含量应符合规定。

（2）均匀度、水分、装量差异　检查方法与规定应符合现行《中国药典》二部附录散剂通则。

（3）卫生标准检查　不应有致病菌与活螨，含生药原粉的散剂，1g 含细菌数不得超过100000 个，霉菌数不得过 500 个；不含生药原粉的散剂，1g 含细菌数不得超过 1000 个，霉菌数不得过 100 个。

【练习5】

请在题后的括号内填上正确的备选答案。

A. 5 号筛　　　　　　B. 6 号筛　　　　　　C. 7 号筛

D. 8 号筛　　　　　　E. 9 号筛

（1）细粉是指全部通过（　　　）　　　　（2）极细粉是指能全部通过（　　　）

（3）一般内服散剂应通过（　　　）　　　　（4）消化道溃疡病用散剂应通过（　　　）

（5）儿科用散剂应通过（　　　）

二、胶囊剂

1. 胶囊剂的含义与分类

胶囊剂系指药物装于硬质空胶囊或具有弹性的软质胶囊中制成的固体制剂。胶囊剂分硬胶囊剂、软胶囊剂（胶丸）和肠溶胶囊剂。主要供口服应用。

2. 硬胶囊剂的制备

包括空胶囊的制备、药物的填充两个步骤。

（1）空胶囊的制备

① 空胶囊的原料。空胶囊的原料是明胶和附加剂。

a. 明胶。除应符合药典规定外，还应具有一定的黏度、胶冻力、pH 等。

b. 附加剂

ⅰ. 增塑剂。如甘油可增加胶囊的韧性及弹性，羧甲基纤维素钠可增加明胶液的黏度及可塑性。

ⅱ. 增稠剂。如琼脂可增加胶液的胶冻力。

ⅲ. 遮光剂。如二氧化钛可防止光对药物的氧化，用量为 2%～3%。

ⅳ. 着色剂。如柠檬黄、胭脂红等可增加美观，便于识别。

ⅴ. 防腐剂。如尼泊金类，可防止胶液在制备胶囊的过程中发生霉变。

ⅵ. 芳香性矫味剂。如乙基香草醛，可调整胶囊剂的口感，用量一般为 0.1%。

② 空胶囊制备。空胶囊的制备大致分为溶胶、蘸胶制坯、干燥、拔壳、截割、整理六个工序，应在温度 10～25℃、相对湿度 35%～45%、空气净化 10000 级的环境中进行，亦可由自动化生产线来完成。为便于识别胶囊品种，可在空胶囊上印字。

③ 空胶囊的规格和质量。空胶囊规格由大到小分为 000 号、00 号、0 号、1 号、2 号、3 号、4 号、5 号，容积分别为 1.42ml、0.95ml、0.67ml、0.48ml、0.37ml、0.27ml、0.20ml、0.13ml。常用的是 0～5 号。空胶囊的溶化时限要求在 37℃水中振摇 15min 应全部溶散，含水量应控制在 12%～15%，另外外观、弹性、胶囊壁的厚度与均匀度、微生物学检查等，均应符合有关规定。

（2）药物的填充

① 空胶囊的选择。一般多凭经验或试装后选用适当号码的空胶囊。也可用图解法找到所需空胶囊的号码。

② 药物与附加剂的填充。一般小量制备时，可用手工填充药物。大量生产时，用机械填充。

③ 封口。使用非锁口型空胶囊填充药物时，体、帽套合密封性较差，常用与制备空胶囊相同浓度的明胶液封口。若使用锁口型空胶囊填充药物，体、帽套合后即咬合锁口，药物不易泄漏。胶囊填充后应进行除粉和打光处理。

3. 软胶囊剂的制备

（1）软胶囊的囊材和对填充药物的要求　软胶囊囊材也是由明胶、增塑剂、防腐剂、遮光剂、色素等组成。胶皮的弹性与明胶、增塑剂和水的重量比例有关，通常明胶、增塑剂、水的比例为 1.0:(0.4～0.6):1.0。若增塑剂用量过高则囊壁过软，增塑剂用量过低则囊壁过硬。

软胶囊内可填充各种油类或对明胶无溶解作用的液体药物、药物溶液或混悬液，甚至可填充固体粉末或颗粒。为了使产品具有较好的物理稳定性和较高的生物利用度，供填充的最好是药物溶液，不能充分溶解的固体药物可制成混悬液，但混悬液必须具有与液体相同的流动性，所含的固体药物粉末应过 5 号筛。最常用的混悬介质是植物油或植物油加非离子型表面活性剂或聚乙二醇 4000 等。混悬液中一般还含有助悬剂，油状基质常用的助悬剂是10%～30%油蜡混合物等；非油状基质则常用 1%～15%聚乙二醇 4000 或聚乙二醇 6000。有时还可加入抗氧剂、表面活性剂等。

（2）制法　软胶囊的制法可分为滴制法与压制法两种。

① 滴制法。滴制法制备软胶囊剂的工艺流程为：

$$药液配制＋胶液配制 \xrightarrow{滴剂} 成丸 \rightarrow 吹干 \rightarrow 洗净 \rightarrow 干燥 \rightarrow 拣选 \rightarrow 包装$$

② 压制法。压制法制备软胶囊剂的工艺流程为：

$$药液配制＋胶液配制 \rightarrow 压制成丸 \rightarrow 洗净 \rightarrow 干燥 \rightarrow 拣选 \rightarrow 上光 \rightarrow 包装$$

生产上一般用钢板模法与旋转模法制成有缝胶丸。

4. 肠溶胶囊剂的制备

肠溶胶囊剂系指硬胶囊或软胶囊经药用高分子材料处理或用其他适宜方法加工制成的药剂。其囊壳不溶于胃液，但能在肠液中崩解而释放药物。

目前，肠溶胶囊剂常用明胶空胶囊外包肠溶衣材料，然后填充药物，并用肠溶性胶液封口制得。

5. 包装

胶囊剂应妥善包装，应具有良好的密封性能，以免受潮、破碎、变质。包装材料常用玻璃瓶、塑料瓶和铝塑 PVC 压膜等。

6. 质量检查

（1）水分　硬胶囊内容物的水分含量，按现行《中国药典》附录水分检查法检查，应不得超过 9.0%。

（2）装量差异　按现行《中国药典》附录胶囊剂装量差异检查法检查，每粒装量与标示装量相比较（有含量测定项的或无标示装量的胶囊剂与平均装量相比较），应在 ±10.0% 以内，超出装量差异限度的不得多于 2 粒，并不得有 1 粒超出限度的一倍。

（3）崩解时限　按现行《中国药典》（一部）附录崩解时限检查法检查，除另有规定外，硬胶囊剂应在 30min 内、软胶囊剂应在 1h 内全部崩解并通过筛网（囊壳碎片除外）。如有 1 粒不能完全崩解，应另取 6 粒复试，均应符合规定。

（4）卫生学检查　应符合规定。

【练习6】

1. 胶囊剂的检查项目有（　　）

A. 水分　　　　　　　B. 脆碎度　　　　　　C. 崩解时限

D. 微生物限度　　　　E. 装量差异

2. 空胶囊制备时可加入（　　）

A. 甘油　　　　　　　B. 琼脂　　　　　　　C. 胭脂红

D. 乙基香草醛　　　　E. 二氧化钛

3. 软胶囊的制备方法（　　）

A. 塑制法　　　　　　B. 泛制法　　　　　　C. 滴制法

D. 压制法　　　　　　E. 热熔法

第六节　丸　　剂

一、丸剂的含义及分类

1. 丸剂的含义及特点

丸剂系指药材细粉或药材提取物加适宜的黏合剂或其他辅料制成的球形或类球形制剂。丸剂具有作用缓和持久，可以掩盖药物不良气味以及服用方便的特点，多用于治疗慢性疾病或病后调和气血者。

2. 分类

(1) 按制法分类

① 塑制丸。药物细粉与适宜黏合剂混合制成的可塑性丸块，经制丸机或丸模制成的丸剂，如蜜丸、糊丸、浓缩丸、蜡丸等。

② 泛制丸。药物细粉以适宜液体为润湿剂或黏合剂泛制而成的圆球形制剂，如水丸、水蜜丸、浓缩丸、糊丸等。

③ 滴制丸。系将药材提取物与基质用适宜方法制成溶液或混悬液后，经滴头滴入互不相溶的冷却液中，收缩冷凝而制成的制剂，简称滴丸。

(2) 按赋形剂分类　按赋形剂不同，丸剂可分为水丸、蜜丸、水蜜丸、浓缩丸、糊丸、蜡丸等。此外，凡直径小于 2.5mm 的各类丸剂统称为微丸。

二、水丸

水丸又称水泛丸，系指药材细粉以水或根据处方用黄酒、醋、稀药汁、糖液等为赋形剂经泛制而成的丸剂。

1. 赋形剂

(1) 水　应使用新煮沸的冷开水、蒸馏水、去离子水。

(2) 酒　常用黄酒（含醇量 12%～15%）或白酒（含醇量 50%～70%）。

(3) 醋　常用米醋（含醋酸 3%～5%）。

(4) 药汁

① 纤维性强的植物药（如大腹皮、丝瓜络等）、质地坚硬的矿物药（如磁石、自然铜等）可制成浸提液供泛丸用。

② 树脂类药物（如乳香、没药等）及浸膏、胶类、可溶性盐等药物，可溶解后作黏合剂。

③ 乳汁、胆汁、竹沥等可加水适当稀释后使用。

④ 鲜药（如生姜、大蒜等）可榨汁用。

2. 水丸的制备

水丸以泛制法制备，其工艺流程为：

原料的准备→起模→泛制成型→盖面→干燥→选丸→包衣→打光→质量检查→包装

(1) 原料的准备　应根据处方药物的性质，采用适宜的方法粉碎、过筛、混合，制得药物均匀细粉。一般泛丸用药粉应过 5～6 号筛，起模、盖面或包衣用粉应过 6～7 号筛。必要时部分药材可经提取、浓缩后作为赋形剂应用。

(2) 起模

① 粉末泛制起模法。泛制成直径为 0.5～1.0mm 的球形小颗粒。

② 湿粉制粒起模法。起模用粉量应根据药粉的性质和丸粒的规格决定。少量手工泛制起模用粉一般控制在 1%～5%，大量生产时可采用下列经验公式计算：

$$X = 0.6250 \frac{D}{C}$$

式中，C 为成品水丸 100 粒干重，g；D 为药粉总重，kg；X 为一般起模用粉量，kg；0.6250 为标准丸膜 100 粒的重量，g。

③ 成型。系指将经筛选合格的丸膜逐渐加大至接近成品的操作。

④ 盖面。有干粉盖面、清水盖面、清浆盖面等。

⑤干燥。干燥温度一般控制在80℃以下，含挥发性成分的药丸干燥应控制在60℃以下。

⑥选丸。除去过大、过小及不规则的丸粒，使成品大小均一的筛选操作。

⑦包衣。根据医疗需要，将水丸表面包裹衣层的操作称为包衣。

三、蜜丸

1. 蜜丸的含义及分类

蜜丸系指药材细粉以炼蜜为黏合剂制成的丸剂。分大蜜丸、小蜜丸。其中每丸重量在0.5g以下的称小蜜丸。蜜丸一般用塑制法制备。另外小蜜丸常用泛制法制备。

2. 炼蜜

炼制方法为取生蜜加适量清水用文火煮沸，去除浮沫，用3～4号筛滤过或用板框压滤机滤过，滤液继续炼至规定程度。因炼制程度不同，炼蜜有三种规格。

（1）嫩蜜　炼蜜温度达105～115℃，含水量在18%～20%，相对密度为1.34，色泽无明显变化，略有黏性，适用于含淀粉、黏液质、糖类及脂肪较多的药物。

（2）中蜜（炼蜜）　炼蜜温度达116～118℃，含水量在14%～16%，相对密度为1.37，呈浅红色，炼蜜时表面翻腾着均匀的黄色而有光泽的细泡（俗称"鱼眼泡"），手捻有黏性，两指分开指间无长白丝出现，适用于黏性中等的药粉制丸。

（3）老蜜　炼蜜温度达119～122℃，含水量<10%，相对密度为1.40，呈红棕色，炼制时表面出现较大的红棕色气泡（俗称"牛眼泡"），黏性强，手指捻之较黏，两指分开有白色长丝（俗称"打白丝"），滴入冷水成球形而不散，多用于黏性差的矿物药或富含纤维的药粉制丸。

3. 蜜丸的制备

工艺流程为：

物料的准备→制丸块→制丸条→分粒及搓圆→干燥→整丸等

四、浓缩丸

1. 浓缩丸的含义及分类

浓缩丸系指药材或部分药材提取的清膏或浸膏，与适宜辅料或药物细粉，以水、蜂蜜或蜂蜜和水的混合物为赋形剂制成的丸剂，又称药膏丸。根据赋形剂不同，分为浓缩水丸、浓缩蜜丸和浓缩水蜜丸。

2. 制法

（1）塑制法　取药粉或适当辅料与药材提取浸膏及适量炼蜜混匀，余下按蜜丸的制法操作。

（2）泛制法　先将药粉（包括药材粉与浸膏粉）混匀，再用提取液、凉开水或适宜浓度的乙醇泛丸。

一般来说，方中膏多粉少时用塑制法，膏少粉多时用泛制法。蜜丸型浓缩丸用塑制法制备，而水丸型浓缩丸多用泛制法制备。

五、糊丸和蜡丸

1. 糊丸

糊丸系指药材细粉用米糊或面糊为黏合剂制成的丸剂。糊丸溶散迟缓，一般含毒剧药或刺激性药物的处方以及需延缓药效的处方，可制成糊丸。

糊丸常用的赋形剂主要有糯米粉、面粉、黍米粉、米粉、神曲粉等，最常用的是糯米粉和面粉。糊的制法有：调糊法、煮糊法、蒸糊法。

糊丸可用塑制法或泛制法制备。

（1）塑制法　制备工艺与蜜丸相似，制备时应注意：①保持丸块滋润，以免丸块硬化或丸粒表面粗糙、裂缝；②用糊量应恰当，一般药粉与糊粉以 3：1 较为适宜。制备时可根据处方糊粉的用量来制糊，或以药粉量 30% 的糊粉制糊，将多余糊粉炒熟后加入药料内制丸。

（2）泛制法　用稀糊（经滤过除去块状物）作为黏合剂泛制成丸。其操作与水丸类似，但需注意起模时必须先用水起模；以稀糊泛丸，其糊粉用量一般为塑制法用量的 25%～50%；多余的糊粉宜炒熟拌入药粉中；制成的糊丸需放置通风处阴干或低温烘干，切忌高温烘烤或曝晒。

2. 蜡丸

蜡丸系指药物细粉以蜂蜡为黏合剂制成的丸剂。蜡丸在体内不溶散，仅缓缓释放药物，与现代骨架缓释系统类似。含毒性或刺激性强的药物，制成蜡丸后可减轻毒性和刺激性；也可通过调节蜂蜡含量发挥肠溶效果。

蜡丸辅料为纯蜂蜡。一般用塑制法制备。

六、滴丸

1. 滴丸的含义

滴丸系指将药材提取物与基质用适宜方法混匀后，滴入不相混溶的冷却液中，收缩冷凝而制成的球状固体制剂。如苏冰滴丸、冠心丹参滴丸等。

2. 滴丸常用的基质与冷却剂

（1）基质　水溶性基质有聚乙二醇 6000 或聚乙二醇 4000、硬脂酸钠、甘油明胶等。脂溶性基质有硬脂酸、单硬脂酸甘油酯、虫蜡、蜂蜡、氢化植物油等。

（2）冷却剂　水溶性基质的滴丸常选用甲基硅油、液体石蜡、煤油或植物油等，脂溶性基质的滴丸常选用水或不同浓度的乙醇。

3. 制备

工艺流程为：

药材提取物＋基质→熔融混合物→滴制→冷凝→洗涤→干燥→滴丸

七、丸剂的包衣

1. 包衣的种类与包衣材料

（1）药物衣　包衣材料是处方中药物极细粉，既美观，又能正常发挥药效。常见的药物衣有朱砂衣、黄柏衣、雄黄衣、青黛衣、百草霜衣、滑石粉衣等。

（2）保护衣　选用无明显药理作用且性质稳定的物质作为包衣材料，使主药与外界隔绝而起保护作用。其中薄膜衣外观好，省时省工。其他有糖衣、有色糖衣、明胶衣、树脂衣等。

（3）肠溶衣　选用肠溶材料将丸剂包衣，使之在胃液中不溶散而在肠液中溶散。丸剂肠溶衣主要材料有虫胶、邻苯二甲酸醋酸纤维素（CAP）等。

2. 包衣的方法

（1）包衣原料的准备　将包衣材料制成极细粉（过 7～8 号筛）；配制包衣黏合剂：胶液、糯米糊或胶糖浆。待包衣的丸剂干燥应充分。

（2）包衣的方法　多用滚转包衣法，方法与片剂包衣类似。除大蜜丸借蜜的黏合力而上衣，不必另用黏合剂外，其余均需加用黏合剂。

八、丸剂的质量检查

1. 水分

取供试品照现行《中国药典》（一部）水分测定法项下测定。除另有规定外，大蜜丸、小蜜丸、浓缩蜜丸中所含水分不得超过 15.0%；水蜜丸、浓缩水蜜丸不得超过 12.0%；水丸、糊丸、浓缩水丸不得超过 9.0%；微丸按所属类型的规定判定。蜡丸不检查水分。

2. 溶散时限

除另有规定外，取丸剂 6 丸，按现行《中国药典》（一部）丸剂项下有关规定进行。小蜜丸、水蜜丸和水丸应在 1h 内全部溶散；浓缩丸和糊丸应在 2h 时内全部溶散；微丸的溶散时限按所属丸剂类型的规定判定。滴丸应在 30min 内溶散，包衣滴丸应在 1h 内溶散。大蜜丸不检查溶散时限。

3. 装量差异和重量差异

应符合规定。

4. 微生物限度

应符合规定。

【练习 7】

1. 下列除了哪个，均可以作水丸的赋形剂（　　）

A. 水　　　　　　　B. 黄酒　　　　　　C. 米醋

D. 液体石蜡　　　　E. 猪胆汁

2. 蜡丸制备时的辅料为（　　）

A. 蜂蜡　　　　　　B. 石蜡　　　　　　C. 川白蜡

D. 液体石蜡　　　　E. 地蜡

3. 以下有关丸剂的叙述，哪一项是错误的（　　）

A. 可掩盖药物不良气味　　　　　　B. 制法简便

C. 作用缓和持久　　　　　　　　　D. 服用方便

E. 溶散好

4. 请在题后的括号内填上正确的备选答案。

A. 105～115℃　　　B. 119～122℃　　　C. 116～118℃

D. 60～80℃　　　　E. 100℃

(1) 中蜜炼制温度（　　）

(2) 制备蜜丸时，如处方中含较多树脂、黏液质的药物，和药的蜜温为（　　）

(3) 多相脂质体的灭菌一般为（　　）

(4) 老蜜炼制温度为（　　）

(5) 嫩蜜炼制温度为（　　）

5. 请在题后的括号内填上正确的备选答案。

A. 塑制法　　　B. 泛制法　　　C. 二者均可　　　D. 二者均不可

(1) 糊丸的制备（　　）　　　　(2) 滴丸的制备（　　）

(3) 蜡丸的制备（　　）　　　　(4) 浓缩丸的制备（　　）

(5) 水丸的制备（　　）

6. 滴丸常用的水溶性基质包括（　　）

A. 甘油明胶　　　　B. 聚乙二醇 4000　　　C. 聚乙二醇 300

D. 硬脂酸钠　　　　E. 硬脂酸

第七节　其他剂型

一、气雾剂

1. 气雾剂的含义和分类

(1) 气雾剂的含义 气雾剂系指药物与适宜的抛射剂等共同封装于有特制阀门系统的耐压密封容器中，应用时借助抛射剂产生的压力，将内容物呈雾状微粒喷出的制剂。在皮肤、呼吸道、腔道起局部或全身治疗作用。

(2) 气雾剂的分类

① 按分散系统分。可分为溶液型气雾剂、混悬型气雾剂、乳剂型气雾剂。

② 按相的组成分。可分为二相气雾剂、三相气雾剂。

③ 按医疗用途分。可分为呼吸道吸入气雾剂、皮肤和黏膜用气雾剂及空间消毒气雾剂。

2. 气雾剂的组成

气雾剂是由药物与附加剂、抛射剂、耐压容器和阀门系统四个部分组成。

(1) 药物与附加剂 药物可制成二相气雾剂或三相气雾剂。

常用的附加剂有：潜溶剂，如甘油；乳化剂，如硬脂酸-三乙醇胺等；助悬剂，如司盘类等；抗氧剂，如亚硫酸钠、没食子酸丙酯等；防腐剂，如尼泊金等。

(2) 抛射剂 常用的抛射剂有氟氯烷类，广泛应用的有三氯一氟甲烷（抛射剂 F_{11}）、二氯二氟甲烷（抛射剂 F_{12}）、二氯四氟乙烷（抛射剂 F_{14}）等；其他类如氯烷、异丁烷、正丁烷、醚以及压缩惰性气体（N_2、CO_2）等。

抛射剂的选择与用量影响喷雾粒子的大小、干湿及泡沫状态。抛射剂的用量大，则蒸汽压高，喷出的雾滴细小；抛射剂用量少，蒸汽压低，喷出的雾滴大。

(3) 耐压容器 耐压容器是用于盛装药物、抛射剂和附加剂的部分。耐压容器一般有金属容器、玻璃容器和塑料容器。

(4) 阀门系统

① 一般阀门。由封帽、橡胶封圈、阀门杆、弹簧、浸入管、推动钮组成。其中阀门杆是重要部分，由塑料或不锈钢制成，上端有内孔和膨胀室，下端有一段细槽供药液进入定量室，内孔是阀门沟通容器内外的孔道，关闭时被弹性橡胶封圈封住，容器内外不通。

② 定量阀门。除具有一般阀门各部件外，还有一个塑料或金属制的定量室（或称定量小杯），它的容量决定每次用药剂量。

3. 气雾剂的制备

(1) 容器和阀门系统的处理

① 容器的处理。玻璃瓶装药前用水洗涤后干燥，为防止玻璃瓶爆炸，在瓶外壁搪塑料薄层。

② 阀门各部件的处理。橡胶部件主要指垫圈，以水洗净后在乙醇中浸泡 24h，干燥，无菌保存备用。塑料、尼龙零件，先用温水洗净，然后浸泡在乙醇中，取出干燥，备用。不锈钢弹簧，用 1%～3% 碱液煮沸 10～30min，然后用热水洗至无油腻，再用蒸馏水冲洗，烘干，乙醇中浸泡，取出干燥，无菌保存备用。

(2) 药物的调配和分装

① 溶液型气雾剂。将药物直接溶解于抛射剂中，定量分装于容器内。

② 混悬液型气雾剂。将药物粉碎成 5～10μm 以下的微粉，与助悬剂、抛射剂等充分混合，然后定量分装在容器中。

③ 乳浊液型气雾剂。多将药物的水溶液与液化抛射剂（油相）加乳化剂制成油/水型乳浊液，定量分装在容器中。

(3) 充填抛射剂

① 压灌法（压装法）。将药液在室温下灌入容器内，容器内空气抽掉后，再用压装机压

入定量的抛射剂。

② 冷灌法。将冷却的药液灌入容器中，随后加入已冷却的抛射剂。

4. 气雾剂的质量要求与检查

每瓶总揿量、总揿次、每揿喷量、每揿主药含量、粒度及喷射试验等应符合现行版《中国药典》规定的要求。

二、软膏剂

1. 软膏剂概念

软膏剂是将药物加入适宜基质中制成的一种容易涂布于皮肤、黏膜或创面的半固体外用制剂。其中用乳剂型基质的亦称乳膏剂。软膏剂主要有保护创面、润滑皮肤和局部治疗作用。

2. 软膏基质

软膏剂由主药和基质两部分组成。基质的种类可分为油脂性基质、乳剂基质和水溶性基质三类。

（1）油脂性基质 油脂类有动物油、植物油（麻油、棉籽油、花生油等）、氢化植物油等；类脂类有羊毛脂、含水羊毛脂、蜂蜡与鲸蜡等；烃类有凡士林、固体石蜡、液体石蜡等。

（2）乳剂基质 水包油型乳剂基质（O/W 型），此类基质系由凡士林、液体石蜡、高级脂肪醇、硬脂酸等或它们的混合物经乳化而制得。油包水型乳剂基质（W/O 型），此类基质只能吸收少量水分，且不能与水混合，较少用于制备软膏，如火烫药膏的基质。

（3）水溶性基质 有甘油明胶、纤维素衍生物、聚羧乙烯、聚乙二醇等。

3. 软膏剂的透皮吸收

药物透皮吸收的过程包括释放、穿透及吸收进入血液循环三个阶段。

4. 软膏剂的制备方法

一般有研和法、熔和法和乳化法三种。

（1）研和法 系将药物细粉用少量基质研匀或用适宜液体研磨成细糊状，再递加其余基质研匀的制备方法。软膏基质由半固体和液体组分组成或主药不宜加热，且在常温下通过研磨即能均匀混合时，可用研和法。

（2）熔和法 系将基质先加热熔化，再将药物分次逐渐加入，边加边搅拌，直至冷凝的制备方法。

（3）乳化法 将油溶性组分（油相）混合加热熔化，另将水溶性组分（水相）加热至与油相温度相近（约 80℃）时，两液混合，边加边搅拌，待乳化完全，直至冷凝。

5. 灌封与包装

制得的软膏，可用手工或机械进行灌装。软膏剂常用的包装容器有金属盒、塑料盒、广口玻璃瓶；大量生产多用锡管。采用软膏自动灌装、轧尾、装盒联动机进行包装。

三、药物新剂型与新技术

1. 药物新剂型

（1）缓释制剂

① 缓释制剂的含义。缓释制剂亦称长效制剂或延效制剂，系指通过适当的方法，延缓药物在体内的释放、吸收、分布、代谢和排泄过程，从而达到延长药物作用的一类制剂。

② 缓释制剂的类型。分为骨架分散型缓释制剂，薄膜包衣缓释制剂，缓释乳剂，缓释微囊剂，注射用缓释制剂，缓释膜剂。

③ 缓释制剂的制法。可通过减小溶出速度或扩散速度，通过化学方法即将药物制成不同的盐类、酯类和酰胺类等方法使药效延长。

（2）控释制剂

① 控释制剂的含义。系指药物从制剂中以受控形式恒速释放至作用器官或特定靶器官而发挥治疗作用的一类制剂，又称为控速给药体系或控释剂型。

② 控释制剂的类型。有渗透泵式控释制剂、膜控释制剂和胃驻留控释制剂等。

（3）靶向给药体系　靶向给药体系系指药物与载体结合或被载体包裹能将药物直接定位于靶区，或给药后药物集结于靶区，使靶区药物浓度高于正常组织的给药体系。如脂质体。

2. 药物制剂新技术

（1）β-环糊精包合技术　将药物分子包合或嵌入β-环糊精的筒状结构内形成超微粒分散物的过程称为β-环糊精包合技术。

β-环糊精包合物广泛应用于以下方面：增加药物的稳定性；增加药物的溶解度；液体药物粉末化；减少刺激性，降低毒副作用，掩盖不适气味；调节释药速度。

环糊精包合物的制法有饱和水溶液法、研磨法、冷冻干燥法及其他方法如超声波法、中和法、混合溶剂法、共沉淀法等。

（2）微型包裹技术　系指利用天然的或合成的高分子材料（囊材）将固体或液体药物（囊心物）包裹成微小胶囊的过程，简称微囊化。

微型包裹的方法有物理化学法、化学法和物理机械法三类。

（3）固体分散技术　系指使药物在载体中成为高度分散状态的一种固体分散物的方法。

固体分散物的制法有熔融法、溶剂法和溶剂-熔融法。

【练习8】

1. β-环糊精的应用包括（　　）

A. 增加药物的溶解度　　　　　　　　B. 调节释药速度

C. 减低毒副作用　　　　　　　　　　D. 液体药物粉末化

E. 遮盖不适气味

2. 缓释制剂类型有（　　）

A. 骨架分散型缓释制剂　　　　　　　B. 薄膜包衣缓释制剂

C. 注射用缓释制剂　　　　　　　　　D. 缓释膜剂

E. 缓释微囊剂

思　考　题

1. 名词解释：

药品　剂型　注射剂　热原　软胶囊　滴丸　缓释制剂

2. 我国药品标准分哪些？

3. 按分散系统可将液体制剂分为哪几类？

4. 灭菌方法有哪些？

5. 注射剂常用的附加剂有哪几种？画出注射剂的生产工艺流程。

6. 片剂常用的辅料分哪几类？

7. 画出湿颗粒法压片工艺流程。

8. 试述蜜丸的制备工艺。

参 考 文 献

[1] 白鹏主编. 制药工程导论. 北京：化学工业出版社，2003.
[2] 陈文华，郭丽梅主编. 制药技术. 北京：化学工业出版社，2003.
[3] 计志忠主编. 化学制药工艺学. 北京：化学工业出版社，1980.
[4] 周学良主编. 药物. 北京：化学工业出版社，2003.
[5] 元英进. 制药工艺学. 北京：化学工业出版社，2011.
[6] 王道若. 微生物学. 北京：人民卫生出版社，1997.
[7] 岑沛霖，蔡谨编著. 工业微生物学. 北京：化学工业出版社，2008.
[8] 杨纪根，成希昌等编. 抗生素工业生产. 济宁：山东省出版总社济宁分社，1998.
[9] 国家药典委员会编. 中华人民共和国药典. 北京：中国医药科技出版社，2010.
[10] 叶定江主编. 中药炮制学. 上海：上海科学技术出版社，1996.
[11] 杨明. 中药药剂学. 北京：中国中医药出版社，2012.
[12] 狄留庆，刘汉清. 中药药剂学. 北京：化学工业出版社，2011.
[13] 教材编审委员会编. 药学. 西安：陕西科学技术出版社，2003.
[14] 杨一平，吴晓明，王振其等编. 物理化学. 北京：化学工业出版社，2009.